U0241327

The Tastes of Salt

舌尖上的盐

徐格林 著

生活·讀書·新知 三联书店

图书在版编目（CIP）数据

舌尖上的盐/徐格林著. —北京：生活·读书·新知
三联书店，2019.7
ISBN 978 - 7 - 108 - 04301 - 6

Ⅰ. ①舌… Ⅱ. ①徐… Ⅲ. ①食盐—普及读物
Ⅳ. ①TS364 - 49

中国版本图书馆 CIP 数据核字（2019）第 057664 号

责任编辑　成　华
封面设计　黄　越
责任印制　黄雪明
出版发行　生活·讀書·新知　三联书店
　　　　　（北京市东城区美术馆东街 22 号）
邮　　编　100010
印　　刷　常熟市梅李印刷有限公司
版　　次　2019 年 7 月第 1 版
　　　　　2019 年 7 月第 1 次印刷
开　　本　880 毫米×1230 毫米　1/32　印张　13.625
字　　数　305 千字
定　　价　39.00 元

　　盐的化学成分是氯化钠。盐能改善食物的色、香、味，延长食物的保存时间，一些带苦涩味的天然食物加盐后会变得更可口，一些难消化的天然食物经盐腌制后会变得更易消化。因此，盐增加了食物的美味感，拓宽了食物的来源，使以狩猎和采摘为生的早期人类在寒冷季节也能获得食物。

　　大约在 6000 年前，居住在黄河中下游的华夏部落开始掌握制盐技术。位于山西运城的解池（河东盐池、安邑盐池）曾经是中国古代的制盐中心。得天独厚的自然条件使解池成为世界上最早的规模化食盐产地。在古代，拥有食盐资源往往就控制了国家经济的命脉。在中国历史上，解池曾长期是各方利益集团抢夺的对象，由此引发的战争和冲突不可胜数。

　　秦始皇统一六国后，建立了通达全国的驰道，改进了交通工具，统一了度量衡，这些措施促进了交通和贸易，食盐开始在中国普及。大约同一时期，罗马帝国用平锅煮盐法提升了食盐产量，并在地中海沿岸建立了食盐运销网络，食盐开始在欧洲普及。

15世纪末，大航海时代拉开了国际贸易的大幕。此前封闭的地区都通过跨区贸易和技术引入获得了食盐。到20世纪中叶，只有亚马孙雨林深处和太平洋个别小岛还保留有不吃盐的原始部落。

然而，将盐加入食物彻底改变了人类的饮食结构。最显著的变化就是，钠摄入明显增加，钾摄入明显减少。长期高钠低钾饮食势必引起血压升高，通过比较现代人和原始部落居民的血压可充分验证这一推测。

为了分析盐与高血压的关系，1981年，国际高血压学会（ISH，现已改为世界高血压联盟）发起了INTERSALT研究，对来自32个国家的10 079名成人进行了测试。结果发现，吃盐多的人更容易发生高血压，随着吃盐量增加，血压随年龄增加的趋势更明显。

亚诺玛米人（Yanomami）居住在亚马孙雨林深处，是目前少数与现代文明隔绝的原始部落。亚诺玛米人没有掌握制盐技术，因此他们的食物中不可能加盐。INTERSALT研究发现，亚诺玛米部落没有高血压患者，这些部落人的血压也不随年龄增长而升高。

人类吃盐的历史只有短短的几千年。在学会制盐之前的数百万年进化历程中，天然食物中盐含量极低，每天饮食中钠摄入量仅相当于0.5克盐。长期低盐饮食使人体形成了喜盐的多重生理机制。含盐食物之所以美味可口，就是为了引导人体极力发现盐并尽可能多地摄入盐。当人类能轻易获得食盐后，盐产生的美味感并没有丝毫减弱，味觉快感会诱使人类摄入过量的盐。

为了防治高血压和其他慢性病，世界卫生组织（WHO）推荐，成人每天吃盐不宜超过 5 克（2000mg 钠）。中国营养学会推荐，成人每天吃盐不宜超过 6 克。然而调查发现，世界上大多数国家居民吃盐量均超标，中国人吃盐量居各国前列。

2012 年，中国居民营养与健康调查表明，按食物钠含量计算的人均每天吃盐量高达 14.5 克（5800mg 钠），其中烹饪用盐为 10.5 克（包括酱油中的盐）。长期高盐饮食导致高血压盛行。最新的抽样调查表明，中国成人高血压患病率为 23.2％，高血压患病人数高达 2.45 亿；正常高值血压患病率为 41.3％，患病人数高达 4.35 亿。

高血压盛行导致心脑血管病（冠心病和卒中）高发。全球疾病负担研究（GBD）发现，中国居民卒中发病率位居世界各国前列，中国居民患卒中的终生风险高居世界各国之首，卒中是中国居民死亡的第一原因。高盐饮食是导致卒中发病率和死亡率居高不下的重要原因。

盐是人类使用的第一个调味品，也是第一个食品添加剂。学会用盐为人类带来了美妙的味觉享受，但也使高血压等慢病在人间盛行。中国人崇尚美食，喜欢腌制食品，近年来加工食品、快餐食品和外卖食品消费量急剧增加，全民饮食模式的转变更增加了吃盐量。如果不改变这种趋势，未来中国心脑血管病将变得更普遍。因此，在中国人口持续老龄化的大背景下，全民限盐已成为刻不容缓的公共卫生任务。

目录

盐的历史

在人类历史上，盐是第一个调味品，盐是第一个保鲜剂，盐是第一个大宗商品，盐曾被用作货币，制盐是农业社会开始的重要标志。盐贯穿了文明发展史，渗透到人类社会各个角落，融入政治、经济、军事、文化和宗教等诸多领域。

文明建立在盐的基础上。旧石器时代，人类以狩猎和采摘为生，收获随季节更替和天气变化波动。夏秋季食物充裕，但由于缺乏保存方法，富余的鱼、肉、野菜和野果在炎热天气里很快就腐烂了。冬春季食物匮乏，人们不得不忍饥挨饿，或以劣质食物果腹。新石器时代，人类在学会制盐后开始腌制食物，寒冷的冬季不再挨饿。腌制食物使长途旅行更加便利，使人类能离开自己的栖息地，到更远的地方谋生。盐改善了人类的生存条件，促进了文明发展。

为了获取盐，早期人类常在海滨、盐矿或盐湖周边定居，这些定居点逐渐发展为村落、集镇、城市乃至国家。随着农耕文明的出现，盐成为第一个大宗商品。掌握盐资源的部落往往能快速崛起，进而发展为强大国家。古罗马人发明了平锅煮盐法，提高了食盐产量，降低了生产成本；他们在地中海沿岸修建了四通八达的运盐大道，构筑了横跨欧亚非的食盐贸易网。著名的萨拉莉亚大道（盐大道，Via Salaria）就是为了将地中海的盐运往罗马。食盐生产和贸易为古罗马积累了巨额财富，为帝国 500 年的辉煌奠定了经济基础。当时，发给士兵的津贴就包括一定量的盐（或可低价购盐的票券），这一典故是英语"工资"的最初来源（英语中 salary 和 salt 源于同一词根）。

罗马帝国衰败后，地中海始终维持着欧洲商贸中心的地位。为了控制食盐贸易，1298 年，威尼斯和热那亚两个城邦爆发了旷日持久战。曾游历中国的威尼斯商人马可·波罗也参加了威热战争，其著名的《马可·波罗游记》（*The Travels of Marco Polo*），近代有学者认为该书系杜撰，质疑他是否真正到过中国。2012年，德国图宾根大学（University of Tübingen）著名汉学家傅汉思（Hans Ulrich Vogel）教授列举了《游记》中的诸多细节，以事实证明马可·波罗确曾来过中国。傅汉思列举的证据就包括，马可·波罗详细描述了元代中国特有的制盐方法和盐税征收流程，没有到过中国的人不可能了解到这些细节。《马可·波罗游记》第一次向西方展示了华夏文明的全景，引起欧洲人对中国的向往，并对 15 世纪地理大发现产生了深远影响。马可·波罗去世半世纪后，威尼斯最终于 1380 年击败热那亚，获得食盐贸易控制权，从而攫取了巨额商业利益。

威尼斯人对欧洲食盐的垄断维持了上百年。1488 年，葡萄牙航海家迪亚士（Bartholmeu Dias，1451—1500）发现了更为经济的海上贸易航线。他的船队从里斯本出发，绕过非洲南端的好望角进入印度洋。迪亚士的探险活动开启了大航海时代，欧洲贸易中心也由地中海转移到大西洋沿岸，各国派出一大批冒险家开辟海上新航线。随着新世界的发现，鳕鱼和动物毛皮成为海上贸易的重要物资。而鳕鱼和毛皮都需盐加工才能长途运输，因此，海运繁荣促进了食盐贸易。

1497年，意大利航海家卡伯特（John Cabot，1405—1499）遵照英王亨利七世的命令，寻找由大西洋通往中国的西北航线。虽然未能如愿，返航途中卡伯特却意外发现了纽芬兰（Newfoundland）渔场。由于位于拉布拉多寒流和墨西哥湾暖流交汇处，纽芬兰渔业资源极其丰富，"踩着鳕鱼群的脊背就能走上岸"。纽芬兰渔场为饥饿的欧洲提供了充足食物，增加了居民蛋白质和碘的摄入，增强了他们的身体素质，提升了人群智商水平，为工业革命及西欧诸强轮番崛起提供了人力和智力支持。纽芬兰渔场盛产鳕鱼和鲱鱼，用盐腌制海鱼既可改善口味，又能防止海鱼在长途运输中腐败变质。当时的盐比鱼更为珍贵，因为只有欧洲南部的西班牙与葡萄牙拥有充足的阳光和干燥的天气，适合生产腌鱼的海盐。不久产鱼国和产盐国之间结成了鱼盐联盟。

得益于先进的航海技术，西班牙和葡萄牙在16世纪建立了横跨全球的商业帝国，垄断了海上贸易，并通过鱼盐联盟攫取了巨大利益。然而，荷兰人最终瓦解了鱼盐联盟，在短短几十年间，导致西班牙经济崩溃，如日中天的两牙帝国很快衰落并被击败，海上霸主地位随之易主。同时，随着纽芬兰渔场的大规模开发，英国和荷兰海运业日益强大。因渔场路途遥远，天气反复无常，海洋渔业为两国培养了大批高素质海员，这些人后来成为英国和荷兰舰队的中坚力量，在击败两牙、称霸全球的战争中功勋卓著。

欧洲人到来之前，美洲食盐由少数印第安部落掌控，如墨西哥的阿兹特克（Aztec）、中美洲的玛雅（Maya）、秘鲁的印加（Inca）、哥伦比亚的奇布查（Chibcha）等。欧洲殖民者的入侵使这些部落失去了食盐控制权。随着移民数量激增，加之拥有丰富资源，殖民地经济迅速繁荣，但食盐一直受英国控制，北美食盐主要源自利物浦。美国宣布独立后，英国随即中断了食盐供给，企图通过食盐封锁，强迫独立方屈服。华盛顿率领的军队确因食盐匮乏，影响到军火生产、马匹饲养、后勤补给甚至伤员救治。在 1774 年召开的大陆会议（Continental Congress）上，殖民地决定建立自己的食盐生产和供给体系。因此，在美国建国之初，有多位将军和高官出身于盐商。为了吸取食盐断供的历史教训，美国在 1795 年颁布的《土地法》中明确规定，建立食盐储备体系，防止因食盐短缺危及国家安全。

独立后的美国经济迅速崛起，而如何将盐运往西部成为一大难题。为解决运盐问题，19 世纪上半叶美国建立了纵横交错的运河系统。位于纽约州的伊利运河（Erie Canal）开通于 1825 年。伊利运河是人类工程史上一大奇迹，它将五大湖和哈德逊河连接起来。当时，美国中西部以出产肉制品为主，而储存和运输肉制品需要大量食盐。伊利运河解决了食盐运输问题，因此被称为"因盐而建的运河（the ditch that salt built）"。

美国南北战争期间，盐也发挥了关键作用。1864 年 12 月，北方联军在长途奔袭后，经 36 小时激战，攻克了弗吉尼亚的盐镇，该镇是南方联军的食盐供给中心。盐镇的失陷迅速导致了南方各州食盐短缺，尽管南方联盟总统杰斐逊·戴维斯（Jefferson Finis

Davis，1808—1889）以豁免兵役等政策鼓励食盐生产和贸易，但仍无法破解食盐匮乏的困局。除了食品用盐不足，缺盐还影响到皮革鞣化、军服染色、马匹饲养等。食盐短缺也挫伤了士气，最终导致南方联盟失败。从一定程度上说，盐促进了美国统一。

法国自古就是产盐大国。1246 年，路易九世（Louis IX，1214—1270）在地中海沿岸建立了艾格莫赫特盐场（Aigues-Mortes），专门为十字军东征募集军费。1341 年，法国开始征收盐税，从此，盐税在法语里有了专用名称，gabelle。除了设定固定税率，gabelle 的特别之处还在于，要求年满 8 岁的公民每周必须购置大约 140 克盐，相当于每人每年约 7 千克盐。而且个人购盐不得加入销售食品，否则与走私食盐同罪，首犯将被投入监狱，再犯将被处以死刑。17 世纪，法国推出食盐专营法，将食盐销售权转让给承包商。这些商人将专营权发挥到极致，利用食盐疯狂盘剥底层人民。据比利时学者拉兹洛（Pierre Laszlo）考证，从1630 到 1710 年，法国盐税增加了 10 倍，食盐价格从生产成本的14 倍猛增到 140 倍，盐成为一种奢侈品。1789 年，对盐税的愤怒终于点燃了法国大革命的熊熊烈火，摧毁了腐朽的波旁王朝。

盐税曾经是维系英国王室统治的经济支柱，但高额盐税也助长了食盐黑市的疯狂。根据邓唐纳德伯爵（Archibald Cochrane，9th Earl of Dundonald，1748—1831）记载，1785 年，仅英格兰就有 10 000 人因走私食盐被投入监狱。之后，英国还将高盐税转嫁到海外，盐成为英国断送其海外殖民地的肇因。1930 年，为抵制高盐税，圣雄甘地（Mohandas Karamchand Gandhi，1869—1948）长途跋涉 390 千米到阿拉伯海，自己取海水煮盐，这一活动得到大批印度民众响应和追随。同年，英国政府迫于压力废止了高盐税政策。甘地的非暴力不合作运动唤醒了南亚人民对民族独立和国家自治的觉悟，最终导致英国殖民统治在全球土崩瓦解。在今天的印度，盐作为好运的象征，依然被当作礼品互相馈赠。

斯拉夫人（Slav）最初居住在现今波兰东南维斯杜拉河（Vistula）上游一带。公元 1 世纪起，斯拉夫人开始向东迁徙扩张，逐渐形成了今日的中欧和东欧国家，包括俄罗斯、乌克兰、保加利亚、克罗地亚、波兰、捷克、斯洛伐克、塞尔维亚等。由于远离海洋，境内没有充足盐业资源，缺盐成为斯拉夫人东扩的一大阻碍。17 世纪上半叶，俄罗斯因连年天灾和饥馑，国家财政陷入困境。为了化解危机，沙皇阿列克谢一世（Алексей Михайлович Тишайший, 1629—1676）于 1648 年推出新盐税政策，将按区征收改为全国统一征收。新盐税加重了农奴和底层市民负担，在莫斯科引发了大规模反盐税暴乱，最终造成 2 000 多人死亡，24 000 多间房屋被焚毁。俄罗斯有句谚语："我们同吃了一普特盐。"（1 普特 = 16.4 千克）在俄罗斯，盐被视为无价之宝，同吃一普特盐比喻友谊深厚。

盐在宗教中享有崇高地位。在基督教中，盐常用于圣洁的祭祀仪式。教徒洗礼时，会将盐放入受洗者口中，以祈祷智慧将伴其一生。时至今日，西方传统依然认为，打翻盐瓶是不祥之兆，肇事者应在左肩夹一个夹子，以驱逐尾随而至的魔鬼。在苏格兰，酿造啤酒要加盐，以防啤酒被恶魔破坏。这一做法确实管用，研究证实，盐会抑制过度发酵，从而防止啤酒腐败变质。《圣经》中有 30 多处提到盐，耶稣曾对门徒说："你们是世上的盐（Ye are the salt of the earth）。"意在教导门徒要像盐一样圣洁，成为抵御尘世中邪恶的中坚。

《自然史》是公元1世纪出版的一部百科全书，作者为罗马帝国时期的普林尼（Pliny the Elder, 23—79）。书中记载，当时很多地区都流行把盐敬献给贵客以期加深友谊。这一传统至今仍保留在俄罗斯等东欧国家，每有贵宾来访，主人将盛盐的器皿放在面包上，由身穿民族服饰的儿童或少女用漂亮的方巾呈递给贵宾。客人一般会掰一小块面包，蘸一点盐吃下，以示接受主人的盛情。

盐作为一种生活必需品，其生产和贸易曾在人类文明史中扮演重要角色。19世纪以来，随着钻探技术的发展，先后在世界各地发现了巨型盐矿。曾经认为稀缺珍贵的盐，如今被证实几乎无处不在。20世纪以来，低压蒸馏技术的应用使海水制盐变得更加简便经济。根据2016年美国中央情报局（CIA）编制的全球物资生产储备状况列表，盐已不再是美国的战略储备物资，因为，地球上的盐储量如此丰富、获得如此容易，现在还想通过盐控制某个国家，完全是不可能的事情了。

盐与帝国兴衰

在古代中国，食盐主要产于山东半岛和山西解池。盐业资源高度集中使统治者能轻易控制食盐生产及贸易，从中获取巨额财富，以推动国家集权和对外扩张。因此，盐在古代中国一直扮演着重要角色，是维持封建统治的经济支柱。

中国最早的制盐记载见于《世本》："夙沙氏始煮海为盐。夙沙，黄帝臣。"这一记载表明，黄帝时期，中国已开始规模化生产食盐。夙沙（宿沙）和他的部族居住在胶东半岛，世代与海为邻，在长期生产实践中，掌握了海水制盐技术。夙沙也因煮盐技艺精湛而名扬后世，被尊为"盐宗"。

《史记》载："（黄帝）与炎帝战于阪泉之野，与蚩尤战于涿鹿之野。"两次大战（注：钱穆等学者认为，阪泉之战和涿鹿之战为同一次战争，其战场应在解池附近）的结果是形成中国（夏），两次大战的目的都是争夺盐池。黄帝之后，尧建都平阳（山西临汾），舜建都蒲坂（山西永济），禹建都安邑（山西运城），这些都城均在解池附近，可见盐对于早期国家的建立具有决定性作用。解池也称安邑盐池、河东盐池，是中国历史上最著名的产盐地，位于今天山西省运城市境内。《左传》记载："晋人谋去故绛。诸大夫皆曰，必居郇瑕氏之地，沃饶而近盬，国利君乐，不可失也。"盬（音 gǔ）在古代专指解池或解池盐。这一记载则更直接地说明，当时立国建都的主要考虑，就是必须临近盐池。解池产盐无须煮熬，夏季将池水引至附近田地，一夜南风刮过，地上就长满盐花（图1）。《洛都赋》曾盛赞解池："其河东盐池，玉洁冰鲜，不劳煮泼，成之自然。"

图1　解池盐场　图片来源：宋·苏颂《图经本草》。

对食盐征税，始于夏代。《尚书》记载："青州厥贡盐𫄨。"当时盐税不以货币而以实物缴纳，这是历史上最早的盐税。由于盐资源分布极不均匀，催生了以贩运食盐为业的盐商。史书中最早的盐商是殷商末年的胶鬲，他原为纣王的大夫，后隐身经商，贩卖鱼盐，被文王发现并纳为谋臣，在击败纣王的牧野之战中发挥了关键作用。因此，胶鬲被孟子称为"举于鱼盐之中"。春秋时鲁人猗顿和楚人陶朱（范蠡）也是富可敌国的盐商，人们常用"陶朱、猗顿之富"形容泼天财富。

周朝建立后，太公望（姜子牙）被分封在营丘（今山东省昌乐县），在此建立了齐国。齐国"地泻卤，人民寡"。齐国的土地含盐碱，人烟稀少。太公鼓励人民发展纺织和制盐，从而使齐国富甲天下，其他诸侯国臣民大批移居齐国。太公之后，另一位政治家管仲提出"海王之国，谨正盐筴"的治国方针。盐政改革的核心思想在于，实施食盐专营，寓盐税于专卖之中，使臣民在不知不觉间纳税。管仲制定的另一政策就是，大量征购其他产盐国食盐，进而垄断梁、赵、宋、卫等无盐国的供给。这一策略不仅能在经济上获利，而且能在政治和军事上控制这些封国。食盐专营为齐国带来了滚滚财源，使齐成为东方强国，齐桓公成为春秋五霸之一。食盐专营政策为此后历朝所沿用，作为食盐专营的创始者，管仲被尊为盐政和盐法的鼻祖。

战国时期，秦国盐业资源匮乏，食盐供给仰赖他国。秦孝公三年（前359），商鞅主持颁行《垦草令》，将山川湖泽收归国有，禁止民间私自煮盐。孝公十年（前352），秦魏开战，秦国将垂涎已久的解池（安邑盐池）纳入版图。秦吞并巴蜀后，昭襄王五十二年（前255），蜀郡太守李冰主持开凿了第一口盐井——广都盐井（位于今成都市双流区）。之后，秦国开始了大规模井盐生产，不仅解决了食盐自给，还依靠食盐贸易实现了国富民强，为统一六国奠定了经济基础。

公元前221年，始皇嬴政统一中国，建立了规模空前的秦帝国，同时也统一了全国盐政。对食盐生产和销售实行集中管理。

西汉立国后，朝廷一度放松了对食盐的管控，放任民间生产和销售食盐，盐官只负责征收少量盐税。然而，放松盐铁管控导致权贵、豪强和富商趁机霸占山泽，组织大批亡命之徒煮盐冶铁，获取巨利。汉武帝掌控政权后，果断采纳东郭咸阳的建议，禁止民间私自煮盐开矿，违反禁煮令者，处以斩脚趾。盐铁管制打击了雄霸一方的富商大贾，使国家税收激增，有力支撑了对匈战争。

后元二年（前87）武帝驾崩，年仅8岁的汉昭帝刘弗陵继位，大将军霍光辅政，朝野上下对盐铁管制议论四起。始元六年（前81），霍光以昭帝名义下诏，召集全国各地"贤良文学"（民间学者）60余人，与御史大夫桑弘羊为代表的官僚集团展开论战，辩论主题为盐铁管制的存废，这就是中国历史上著名的盐铁会议，桓宽的《盐铁论》详细记录了辩论经过。"贤良文学"提出，盐铁管制是民间疾苦的根源，要求彻底废除专营政策。桑弘羊等官员则认为，盐铁是国民经济的命脉，盐铁之利是抗击匈奴和消除边患的基本保障，一旦废除势必危及国家安全。由于霍光的支持，论战中"贤良文学"占尽上风，但会议结束后却无法废止盐铁专营，因为缺少盐铁之利，朝廷根本无法维系对匈作战的庞大开支。最终的结论是："此（盐）国家大业，所以制四夷，安边足用之本，不可废也。"

王莽篡位后，西汉走向灭亡。经过光武复兴，国家元气稍有恢复，但吏治腐败使东汉帝国始终难以振作。各级官员与地主相互勾结，专断盐铁资源，抬高盐铁价格，疯狂盘剥底层人民。由于财富向官僚权贵高度集中，各种地方势力野蛮生长，皇权萎靡不举，为东汉的长期动乱和最终败亡埋下了祸根。

魏晋南北朝时期，地方割据导致政权林立，食盐运输和贸易渠道不畅。各地被迫寻找盐业资源，革新制盐技术以化解缺盐困局。其中，蜀国首先掌握了井火（天然气）技术。采用井火煮盐，火力持久而稳定，不仅能加快煮盐速度，而且还能提高成盐率。据《博物志》记载，蜀国丞相诸葛亮曾视察临邛盐井，指导井火煮盐。据研究，这是世界上最早使用天然气的记录。

隋唐时期，国家再次实现了统一，食盐贸易渐趋繁荣。为了将海盐和粮食从江南运送入人口密集的中原，隋唐两代修建了四通八达的水陆运输网络。在长江、运河、黄河、渭河等水系衔接点建立了货物接驳站和食盐仓库（盐仓），使东南出产的食盐、粮食、丝绸等物资能快捷运抵长安、洛阳等地。

唐代盐政的一大创举，是建立了国家食盐储备制度——常平盐。在盐价低平时，政府大量买入食盐，储存于长安、洛阳等大都市。当战争、内乱、天灾等影响食盐供给，导致盐价高企时，政府向市场推出常平盐。这一举措不仅有利于平抑盐价，打击不法商人囤积居奇，缓解临时性食盐短缺，稳定民心，还能增加国库收入。永贞元年（805），因长期阴雨导致交通不畅，长安盐价腾贵，民心不稳，朝廷向市场推出常平盐两万石，很快就平抑了市场盐价。

安史之乱后，唐帝国为了纾解财政困局，加强了食盐管控，在全国实行划界销售，为各地制定指导盐价，并根据户口强制推行食盐配售。为了增加收入，朝廷在各地广设盐铁院场，配备大量采收人员，官员考核提拔唯盐利论成败。这种急功近利的政策不仅没有化解危机，反而使盐铁机构贪腐成风，弄虚作假，欺上瞒下，食盐走私猖獗。白居易曾上书朝廷，直陈盐铁经济衰落的原因："臣以为黩薄之由，由乎院场太多，吏职太众故也。"由于盐价太高，贫苦人家只能无盐而食："盐估益贵，商人乘时射利，远乡贫民困高估，至有淡食者。"黄巢等私盐商贩借机网罗无业游民，不久坐大为武装贩运集团，最终公然对抗朝廷。唐末，地方藩镇也加入到盐利争夺的行列中，设立"茶盐店"，坐收"揭地钱"（过路费）。盐井、盐池为藩镇霸占，盐利被豪强持留，唐帝国也在盐税枯竭的困境中分崩离析。

宋元之际，汉、蒙、契丹、党项和女真等民族在北方展开了长年混战，盐成为决定战争胜负的关键。北宋早期，偏居一隅的党项民族在西北建立了西夏政权。这一"旱海"小国因坐拥乌白盐池，在宋夏贸易中获利巨丰，很快崛起为威胁宋朝边防的强邻。但当宋朝斩断食盐贸易，西夏国势逐渐衰微，最终为蒙古所灭。宋神宗熙宁年间，蔡京辅政，将"盐钞法"改为"换钞法"，规定旧盐钞定期换为新盐钞，同时需贴纳现钱，政府通过印制新钞就可轻松获利。"换钞法"在短期增加了朝廷收入，但这种杀鸡取卵式政策抑制了食盐贸易，国力反而被削弱，最终酿成靖康之难。赵宋南渡之后，并未汲取这一惨痛教训，依然沿用蔡京弊政，盐法更是朝令夕改，百姓无所适从。盐政失当导致食盐走私猖獗，连理宗朝的宰相贾似道也参与其中。盐政腐败使南宋始终无法振兴国势，在对金、蒙战争中节节败退，最终走向灭亡。

蒙元崛起于漠北，没有自己的治国理念，行政架构完全照搬宋朝旧制。因此，元朝自开国就无法理顺盐政，后期盐政更加混乱。无度征敛导致民生困苦，权豪亲贵大肆倒卖盐引，推高盐价，底层人民只能淡食。最终，盐枭张士诚、方国珍揭竿一呼，强大的蒙元帝国土崩瓦解。

明朝开国后，对盐政进行了彻底改革，出台了御史巡盐制，制定了开中法。鉴于宋元因盐而亡的教训，明永乐年间推出御史巡盐制，对盐官进行监督，御史出巡一般为期一年，期满后返京汇报。在明朝前期，御史巡盐有效遏制了盐政腐败，减少了私盐贩运，增加了朝廷收入。明成祖朱棣派遣郑和率领庞大船队七下西洋，使海上丝绸之路达到鼎盛，其浩大费用均出自盐税。到明朝中晚期，盐税已占国家财政总收入的 60％以上。

开中法是为了解决戍边军队粮饷而推出的另一改革举措。户部出榜公示需要米粮的边疆仓所及数额，商人将米粮运达指定地点，依据数量和路程远近派发盐引，凭盐引到盐场支取食盐。早期，商人将米粮由内地运往边疆以换取盐引，后来发展为在边疆开垦土地，雇佣当地人耕种，以避免长途运输的耗费。因此，开中法促进了边疆开发，巩固了边防和海防。明晚期，太监干预盐政，凭借巡盐和监税搜刮盐利，各级官吏参与食盐走私，导致民不聊生，明帝国开始走向不归路。

随着经济的发展和人口增加，清朝食盐产销规模逐渐扩大。根据清盐档案，道光年间全国食盐产销已达 40 亿斤，仅盐业一项就为清政府带来了巨额收入。同时，盐商也获利巨丰，成就了徽州和晋陕两大财系。盐商资本有一部分通过报效捐输给清政府，以获得政治待遇。乾隆朝报效金额高达 3 866 万两，嘉庆朝也有 2 663 万两。盐商资本第二个流向是购置田产，从而形成了大规模土地兼并。盐商资本第三个流向是行贿和奢侈消费。仅有小部分盐商资本流向生产领域，而且大多仍集中于盐业生产和销售。

清中期，通过食盐、丝绸、瓷器、茶叶等生产贸易，政府和民间都曾积累了雄厚资本，具备了发展近代产业的外部条件。然而，自秦以来的重农轻商思想和闭关锁国政策，使中国不具备产业革新的内在动力。通过食盐贸易积累起来的巨额财富，使统治阶层和民间都滋生了难以克制的自大情绪；加之 5000 年文化积淀激发的民族优越感，使那时的中国在面对喷薄而出的西方工业革命时，不可能保持接纳和学习的态度，近代中国与工业革命擦肩而过，国家遂沦为列强瓜分的对象，民族生存陷入空前危机。

1937 年，抗日战争全面爆发，中国沿海一带相继沦陷，海盐生产和运输受阻，湖南、湖北等地食盐匮乏。在这一危局下，川盐供应迅速扩展到四川、西康、云南、贵州、湖南、湖北、陕西等省，担负起了 7 000 多万人的军需民用。

新中国成立后，各地引入现代生产技术，使食盐产量逐渐提高，解决了人民吃盐问题，盐在国民经济中的地位也从支柱变为次要角色。近年来，随着都市化、人口老龄化和饮食模式西化，居民吃盐多导致高血压、心脑血管病等慢病盛行，盐再次成为影响国家长远发展的重大问题。

中医论盐

　　有关吃盐多是否危害健康，古代中医曾长期存在正反两种观点。中医对盐的认识，一部分具有超越时代的先进性，时至今日依然有重要参考价值；但另一部分脱离不了当时整体认识水平落后的状态，具有明显的片面性和局限性。因此，对中医典籍中有关盐的论述，不可完全否定，也不可完全接受，而应批判地吸纳。

　　许慎《说文解字》记载：盐，卤也。天生曰卤，人生曰盐。古者夙沙初作鬻海盐。卤，西方咸地也，安定有卤县。东方谓之䲜，西方谓之卤。䲜，河东盐池。咸，北方味也。

◎

　　盐就是卤。天然的称为卤，人工的称为盐。上古时期夙沙首创海水煮盐。卤，原是西部一个盐碱地区，在安定郡有一个卤县（注：汉武帝元鼎三年，从北地郡划出部分区域设置安定郡，唐高祖武德元年废除安定郡。秦始皇统一六国后设立卤县，汉顺帝永和六年，因汉羌战争，境内居民内迁，卤县被废置。古卤县在今天甘肃省崇信县，该地在先秦时称为卤）。卤，东方称为瘩（音 chǐ），西方称为卤。河东盐池称为盬（音 gǔ）。咸是北方的味道。

许慎（约58—149），字叔重，东汉汝南召陵（今河南省漯河市郾城区）人，所著《说文解字》是我国第一部按部首编排的字典。《说文解字》对盐字进行了详细描述（图2），记载了上古时期两处重要产盐地，其一是海岱之间，其二是河东盐池。目前一般认为，夙沙煮海开创了人工制盐这一技术。夙沙是黄帝同时代人，大约生活在距今5000年前。河东盐池利用南风蒸发这一天然优势，无须蒸煮，其开发时间可能更早，至少在距今6000年前就已开始。咸是北方的味道，这是因为"北方生寒，寒生水，水生咸"。

图2　《说文解字》中的"盐"

在古"盬"字组成中，中间有一个卤字，表示盐来源于卤水；卤水旁有个人在弯腰劳动，表示制盐要耗费大量人力；卤字下有一个皿，也就是加热器皿，表示制盐需要煎煮卤水；盐字上部有一个臣，也就是跪着的人，表示制好的盐是献给王公贵族的，说明盐在当时非常珍贵，制盐的奴隶并没有资格吃盐。

《尚书》记载：五行：一曰水，二曰火，三曰木，四曰金，五曰土。水曰润下，火曰炎上，木曰曲直，金曰从革，土爰稼穑。润下作咸，炎上作苦，曲直作酸，从革作辛，稼穑作甘。

◎

五行中的第一行是水，第二行是火，第三行是木，第四行是金，第五行是土。水具有向下滋润的特性，火具有向上燃烧的特性，木具有可屈可伸的特性，金具有形状可塑的特性，土可以种植庄稼。水向下浸润产生咸味，火向上燃烧产生苦味，木伸展弯曲产生酸味，金形态变化产生辣味，土种植庄稼产生甜味。

《尚书》又称《书经》，是中国上古时期历史档案和传说事迹的汇编，所涉内容上自三皇五帝，下到春秋战国，前后跨越两千余年。《洪范》一章阐述了五行和五味的关系，这一理论成为后世中医解析药性和辨证施治的重要理论依据。

故东方之域，天地之所始生也，鱼盐之地，海滨傍水。其民食鱼而嗜咸，皆安其处，美其食。鱼者使人热中，盐者胜血，故其民皆黑色疏理，其病皆为痈疡，其治宜砭石。故砭石者，亦从东方来。（《黄帝内经》）

◎

东方是天地间万物开始生长的地方，由于濒临大海，靠近水边，那里盛产鱼和盐。当地人吃鱼多，吃盐也多。他们已经适应了那里的环境，也喜爱那里的饮食。吃鱼多容易体内积热；吃盐多容易损伤血气。所以，东方人面色

> 黧黑，皮肤粗糙，容易患痈肿和疡疮等疾病，这些疾病适
> 宜用砭石治疗（注：用砭石擦摩或加热患处）。因此，砭石疗法
> 起源于东方。

《黄帝内经》是现存最早的中医典籍。相传为黄帝所作，因此取名《黄帝内经》。今本《黄帝内经》成型于两汉时期，作者也并非一人，而是由历代医家传承增补发展而来。本节阐述了环境、饮食和疾病之间的关系，并提出了一个有趣观点：吃盐多的人面色黧黑，皮肤粗糙。

> **北方生寒，寒生水，水生咸，咸生肾，肾生骨髓，髓生肝，肾主耳。其在天为寒，在地为水，在体为骨，在藏为肾，在色为黑，在音为羽，在声为呻，在变动为栗，在窍为耳，在味为咸，在志为恐。恐伤肾，思胜恐；寒伤血，燥胜寒；咸伤血，甘胜咸。（《黄帝内经》）**
>
> ◎
>
> 北方生寒气，寒气产生水，水产生咸味，咸能养肾，肾能促生骨髓，骨髓又能养肝，肾气主导耳。在天上五气中的寒，在地上就变为五行中的水，在五体中相当于骨，在五脏中相当于肾，在五色中相当于黑，在五音中相当于羽，在五声中相当于呻，在五动中相当于栗，在五窍中相当于耳，在五味中相当于咸，在五志中相当于恐。恐伤肾，但思能克制恐；寒伤血，但燥能克制寒；咸伤血，但甘能克制咸。

本节应用五行相生相克理论，阐述了咸的来源，及其在人体

各种生理机制和病理改变中的作用。尽管这些推论难以被现代医学所证实，但咸伤血的结论却与现代医学相吻合，即吃盐多会增加血容量，升高血压。

是故多食咸，则脉凝泣而变色；多食苦，则皮槁而毛拔；多食辛，则筋急而爪枯；多食酸，则肉胝䐢而唇揭；多食甘，则骨痛而发落。此五味之所伤也。故心欲苦，肺欲辛，肝欲酸，脾欲甘，肾欲咸，此五味之所合也。（《黄帝内经》）

◎

因此，咸味食物吃得太多，就会血脉缓慢不畅，面色发生改变；苦味食物吃得太多，就会皮肤干枯，毫毛消失；辣味食物吃得太多，就会筋脉缩紧，指甲枯萎；酸味食物吃得太多，就会皮糙肉厚，口唇皲裂；甜味食物吃得太多，就会骨骼疼痛，头发脱落。这些都是饮食中某些成分偏多所造成的损害。所以，心喜好苦味食物，肺喜好辣味食物，肝喜好酸味食物，脾喜好甜味食物，肾喜好咸味食物，这是五脏与五味的对应关系。

"多食咸，则脉凝泣而变色"是世界上最早关于吃盐影响血液循环的论述。现代医学证实，吃盐多可导致高血压、动脉粥样硬化、心功能受损，这可能是引发"脉凝泣"的直接原因吧。

心病者，日中慧，夜半甚，平旦静。心欲软，急食咸以软之，用咸补之，甘泻之。（《黄帝内经》）

◎

患心脏疾病的人，正午时神清气爽，夜半时症状加

> 重，清晨时渐趋好转。如果要减弱太旺的心火，可临时吃
> 一些咸味食物，（心病患者）吃咸味食物可发挥补的作用，
> 吃甜味食物可发挥泻的作用。

    本节描述的情况基本符合左心衰竭，这类患者往往在午夜出现呼吸困难，患者难以平卧，现代医学称为夜间端坐呼吸，白天症状好转。其主要原因在于，午夜迷走神经兴奋，气管平滑肌收缩，加重呼吸困难；迷走神经兴奋还会降低心率，减少左心排血量，加重肺淤血；平卧休息时回心血量增加，进一步加重肺淤血。咸食是否有利于左心衰的恢复呢？现代医学一般认为，心衰患者应适当限制吃盐量。另外，"心病用咸补之"似与同书另一章节中"心病禁咸"的观点相矛盾。

> **肝病禁辛，心病禁咸，脾病禁酸，肾病禁甘，肺病禁苦。**
>
> ◎
>
> 肝病患者应限制辛辣食物，心病患者应限制咸味食物，脾病患者应限制酸味食物，肾病患者应限制甜味食物，肺病患者应限制苦味食物。

    心病禁咸，也就是说心脏疾病要限制吃盐。这种观点与现代医学不谋而合。这种认识是古人基于长期观察提出来的。但将所观察到的现象都用定式化五行理论来解释，进而予以推衍，难免产生矛盾和牵强之处。

　　黄帝曰：咸走血，多食之，令人渴，何也？少俞曰：咸入于胃；其气上走中焦，注于脉，则血气走之。血与咸相得，则凝，凝则胃中汁注之，注之则胃中竭，竭则咽路焦，故舌本干而善渴。血脉者，中焦之道也，故咸入而走血矣。（《黄帝内经》）

◎

　　黄帝问：咸容易进入血，吃太多咸味食物会使人口渴，（这是）为什么呢？少俞答：咸味食物进入胃后，其中的营养成分（精微）会上升到中焦（被吸收），然后进入血液循环（血脉），通过血液循环运送到全身。咸性成分与血液结合，就会产生凝滞作用。血液凝滞就需要胃内津液注入（稀释），结果是胃中津液枯竭。胃内津液不足必然引起咽喉干燥，所以舌根发干并容易口渴。血脉与中焦相通，所以，咸味成分先进入中焦，然后进入血脉。

　　本段描述了古人对吃咸食后口渴这一现象的解释。解答中既有细致观察：吃咸食后，咽喉干燥，舌根发干，进而有口渴感；又有严谨推理：咸入中焦，中焦通血脉，咸味成分使血液浓缩，需要胃内津液输注稀释，胃内津液的枯竭导致咽喉干燥，引起口渴感。尽管这一理论与现代生理学揭示的口渴机制相去甚远，但在5000多年前科学认识水平普遍低下的情况下，这种基于观察的推理（而不是转求迷信）是难能可贵的。

　　五味之中，惟此不可缺。西北方人食不耐咸，而多寿少病好颜色；东南方人食绝欲咸，而少寿多病，便是损人伤肺之效。然以浸鱼肉，则能经久不败；以沾布帛，则易

> 致朽烂，所施各有所宜也。（《本草经集注》）
>
> ◎
>
> 　　五味之中，只有咸不能缺少。西部人和北方人吃饭时忍受不了咸味（吃盐少），所以生病少，寿命长，面色也姣好。东部人和南方人吃饭时越咸越好，因而生病多，寿命短。这就是盐损伤肺，危害健康的证据。用盐腌制鱼肉和猪肉，可长久保持不坏；而棉布和丝绸如果沾染上盐，很快就会腐朽破烂，（这是因为）所作用的对象不同，效果也就不一样。

　　陶弘景（456—536），字通明，南朝梁时丹阳秣陵（今江苏南京）人，号华阳隐居，著名医药学家、道教思想家、文学家。当时，梁武帝多次聘请陶弘景出山为官，陶坚辞不受，隐居茅山。梁武帝曾向他请教国家大事，陶弘景因此被誉为"山中宰相"。在《本草经集注》中，陶弘景明确提出，吃盐多对健康有害，并能减短寿命。自陶弘景之后，盐是否有害健康成为医家争论的一个热点。

> 　　盐，不可多食，伤肺喜咳，令人色肤黑，损筋力。（《备急千金要方》）
>
> ◎
>
> 　　盐，不能多吃，（否则）就会损伤肺脏，引起咳嗽，使人面色和肤色变黑，削弱肌肉力量。

　　孙思邈（541—682），唐代耀州（今陕西省铜川市）人，著名医药学家，因医术高明，被尊为"药王"和"妙应真人"，相传孙真人在 142 岁高龄上无疾而终。孙思邈所著《备急千金要方》是中医经典，被誉为中国最早的临床百科全书，对后世医家影响巨大。在《备急千金要方》（后文简称《千金方》）里，孙思邈沿袭了《黄帝内经》中吃盐多会使面色变黑的观点，同时指出吃盐多会引起咳嗽，四肢乏力。现代医学研究证明，吃盐多会加重哮喘。

> **陈藏器云：** 盐本功外，除风邪，吐下恶物，杀虫，明目，去皮肤风毒，调和腑脏，消宿物，令人壮健。人卒小便不通，炒盐纳脐中，即下。陶公以为损人，斯言不当。且五味之中，以盐为主，四海之内，何处无之。惟西南诸夷稍少，人皆烧竹及木盐当之。（《证类本草》）
>
> ◎
>
> 陈藏器曾说，盐的主要作用在于外，可除风寒，经呕吐或腹泻排出有毒物质，杀虫，明目，消除皮肤风疹，调和脏腑功能，消化隔夜食物，使人更健壮。但凡有小便不通的人，只需将炒盐放在肚脐里，小便就通了。陶先生（弘景）认为，（吃盐多）对人有害，这种说法不正确。五味中盐起主要作用，放眼天下哪里没有盐？只有西南少数民族缺盐吃，他们烧竹子和木头（以灰）当盐。

陈藏器（约687—757），唐代四明府（今浙江宁波）人，是稍晚于孙思邈的医药大家。所著《本草拾遗》是颇具影响的一本中药著作，可惜原书失传。本节采自宋代唐慎微《证类本草》对《本草拾遗》的引用。在阐述了盐的诸多好处后，陈藏器对吃盐多有害健康的观点进行了反驳。他的理由是，古往今来和普天之下的人都吃盐，也没发现什么害处。在现代社会，很多人都持有这种观点。

> **喜咸人必肤黑血病，多食则肺凝而变色。（《饮食须知》）**
>
> ◎
>
> 喜欢吃咸味食物的人必然皮肤发黑，血液循环系统容易患病。吃咸食过多可导致呼吸不畅（喘息），面色改变。

贾铭（约 1269—1374），字文鼎。元代海昌（今浙江海宁）人，养生家。明朝建立时，年逾百岁的贾铭受到朱元璋召见，向洪武皇帝进献著作《饮食须知》。该书的特点是专论饮食禁忌，贾铭认为"物性有相反相忌"。《饮食须知》将饮食分为水火、谷、菜、果、味、鱼、禽、兽等八大类，阐述了各类食物的相宜和禁忌。囿于当时认识水平，书中描述的很多相宜相克观点都有悖于现代营养学理论，但贾铭提出的食物分类法与现代营养学非常相似。贾铭的另一重要观点是，任何好吃的食物都不应过量。他认为，盐吃多了就会呼吸不畅，肤色变黑，容易患血液病和血管病。

> 夫水周流于天地之间，润下之性无所不在。其味作咸，凝结为盐，亦无所不在。在人则血脉应之。盐之气味咸腥，人之血亦咸腥。咸走血，血病无多食咸，多食则脉凝泣而变色，从其类也。煎盐者用皂角收之，故盐之味微辛。辛走肺，咸走肾。喘嗽水肿消渴者，盐为大忌。或引痰吐，或泣血脉，或助水邪故也。然盐为百病之主，百病无不用之。故服补肾药用盐汤者，咸归肾，引药气入本脏也。（《本草纲目》）

◎

　　水在天地间循环，向下滋润的特性使水无所不在。水在五味中属咸，凝结后形成盐，（所以）盐也无所不在。在人体中（盐）对应的就是血脉。盐的味道咸腥，血的味道也咸腥。咸味入血，血液循环系统有病的人不宜多吃咸食，吃多了就会血脉不畅，面色改变，（这是因为）同类东西容易聚在一起。煮盐时用皂角收盐（古代煮盐时，将卤水加热至沸腾后，加入皂角碎末和粟米糠，这样能加速盐的析出，并使煮好的食盐洁白晶莹。详见明宋应星《天工开物·作咸》）。（因为皂角为辛味，）所以盐有一些辛味。辛味入肺，咸味入肾。盐能增加痰量，使血脉不畅，导致水过多潴留在体内。（因此）患有哮喘、咳嗽、水肿、消渴等病症的人，应严格控制吃盐。然而，盐是百病的主药，治疗这些病又离不开盐。比如，服用补肾药时要用盐水，就是利用咸味入肾，盐水可引导补肾药进入肾脏。

　　李时珍（1518—1593），字东壁，明代蕲州（今湖北省蕲春县）人，著名医药学家，曾任明太医院判，去世后敕封"文林郎"。李时珍历 27 年编撰的《本草纲目》是一部药学巨著，该书集历代医药典籍之大成，采录 1 892 种药物，将其分为水、火、土、金石、草、谷、菜、果、木、服器、虫、鳞、介、禽、兽、人共 16 部 60 类。对每种药物的历史、形态、产地、采集、炮制、性味、主治、方剂、配伍等进行了详细阐述。2011 年，金陵版《本草纲目》入选《世界记忆名录》（*Memory of the World Register*）。在《本草纲目》中，李时珍首次阐述了盐具有咸味和辛味两种特性的原因。他提出，吃盐多会导致体内水潴留，因此哮喘、咳嗽、水肿、糖尿病等患者不宜多吃盐，这些论断与现代医学观点完全一致。

> **酸甘辛苦暂食则佳，多食则厌，久食则病，病而不辍其食则夭。咸则终身食之不厌不病。虽百谷为养生之本，非咸不能果腹。（《调疾饮食辩》）**
>
> ◎
>
> 短时间吃酸味、甜味、辣味和苦味的食物感觉良好，吃多了就会腻味，长期吃就会生病，病了仍然吃就会早死。只有咸味食物吃一辈子也不会腻味，不会（因之）生病。虽说粮食是维持生命的根本，但饭菜里没有盐就吃不饱。

章穆，字深远，江西鄱阳人，清代名医、养生家。《调疾饮食辩》是章穆在嘉庆年间的著作。在书中，章穆对"盐多伤人"的观点进行了严厉批驳，认为陶先生（弘景）有关东部人和西部人寿命长短不一的观点"悖理之言，至于此极"，没有比这更离谱的理论了。在他看来，没有盐根本就吃不饱饭。章穆生卒年代不详，据《鄱阳县志》记载，"（穆）年七十余暴殄"。根据这一记述不难推测，喜欢吃盐的章穆，在 70 多岁时死于突发的心脑血管病。

中医用盐

在悠久的文明发展史中，中华民族积累了丰富的用盐经验。在中医典籍中，记载了大量以盐防病和治病的方法。其中一些疗法即使用现代医学标准进行审视，依然令人拍案叫绝；但也有一些疗法，带有明显的迷信色彩，不足为信。

凡积久饮酒，未有不成消渴，然则大寒凝海而酒不冻，明其酒性酷热，物无以加。脯炙盐咸，此味酒客耽嗜，不离其口，三觞之后，制不由己，饮啖无度，咀嚼鲊酱，不择酸咸，积年长夜，酣兴不懈，遂使三焦猛热，五藏干燥。木石犹且焦枯，在人何能不渴？治之愈否，属在病者，若能如方节慎，旬月而瘳，不自爱惜死不旋踵，方书医药实多有效，其如不慎者何？其所慎者有三，一饮酒，二房室，三咸食及面，能慎此者，虽不服药而自可无他，不知此者，纵有金丹亦不可救，深思慎之。（《备急千金要方》）

◎

　　但凡常年饮酒的人，最后没有不得消渴症（糖尿病）的。在严寒的冬季，即使海水结冰了，酒还没凝固，这说明酒的性味非常热，没有比它更热的东西了。腌肉咸菜，尤为酒鬼所喜好，往往不离其口。酒过三巡后，（饮酒者）就不能把控自己，胡吃海喝，哪里还能分辨出酸咸苦辣。如果夜夜酗饮，要不了几年，体内就会积热，五脏就会干涸。（这样的话）即使木头和石头都会枯萎干裂，人怎么能不渴呢？（所以这个病）是否能治好，其实取决于患者本人。若能如法节制，十个月就能好转；若不加自爱，绝路就在眼前。书上记载的方剂和药物都是有效的，但对于那些不自爱的人能有什么用呢？应该节制的事情有三样：一是饮酒，二是房事，三是吃盐太多（以致）影响到面色。能恪守这些禁忌的人，就是不吃药也坏不到哪里去，不明白这个道理的人，纵然有金丹也救不了命，（这些道理）值得深思慎行。

　　孙思邈的著作有多处强调疾病预防的重要性，在《千金方》里，他阐述了饮食与糖尿病的关系，强调糖尿病患者应限酒、节欲、少吃盐。现代医学证实，酗酒是糖尿病发生和恶化的重要诱因，而糖尿病患者吃盐多，无疑会加重肾脏损害，也容易诱发心脑血管病。

　　此疾一得，远者不过十年皆死，近者五六岁而亡。然病者自谓百年不死，深可悲悼。一遇斯疾，即须断盐，常进松脂，一切公私物务释然皆弃，犹如脱屣。凡百口味，皆须断除，渐渐断谷，不交俗事，绝乎庆吊，幽隐岩谷，周年乃瘥。瘥后终身慎房事，犯之还发。兹疾有吉凶二义，得之修善即吉，若还同俗类，必是凶矣。今略述其由致，以示后之学人，可览而思焉。（《备急千金要方》）

◎

　　一旦得了这种病（麻风），远者不过十年，近者五六年就会死亡。但患者都自认能长命百岁，这种想法实在让人悲叹。一旦患麻风病，马上就该停止吃盐，经常服用松脂，并像脱鞋袜一样，抛开一切公务和私事。各种美味佳肴都应断绝，并逐渐停止吃粮食，不参与日常事务，更不能参与婚丧嫁娶活动，（而应）隐居在深山幽谷，满一年才会好转。病愈后应终身慎于房事，若不如此还会复发。这种病有吉凶两种类型，患病后若断恶行善就是吉；若还像低俗人那样行事，那就必死无疑。（我）在这里简单阐述了麻风病的因由和结局，希望提醒后来学者，供他们在诊治该病时参考。

　　宋代以前，麻风病多采用调理性方法进行治疗，如断盐、节食、慎房事等，至于松脂的治疗作用也并未被现代医学所证实。因此，当时麻风病的疗效可想而知，加之该病对面容和肢体具有严重损毁作用，往往在民间引起极度恐慌。孙思邈的伟大之处就在于，他将这些具有高度传染性的患者集中起来，身处其中，仔细观察病情，并亲自施治，缓解患者的焦虑情绪，同时劝导患者停止一切社会交往，隐居深山，断恶行善，积极向上。这些措施对于受到社会歧视、内心极度恐惧和自卑的麻风病人来说，无疑具有强大心理安慰作用，也有利于控制麻风病的传播，这些策略完全符合现代公共卫生的理念。这是孙真人希望后世医者深思的问题。

据《千金方》记载，孙思邈曾亲手治疗 600 名麻风患者，治愈率大约为 1/10。根据孙真人的经验，患麻风病后最多能活十年，但患者都自认可长命百岁，这种错觉主要源于葛洪撰写的一则趣闻，讲述了一个麻风患者因奇遇得到仙人赠药，用松脂治愈了麻风病，活了 300 岁后化仙而去。因收录在道家经典著作《抱朴子》和《神仙传》中，这则故事广为传颂，民间更是深信吃松脂可治愈麻风。

> 元和十一年十月，得霍乱，上不可吐，下不可利，出冷汗三大斗许，气即绝。河南房伟传此方，入口即吐，绝气复通。其法用盐一大匙，熬令黄，童子小便一升，合和温服，少顷吐下，即愈也。（《传信方》）
>
> ◎
>
> 唐宪宗元和十一年（816）十月，（我本人，注：柳宗元）得了霍乱病，想吐又吐不出来，腹胀又不能泻，冷汗出了三大斗，眼看就要断气了。河南房伟先生传授了这一药方（霍乱盐汤方），药刚入口就引发了呕吐，断绝的气脉得以再通。治疗方法是：将一大勺食盐（在锅中）煎炒成黄色，取男童尿一升，这两味药混在一起，温热后服下，没多久就出现呕吐和腹泻，病很快就好了。

唐顺宗永贞二年（806），短暂的"永贞革新"失败后，参与改革的"二王八司马"遭到残酷打压和无情迫害，其中柳宗元被贬谪到永州，10 年后再次被贬到更加荒凉的柳州担任刺史。由于水土不服，柳宗元在柳州的最初两年先后罹患疔疮、脚气和霍乱，三次都几乎丧命，后因获得民间奇方而获救。为了使更多患者获救，柳宗元将自己亲身体验的四个验方总结为《救三死方》，寄给同样被贬谪的官场盟友——连州刺史刘禹锡。刘喜好医学，将柳宗元的验方收录于所著医书《传信方》中，名曰《柳柳州救三死方》，其中就包括上述霍乱盐汤方。《传信方》所收方剂多经验证，而且药物廉价易得，其内容被后世医药专著大量转载。《传信方》原书在元明之际散落佚失。本文所列霍乱盐汤方转录自李时珍《本草纲目》。霍乱是因人体感染霍乱弧菌导致的一种急性传染病。霍乱患者往往出现剧烈腹泻、呕吐、发热、大汗，导致体内严重脱水，血液浓缩，血容量减少，血钠血钾降低，周围循环衰竭，危及患者生命。现代医学救治霍乱的一个原则就是迅速补充水和盐，霍乱盐汤方符合这一治疗原则，童子尿不仅含钠，还含有一定量的钾。柳宗元所患为干霍乱（不吐不泻），口服童子尿后诱发呕吐和腹泻，还可促进病菌和毒素排出体外。

溺死：以灶中灰布地，令浓五寸，以甑侧着灰上，令死人伏于甑上，使头小垂下，炒盐二方寸匕，纳管中，吹下孔中，即当吐水。水下，因去甑，以死人着灰中拥身，使出鼻口，即活矣。（《备急千金要方》）

◎

溺水濒死（呼吸、心跳暂停）：将炉灶中的草木灰铺在地上，厚约五寸，将甑（古代一种哑铃样的双腹铁锅，用于蒸煮食物）侧放在草木灰上，让濒死者伏在甑上，头微微垂下。将两勺炒盐装入竹管，自肛门吹入体内，马上就会吐水，水若流下来就将甑去掉，将濒死者放下，全身裹上灰，仅露出鼻子和嘴，（濒死者）就会活过来。

针对自缢、溺水、中毒、窒息、坠亡、中暑等急症，中医典籍中有很多抢救记录。《千金方》中记载的溺水急救措施尤其让人称奇。对照现代心肺复苏标准流程，才能体会到1000多年前中医急救方法的合理性。对于心肺骤停患者，让其伏于甑上，随着甑的前后滚动，胸部会受到按压，有可能使暂停的心跳和呼吸得以恢复。用盐刺激肛门、用灰刺激皮肤和呼吸道都是为了促进濒死者心肺复苏，草木灰还具有保暖作用。《金匮要略》中曾记载类似心脏按压的方法，以抢救自缢者，其操作法更接近现代心肺复苏的标准流程。

卒死：牵牛临鼻上二百息。牛舐必瘥，牛不肯舐，着盐汁涂面上，即牛肯舐。（《备急千金要方》）

◎

猝死（呼吸心跳骤停）：牵一头牛到濒死者旁，（牛鼻子）紧挨濒死者鼻子，呼吸两百次。牛如果舐舐（濒死者的面部），就会醒过来；牛如果不舐，将盐涂抹在（濒死者）面部，牛就会舐舐。

本方是抢救呼吸暂停的应急措施。牛鼻子紧贴着濒死者鼻子，而且用盐诱导牛舐舐濒死者口鼻，可起到类似人工呼吸的作用。目前未见中医典籍记载口对口人工呼吸，但《金匮要略》曾记载以竹管向双耳吹气，以抢救濒死者。

小便不通：取印成盐七颗，捣筛作末，用青葱叶尖盛盐末，开便孔纳叶小头于中吹之，令盐末入孔即通，非常

之效。(《外台秘要》)

◎

尿道不通：取七颗印成盐（天然或压制的小盐块），捣碎为末，将盐末装在青葱叶管内，分开尿道口，将葱叶管的小头插入尿道内，将盐末吹入尿道内就会通畅，这一方法非常灵验。

尿道阻塞的常见原因包括尿道狭窄、尿道内瓣膜形成、前列腺肥大、精阜肥大、尿道损伤、尿道异物、尿道结石、膀胱或尿道内血凝块形成、神经性膀胱炎等。现代泌尿外科常采用导尿和手术等方法解决尿道的物理性阻塞。《外台秘要》里描述的是一种类似现代导尿术的方法。将葱叶管插入尿道，可直接促使其再通；将盐吹入尿道内，通过气压引导和刺激黏膜，均有利于促进尿道再通。

若肿从脚起，稍上进者，入腹则杀人，治之方：生猪肝一具细切，顿食，勿与盐，乃可用苦酒耳。(《医心方》)

◎

如果浮肿从双脚开始，逐渐向上发展，波及腹部（腹水）就会死人。治疗方法：生猪肝一具（煮熟后?）切成小块，一次吃完，不要加盐，但可用醋作调料。

《医心方》是日本现存最早的医药全书，荟萃了280多部中医典籍的精华，而这些典籍的大部分已在中国失传。因此，《医心方》是一部失而复得的集大成之作。《医心方》在日本被视为国宝，也是中日医学交流史上的一座丰碑。著者丹波康赖（912—995）是日本平安时代的著名医药学家，其家世可追溯到刘汉皇室。西晋太康年间，汉灵帝刘宏的五代孙高贵王刘阿知，率母子及族人避乱，经朝鲜赴日本，最后归化日籍，被封为使主并行医。丹波康赖是高贵王的第八代孙。《医心方》中收录的治疗下肢水肿方剂，要求患者限制吃盐，与现代医学理论完全吻合。

暴心痛，面无色欲死方： 以布裹盐如弹子，烧令赤，置酒中消，服之利即愈。（《千金翼方》）

◎

突发心前区疼痛，面色苍白，伴有濒死感：用布裹住弹丸大小的盐，在火上烧红，放入酒中溶化，服用后马上就会好。

《千金翼方》约成书于唐永淳二年（683），集孙思邈晚年行医之经验，是对其早期巨著《千金方》的重要补充，所以取名《翼方》。孙思邈认为，人命贵于千金，而一个处方能救人于危殆，以千金来命名最为恰当。这里描述的症状类似急性心绞痛发作。用酒加上盐，是否有活血作用，尚待考证。部分现代医学研究认为，适量饮酒有利于心血管健康。

大小便不通： 关格，大小便不通，支满欲死，二三日则杀人。方：取盐，以苦酒和涂脐中，干复易之。（《肘后备急方》）

◎

大小便不通：关格，就是大小便都不通，腹部胀满难

> 以忍受，两三天就会死人。治疗方法：取少量盐，用醋调
> 和（呈膏状），涂在肚脐内，干了就更换。

葛洪（284—364），字稚川，号抱朴子，世称小仙翁，丹阳郡句容（今江苏镇江句容）人，是东晋著名道学家、炼丹家和医药学家。葛洪著述丰富，代表作有《抱朴子》《神仙传》和《肘后备急方》等。《肘后备急方》记载了当时常见急性病和传染病的治疗方法。20世纪70年代，屠呦呦等人根据《肘后备急方》记载的一副方剂，发明治疟新药青蒿素，并因此荣获2015年诺贝尔医学奖。这里记载的盐灸，其机制是通过经络刺激，促进胃肠蠕动，达到通畅大小便的目的。

> **病笑不休：**沧盐赤，研入河水煎沸，啜之，探吐热痰数升，即愈。《素问》曰：神有余，笑不休。神，心火也。火得风则焰，笑之象也。一妇病此半年，张子和用此方，遂愈。（《本草纲目》）
>
> ◎
>
> 傻笑不止：将沧州赤盐研磨加入河水煮开，（令患者）喝下，（刺激咽喉）诱导吐热痰数升，病就会好。《素问》中说：神气过盛，就会大笑不止。神气就是心火。风邪入侵会使心火更旺，大笑不止就是其表现。有一名女子患傻笑病有半年时间，张子和（张从正，金代医学家，河南兰考人）用这种方法治好了她的病。

本处描述的症状当属精神心理疾病，类似癔症或强迫症。患者服下盐水后好转，其实是暗示治疗的效果，在现代精神病学中，

癔症常用暗示法进行治疗。

> **魇寐不寤：** 以盐汤饮之，多少约在意。（《肘后备急方》）
>
> ◎
>
> 嗜睡或昏睡：给患者喝盐水，喝多少依情况而定。

若昏睡或嗜睡是由于低血压引起，临时喝一些盐水，有可能会缓解症状。

> **动齿：** 以皂荚两梃，盐半两，同烧令通赤，细研。夜夜用揩齿。一月后，有动齿及血齿者，并瘥，其齿牢固。（《食疗本草》）
>
> ◎
>
> 牙齿松动：用皂荚两条，盐半两，一起（放在锅内）烧红，研成细末。每晚（用细末）刷牙。一月后，牙齿松动和牙龈出血都会好转，而且牙齿会更牢固。

皂荚具有清洁作用，盐具有消毒作用，用这两样东西制成的牙粉，可能是古人经常使用的"牙膏"。《红楼梦》中也曾描述古人刷牙的细节：贾宝玉清晨来到林黛玉住处，用史湘云用过的洗脸水洗了两把脸，遭到丫鬟翠缕的揶揄，"宝玉也不理，忙忙的要过青盐擦了牙，漱了口"。可见，清代富贵人家是用青盐刷牙的，青盐是出自西北的一种大粒盐。记录该方的《食疗本草》是世界上现存最早的食疗专著，作者孟诜（621—713）为唐代汝州（现河南省汝州市）人，被誉为食疗鼻祖。《食疗本草》除收录验证的药物和单方外，还记载了各种药物的功效、禁忌、形态和产地等。
《食疗本草》原书于宋元之际散落佚失，其零星内容仅见于其他医
药专著的引用部分。清光绪三十三年（1907），英国人斯坦因
（Marc Aurel Stein）在敦煌莫高窟发现该书古抄本残卷，现存于伦
敦大英博物馆（图3）。1984年，中医名家谢海州等人根据敦煌残
卷和其他资料，对该书重新进行了校辑和刊印。

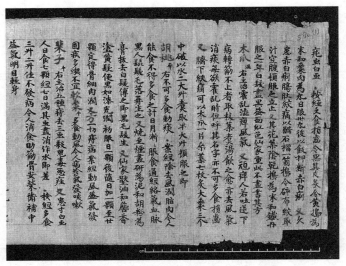

图 3 敦煌《食疗本草》残卷（局部）

　　**腋臭：以首子男儿乳汁浸盐，研铜青，拔去毛使血
出，涂瘥。（《外台秘要》）**

◎

　　腋臭：取头胎生男孩的产妇乳汁，浸入盐中（制成盐
乳膏），将铜绿研细为粉末（加入盐乳膏），拔去腋毛使血
液渗出，（将盐乳膏）涂抹（在腋下），直到腋臭消失。

腋臭，也称狐臭或臭汗症，是由于汗液有特殊臭味或汗液经分解后产生臭味所致。狐臭多见于腋窝、女性乳房下方、腹股沟、外阴等部位，以腋窝最常见。狐臭是令人尴尬的一种疾病，古人也积极寻求治疗。《外台秘要》治疗狐臭时，先拔除体毛使毛囊出血，再涂上铜绿盐乳膏，其目的可能是破坏大汗腺，减少汗液分泌，盐和铜绿都具有杀菌作用，可防止汗液成分被细菌分解产生异味。至于采用头胎生男孩的产妇乳汁，多少带有点迷信的思想。

> **黑发：** 以盐汤洗沐，以生麻油和蒲苇灰敷之，常用效。（《外台秘要》）
>
> ◎
>
> 头发变黑：用盐水洗发，之后用芝麻油和蒲苇灰制成膏，涂抹在头发上，经常用就会有效。

古代洗澡或洗发时常用澡豆，其主要成分是豆粉外加各种香料，其清洁作用远逊于现代洗发香波或香皂。因此，采用盐水清洗头发，除增强清洁作用外，还具有杀菌作用，有利于预防头皮屑。另外，中医认为黑芝麻具有乌发作用，这是近几年来很多品牌的洗发香波中加入黑芝麻提取物的原因。

> **妊妇逆生：** 盐摩产妇腹，并涂儿足底，仍急爪搔之。（《备急千金要方》）
>
> ◎
>
> 产妇逆生（足先露分娩）：用盐擦摩产妇腹部，将盐涂抹在新生儿脚底，并用手快速抓挠脚底。

　　产科是传统中医的短板。其中一个要害问题是，鉴于男女授受不亲的传统观念，男医生不能直接从事接生，古代女医生又极少，接生只能请接生婆（产婆、稳婆、老娘、吉祥姥姥），不得已的情况下甚至自己接生。男医生有关产科的论述，由于缺乏直接实践经验，只能依赖产婆的描述，这种状况进一步阻碍了古代中医产科的进步。接生产婆社会地位低下，没有多少文化，开业前基本没有培训，很多产婆连应对难产的一般技术都不具备。每遇难产（足位、臀位、脐绕颈、产道狭窄、腹肌松弛、巨大胎儿等），不外乎用手强拉硬拽，甚至采用铁钩牵拉或剪刀碎裂，遇到新生儿窒息或产妇出血，也缺乏行之有效的急救措施，往往造成产妇和新生儿不必要的死亡，生孩子成为女性的"鬼门关"。中国最早的女医学博士杨崇瑞在 20 世纪 20 年代开展的调查表明，当时中国产妇死亡率高达 15‰（英、法国家约为 3‰～5‰），出生婴儿死亡率高达 250‰～300‰（英、法国家为 80‰～90‰），每年产妇死亡达 20 万人，而这些触目惊心的数字完全可通过简单的助产士培训得以大幅降低。在《千金方》中，孙思邈描述了足先露（逆生）的一个处置方法，用盐涂抹在产妇腹部和新生儿脚底，用手快速抓挠新生儿脚底，其目的是让先出来的脚缩回去，再次调整胎位，以达到头位生的目的。

　　去胎：取鸡子一枚，扣之，以三指撮盐置鸡子中，服之，立出。（《医心方》）

◎

　　打胎：取一个鸡蛋，打开（一个小口），用三根手指捏一撮盐放入鸡蛋中，服用后很快就能排出胚胎。

用盐和鸡蛋打胎，这实在是件匪夷所思的事情。可能蛋清蛋黄从蛋壳中流出来，形态上更像流产吧！

子死腹中：三家鸡卵各一枚，三家盐各一撮，三家水各一升，合煮，令产妇东向饮之。（《备急千金要方》）

◎

清除死胎：从三家各要一个鸡蛋，从三家各捏一撮盐，从三家各舀一升水，将这几样东西放在一起煮，让产妇面向东方饮用。

盐和鸡蛋不仅能打活胎，还能去死胎。只是这些鸡蛋、盐和水为什么要分别从三个邻居家索取，而且要让产妇面向东方喝下，实在让人百思不得其解！

妇人阴痛：青布裹盐，熨之。（《药性论》）

◎

女性阴部疼痛：用粗布裹上加热的盐，熨烫阴部。

中医典籍中有大量盐灸和盐熨治疗疾病的记载。例如，肚脐盐灸常用于治疗消化系统疾病。这主要是由于盐的比热容较大，加热后能散发较多热量，而且盐呈细颗粒状，放在肚脐等处能与皮肤完全贴附。女性外阴疼痛最常见的原因包括：心理紧张、肌肉痉挛、局部炎症、外伤、性交痛等。热敷可改善局部血液循环，松弛肌肉和神经，因此，热敷往往能缓解女性外阴疼痛。

> **妇人阴大：** 食茱萸三两，特牛胆一枚，石盐一两。捣茱萸下筛，纳牛胆中，又纳石盐着胆中，阴干百日。戏时取如鸡子黄末，着女阴中，即成童女也。（《医心方》）
>
> ◎
>
> 阴道松弛：取食茱萸三两，公牛胆一枚，矿盐一两。将茱萸捣碎筛末，纳入牛胆，再将矿盐纳入牛胆，在阴凉处干燥一百天。性交前取鸡蛋黄一样的药末，涂在阴道内，感觉就像少女那样。

　　本方就是在中国佚失的古方，在日本《医心方》中又被发现。《医心方》除收录经典方剂，还记载了大量房中术，因此一度被列为禁书。

> **饮酒不醉：** 凡饮酒，先食盐一匕，则后饮必倍。（《儒门事亲》）
>
> ◎
>
> 饮酒不醉：饮酒前，先吃一小勺盐，酒量就会增加一倍。

　　原来，千杯不醉也是古人的追求。高浓度盐对胃黏膜有刺激作用，可能会减慢酒精在胃部的吸收速度，从而增加酒量。但一小勺盐能否将酒量提高一倍，实在值得怀疑。另外，这种做法对身体有害无益，不应作为医家推荐的方法。

饮酒大醉：取柑皮二两，焙干为末。以三钱匕，水一中盏，煎三五沸，入盐，如茶法服，妙。（《肘后备急方》）

◎

　　饮酒大醉：取橘子皮二两，焙干后研磨为粉。用药匙取三钱，加入一中杯水中，加热煮沸三五次，加入盐，像喝茶一样饮用，效果绝妙。

　　解酒药中也会用到盐。只是这种解酒药制作实在烦琐，若非提前准备，酒醉后临时找药材加工，等药物制好，恐怕酒早就醒了。

古人吃盐知多少

"昔者先王未有宫室，冬则居营窟，夏则居橧（木构的巢）巢。未有火化，食草木之实、鸟兽之肉，饮其血，茹其毛。未有麻丝，衣其羽皮。"远古时先人们没有房舍，冬天掘地或累土为穴，夏天搭棚或筑巢而居。当初不会用火，除了野菜野果，还连毛带血生吃鸟兽之肉。没有麻线蚕丝，只能用鸟毛兽皮当衣服。在旧石器时代，肉食能提供人体所需的盐，吃盐量与野生大猩猩相当，每天在 0.5 到 2.0 克之间。

进入农业社会，粮食取代肉食成为主要供能食物，饮食中的天然含钠（盐）量明显下降，这种改变驱使人们寻求食物之外的盐。中国是农耕文明的发祥地之一，华夏民族也最早学会了制盐。史载炎帝部落的神农擅长耕种，所产粮食有余，希望用谷米换取海盐，以实现部落居民吃上盐的愿望。神农在曲阜建立了市场，想与东方产盐部落开展粮盐贸易，但手握海盐资源的夙沙拒不从命，还杀死了主张贸易的箕文。这种做法激起了部落居民的不满，推翻了夙沙的统治，开启了内陆与沿海的粮盐贸易。由此可见，原始社会制盐技术落后、产量低，食盐非常珍贵；加之交通不便，贸易渠道尚未建立，能够吃上盐的人其实很少。产盐地附近居民吃盐量可能超过 20 克；远离产盐地的部落居民仍维持着天然淡食，每天盐摄入在 2 克以下。

奴隶社会出现了国家，社会分工趋于细化。商代出现了专门管理盐的人（卤小臣），周代出现了掌管盐务的盐官（盐人）。行业分工与技术进步使食盐产量逐渐提高，交通运输发展促进了食盐贸易。北宋时期在韩城出土了晋姜鼎，其铭文记载了春秋时食盐贸易的盛况。晋文侯（前 805—前 746）派夫人晋姜押送一千车食盐与粮食，到繁汤换取青铜。说明当时已有大规模跨区食盐贸易，中原已基本普及食盐。

齐桓公推行食盐改革后，不仅解决了齐国食盐供给，其他非产盐国因跨区贸易也获得大量食盐，产盐区和非产盐区居民吃盐量差距逐渐缩小。管仲曾向齐桓公进谏："十口之家十人食盐，百口之家百人食盐。终月，大男食盐五升少半，大女食盐三升少半，吾子食盐二升少半。"从这一记载不难看出，春秋时普通民众已离不开盐。根据度量衡考古，齐国量器 1 升约等于现在 205 毫升。淋煎法制作的粗盐堆积密度较小、含水量较高，其堆积密度应介于现在的雪花盐和细盐之间，约为 1 050 千克/立方米。因此，齐国 1 升盐重约 215 克，五升半盐相当于 1 182.5 克。根据管仲的进谏，齐国成人平均每天用盐 39.4 克，这一水平远高于现代人吃盐量。究其原因，可能因为当时工艺简陋，所制食盐杂质含量较高。当时齐国制盐采用淋煎法，将卤水或海水淋在草木灰上，草木灰中含有碳酸钠和碳酸钾，能与卤水中的钙镁离子反应，生成难溶的碳酸钙和碳酸镁，同时析出盐花。将草木灰和盐花扫起，再用卤水灌淋，就获得盐浓度很高的卤水，再煎煮成盐。因此，淋煎法提取的粗盐含有大量钾盐、钙盐和其他杂质。在山东寿光双王城商周遗址出土的盔形器（盔形器是早期制盐的工具）上残留有当时制取的食盐。经化学分析发现，这些粗盐含有大量钙镁盐杂质。另外，管仲所指成人每月五升半盐是用盐量，而非吃盐量。其时，盐已用于腌菜和腌肉，《管子》中记载："桓公使八使者式璧而聘之，以给盐菜之用。"说明当时盐菜（咸菜）已是日常食物，腌制蔬菜的卤水并未被食用。另外，盐还用于饲养动物、祭祀以及清洁等方面。综合考虑食盐杂质及食盐的其他用途，齐人当时每天吃盐可能在 26 克左右。

秦统一六国后中国进入封建社会，食盐生产技术空前发展，食盐产量大幅增加，食盐纯度得以提升。当时秦帝国建立了以咸阳为中心，通达全国的驰道（高速公路）和驿传（邮递系统）。"为驰道于天下，东穷燕齐，南极吴楚，江湖之上，频海之观必至"。食盐产量的增加和运输系统的建立，保障了全国各地的食盐供给。1975 年，湖北云梦睡虎地发掘出大量秦墓竹简，出土的《秦律十八种·传食律》详细记录了官员及士兵因公出差期间的伙食标准。第 182 号竹简记载："上造以下到官佐、史毋爵者，及卜、史、司御、寺、府，粝米一斗，有采羹，盐廿二分升二。"可见，秦军上造（相当于现代军队的排长）和随行人员出差，每天供给盐廿二分升二。秦时每升约 200 毫升，一升盐重约 242 克，廿二分升二相当于每人每天配给食盐 22 克。若除去残剩和损耗，秦人每天吃盐应在 20 克左右。

两汉时期，盐作为国家经济命脉而备受重视，"夫盐，国之大宝也"。史书多处记载汉代军民吃盐情况，这些记载也被考古学所证实。《汉书·赵充国传》记载："合凡万二百八十一人，用谷月二万七千三百六十三斛，盐三百八斛，分屯要害处。"根据这一描述，当时士兵每月配给食盐 3 升。1926 年，中国和瑞典考古学者在额济纳河流域发掘出大量汉代木简，即著名的居延汉简。其中的《盐出入簿》和《廪盐名籍》分别是盐仓出入管理记录和士兵领取配给食盐的登记册，这两份文物证实了汉代士兵食盐定量为"月三升"。汉代每升约相当于现在 200 毫升，三升合 600 毫升。根据王子今先生的测量，当时西北出产的大粒盐 600 毫升重约 726 克。因此，汉代戍边士兵每天配给食盐 24.2 克。为了保证士兵体能，这一配给量应该是每天吃盐量的上限，对绝大多数士兵来说，应该有所结余。若除去散耗、结余和他用，每名士兵每天吃盐量在 22 克左右。但应当注意，戍边士兵体力活动强度较高，出汗量较大，其吃盐量应高于普通居民，普通居民每天吃盐在 20 克左右。

隋唐时盐业进一步繁荣，人均食盐消费趋于饱和。唐代食盐不仅用于饮食，还用于饲养牲畜、祭祀、染织、制革、酿造、农业生产等。韩愈曾论述唐代家庭用盐情况："通计一家五口所食之盐，平叔所计，一日以十钱为率，一月当用钱三百，是则三日食盐一斤，一月率当十斤"。韩愈引用张平叔（户部侍郎）的推算，一个五口之家，三天用一斤盐。唐代每斤约为 667 克，这样看来，即使将男女老幼一起计算，每人每天用盐也高达 44.4 克。但在另一文献中，却给出了不同答案。《唐六典·司农寺》记载："给公粮者，皆承尚书省符。丁男日给米二升，盐二勺五撮。妻、妾、老男、小则减之。若老、中、小男无官及见驱使，兼国子监学生、针（生）、医生，虽未成丁，亦依丁例。"这里记录的是给政府做杂役的人、国子监与太医院的学生每天的官方饮食标准，其中成年男性每天配发食盐二勺五撮（0.25 合，0.025 升）。唐代一升约 600 毫升，二勺五撮相当于食盐 18.2 克。若除去残剩和损耗，每天吃盐应在 16 克左右。解释这两处记载的巨大差异，有必要再次强调用盐量和吃盐量的区别。韩愈描述的普通家庭用盐量，可能还包括饲养牲畜、祭祀、酿造、腌制酱菜等其他用途。如《唐六典》记载："凡象日给稻、菽各三斗，盐一升；马，粟一斗、盐六勺，乳者倍之；驼及牛之乳者、运者各以斗菽，田牛半之；驼盐三合，牛盐二合；羊，粟、菽各升有四合，盐六勺。"可见很多动物的吃盐量远高于人类。对于国子监及太医院的学生们，绝对不会用配发的食盐去养动物，而对于普通人家，哪怕只养一头牛或一只羊，用盐量也将明显增加，何况盐还有其他家庭用途。综上分析，当时长安地区居民每天吃盐应在 16 克左右。

宋元时期，制盐技术持续改进，食盐产量大幅提升，甚至出现了食盐积压现象。另一方面，食盐运输和销售渠道不畅，底层人民购买乏力，大范围食盐短缺时有发生，以致"民苦淡食"。宋代盐的用途进一步拓宽，出现了以腌制食品为业的"淹藏户"。宋代官方对盐的产销量有详细记载，从总产量和总人口可大致推测人均用盐量。根据郭正忠先生统计，北宋乾道年间全国总人口约 1 亿，食盐年产量约 4 亿斤，每人每年用盐 4 斤（宋元时每斤约 650 克，每两约 41 克），相当于每人每天用盐 7.1 克。若考虑食盐的其他用途及损耗，实际吃盐量应在 6 克左右。南宋绍兴时期，统治人口缩小至 5 500 万，江南年产盐 3 亿斤，人均 5.5 斤，相当于每人每天用盐 9.7 克，考虑到食盐的其他用途和损耗，人均每天吃盐应在 8 克左右。据《元史》记载："两浙、江东凡一千九百六万余口，每日食盐四钱一分八厘。"根据这一记载，元代平均每人每天用盐 17.1 克。若除去损耗及食盐他用，宋元时成人每天吃盐当在 15 克左右。这样看来，依据食盐总产量和总人口推算的吃盐量存在严重低估的可能。其主要原因在于，晚唐以降私盐盛行，而自制土盐在中西部地区相当普遍。

明清时期，"海势东迁"，海水中含盐量下降，海盐生产由煎煮法改为日晒法。日晒法无须耗费柴薪，生产成本减少导致盐价降低。为了避免宋代食盐积压的弊端，明朝实施"计口给盐"，即按人口多少实施食盐配给。在明初，"大口月食盐二斤，小口一斤（明代 1 斤约 600 克）"。其中 15 岁及以上为大口，10 岁到 14 岁为小口，10 岁以下无配给。永乐七年（1409），都察御史陈瑛认为食盐配给标准过高，奏请将配量减半，即"大口年支盐十二斤，小口年支盐六斤"。尽管其后不同时期与地区食盐配给量稍有差异，但这一标准基本沿用到明末。依据陈瑛所定标准，明代成人每天消费食盐 19.7 克。若除去残剩和食盐他用，成人每天吃盐应在 17 克左右。

明清之际，北方地区大范围引种玉米和番薯，粮食总产增加，人口快速增长，食盐需求量也随之增加。清政府实施严苛的食盐专卖制度，食盐生产成本和销售价格差距拉大，导致私盐泛滥。据许涤新和吴承明两学者估算，鸦片战争前夕全国年产官盐 24.2 亿斤，私盐约 8 亿斤，总计 32.2 亿斤，以 4 亿人口计，全国范围人均每年用盐 8.1 斤（每斤约 600 克）。郭正忠先生认为这一数字明显偏低，他估计鸦片战争前夕全国年产官盐 26 亿到 30 亿斤，加上私盐，年产食盐超过 40 亿斤，人均 10 斤左右。这一观点被李伯重等学者的研究所证实。若取郭先生的估计数据，清代人均每天用盐 16.4 克，实际吃盐量在 15 克左右。

民国时期，已有研究实地调查了居民吃盐量。中国经济统计研究所在东南三地的调查表明，吴兴成年男子每年消费盐 9.3 斤，无锡成年男子每年消费盐 11.9 斤，嘉兴成年男子每年消费盐 11.9 斤。三地成年男子年均消费食盐 11 斤，平均每天用盐 15.1 克，实际吃盐量在 14 克左右。

中华人民共和国成立到改革开放期间，曾多次开展居民营养调查。遗憾的是，并未将盐（钠）摄入纳入调查范围。1958 年全民大炼钢铁期间，曾对钢铁工人在高温环境中的吃盐量进行调查。根据顾学箕等人报道，当时上海一般工人每天吃盐约 13 克（12.6～13.3 克），而轧钢工人经额外补盐后，每天吃盐高达 26.7 克。

中国人喜欢吃盐，在漫长的农业社会历程中，形成了以盐为核心的饮食文化。盐在中国的普及大约在秦代，之后一直维持着高盐饮食。从秦代到清末的 2000 年间，中国人的吃盐量基本维持在每天 15～20 克之间（表 1）。进入民国后，吃盐量有所降低，其主要原因是，商业兴起与交通运输业发展使鲜菜、鲜果、鲜肉和鲜活水产消费量增加，腌制品消费量开始减少，这一趋势在江南经济发达地区更为明显。

表 1　中国不同时期居民平均吃盐量评估

时代	时间范围	用盐量（克/天）	人群	吃盐量*（克/天）
旧石器时期	260 万—1.2 万年前	0	丛林中的原始人	0.5～2
新石器早期	12000—6000 年前	0	采摘和渔猎部落居民	0.5～2
新石器晚期	6000—4000 年前	0—20	农耕部落居民	2～20
商周	公元前 1600—前 256 年	39.2	齐国普通居民	26
秦	公元前 221—前 207 年	22.0	下层军官和普通官员	20
汉	公元前 202—公元 220 年	24.2	北方戍边士兵	20
隋唐	581—907 年	44.4	长安地区普通居民	16
		18.2	国子监和太医院学生	
宋元	960—1368 年	17.1	江浙地区普通居民	15
明	1368—1644 年	19.7	南北方普通居民	17
清	1644—1912 年	16.4	南北方普通居民	15
民国	1912—1949 年	15.1	吴兴、无锡、嘉兴居民	14
中华人民共和国初期	1949—	13.0	上海普通工人	13

　*依据用盐量估计的普通人吃盐量。旧石器时期和新石器早期没有烹调用盐，所列仅指食物中天然含盐。商周以后吃盐量指烹调用盐，不包括食物天然含盐。

　　古代食盐价格相对较高，底层人民吃盐还受盐价影响。因此，即使在同一朝代，居民吃盐量也可能波动较大。史书中有多处记载，统治者为应付战乱或天灾而抬高盐税，加之食盐生产及运输受阻，导致盐价高企，穷苦民众被迫"淡食"。在部分西南少数民族聚居区，由于当地不产盐，加之交通闭塞，居民曾长期处于淡食状态。唐代医药家陈藏器曾记载："惟西南诸夷稍少，人皆烧竹及木盐当之。"这种以灰代盐的做法，即使到了近现代，仍流行于西南部分山区。

世人吃盐知多少

世界各地居民吃盐量差异很大。影响吃盐多少的主要因素包括饮食结构、社会经济发展水平、风俗习惯、文化传统、都市化水平、地理气候特征等，开展限盐的国家居民吃盐量可能已有下降。

由比尔及梅琳达·盖茨基金会（Bill & Melinda Gates Foundation）资助的全球疾病负担研究（GBD）曾分析主要国家和地区居民吃盐量，绘制了全球咸味地图。根据 GBD 研究，2010 年全球成人平均每天吃盐 10.1 克，其中男性 10.5 克，女性 9.6 克。

在各大洲中，亚洲居民吃盐最多，中亚国家人均每天吃盐 14.0 克，东亚国家人均每天吃盐 12.2 克。东欧国家居民吃盐量（10.7 克）高于西欧国家（9.7 克）。大洋洲人均每天吃盐 8.8 克，北美洲人均每天吃盐 9.2 克。吃盐量偏低的地区包括撒哈拉以南非洲地区（5.6 克）、拉丁美洲（8.1 克）和加勒比国家（6.7 克）。

在 GBD 评估的 187 个国家和地区中，有 181 个国家和地区的居民吃盐量超过世界卫生组织（WHO）推荐的每天 5 克标准，其中 51 个国家和地区居民吃盐量超过推荐标准两倍以上。只有 6 个非洲小国居民吃盐量达标，其原因可能是食盐供应困难，加工食品消费量低，食物以原生态为主，而非居民有限盐意识。

从 1990 到 2010 年间，全球成人平均吃盐量小幅增长，由人均每天 10.1 克增加到 10.5 克。其中，东亚国家吃盐量由 11.1 克增加到 12.2 克；东欧国家吃盐量由 9.6 克增加到 10.7 克。

中国等东亚国家吃盐多的原因包括，农业社会持续时间长、素食比例高、居民重视饮食文化、追求美味享受。根据 GBD 研究，2010 年中国人均每天吃盐 12.3 克（仅指烹调用盐，若计入其他钠来源，总吃盐量应在 15 克以上），日本人均每天吃盐 12.4 克，韩国人均每天吃盐 13.2 克，蒙古人均每天吃盐 13.1 克，新加坡人均每天吃盐 13.1 克。

东南亚国家居民吃盐量也普遍偏高。2010 年，越南人均每天吃盐 11.7 克，泰国人均每天吃盐 13.5 克，老挝人均每天吃盐 11.3 克，缅甸人均每天吃盐 11.4 克，柬埔寨人均每天吃盐 11.2 克。

中亚国家居民吃盐较多，这些国家历史上人口迁徙频繁，为了适于旅行，养成了独特的高盐饮食习惯。中亚地处内陆高寒地带，蔬菜水果出产少，腌制品消费多，进一步增加了吃盐量。2010 年，哈萨克斯坦人均每天吃盐 15.2 克，土库曼斯坦人均每天吃盐 13.8 克，吉尔吉斯斯坦人均每天吃盐 13.7 克，塔吉克斯坦人均每天吃盐 13.7 克，乌兹别克斯坦人均每天吃盐 14.3 克。

东欧各国传统上形成了高盐饮食习惯，这些国家高血压患病率较高，脑中风、冠心病发病率也高于其他国家。根据 GBD 研究，2010 年俄罗斯人均每天吃盐 10.6 克，格鲁吉亚人均每天吃盐 13.5 克，阿塞拜疆人均每天吃盐 12.9 克，亚美尼亚人均每天吃盐 12.5 克。

即使在当代，个别与世隔绝的偏远地区食盐供给问题仍未解决，这些地区居民吃盐较少，如南太平洋群岛和巴西亚马孙河谷的原始部落。在非洲大部分地区，居民饮食以天然食物为主，吃盐量普遍较低。根据 GBD 研究，2010 年肯尼亚人均每天吃盐 3.8 克，喀麦隆人均每天吃盐 4.2 克，布隆迪人均每天吃盐 4.4 克，卢旺达人均每天吃盐 4.1 克，索马里人均每天吃盐 5.3 克。

达赫（Dahl）博士在 20 世纪 50 年代开展的调查发现，美国本土人均每天吃盐 10 克，而阿拉斯加因纽特人每天吃盐仅 4 克，日本南部九州地区人均每天吃盐 14 克，东北秋田地区人均每天吃盐 27 克。该研究首次发现，吃盐多的地区居民血压也高。

在 1982 年召开的国际心血管病大会上，来自世界各国的学者发起了一项大型研究，采用 24 小时尿钠法评估各国居民吃盐量，这就是著名的 INTERSALT 研究。1985 到 1987 年，INTERSALT 在 32 个国家 52 个中心纳入了 10 079 名被试者。在 52 个人群中，吃盐量最少的是巴西亚诺玛米人。这些居住在亚马孙雨林中的印第安人，以狩猎和采摘为生，远离现代社会，从不给食物加盐。亚诺玛米人每天从天然食物中获取的钠仅相当于 0.1 克盐。吃盐最多的是中国天津居民，男性平均每天吃盐 14.9 克，女性平均每天吃盐 13.4 克。天津居民吃盐量是亚诺玛米人的 142 倍。INTERSALT 研究发现，吃盐越多血压越高。亚诺玛米部落没有高血压患者。

20 世纪 90 年代开展的 INTERMAP 研究分析了各种营养素对血压的影响，观测人群来自中国、日本、英国和美国。INTERMAP 研究再次证明，吃盐越多血压越高，钾摄入越多血压越低。当时中国居民吃盐的主要来源是烹调用盐和酱油，约占 87%；美国居民吃盐主要来源是加工食品，约占 83%，烹饪用盐和餐桌用盐仅占 5%。在 INTERMAP 观测的 17 个人群中，吃盐最多的是中国北方居民，中国南方居民吃盐明显少于北方居民。北京地区成年男性平均每天吃盐 17.2 克，成年女性平均每天吃盐 14.6 克。广西南宁地区成年男性平均每天吃盐 8.6 克，成年女性平均每天吃盐 7.4 克。在美国观测的 8 个地区，成年男性平均每天吃盐 10.4～10.9 克，成年女性平均每天吃盐 7.5～8.6 克。在日本观测的 4 个地区，成年男性平均每天吃盐 11.2～12.7 克，成年女性平均每天吃盐 9.2～11.5 克。在英国观测的 2 个地区，成年男性平均每天吃盐 9.3 克，成年女性平均每天吃盐 7.3 克。

GBD 研究发现，不同人种吃盐量差异显著，黄种人吃盐最多，白种人次之，黑种人吃盐最少。但是，黑种人高血压发病风险却高于白种人，其可能原因是，黑种人盐敏感度更高，在吃盐量相同时，黑种人血压升高更明显。

到目前为止，有 20 多个国家调查了儿童吃盐量。其中，美国、英国和瑞典等国家还监测了不同年龄段儿童吃盐量。综合分析发现，儿童吃盐量最多的国家也是中国。1991 年，在陕西汉中开展的调查发现，12 到 16 岁中学生人均每天吃盐 13.2 克。在西欧国家中丹麦儿童吃盐较多，人均每天 11.0 克。以匈牙利为代表的东欧国家儿童吃盐量普遍较高，8～9 岁儿童平均每天吃盐 8.5 克。一般来说，成人吃盐多的国家儿童吃盐也多。

在两次全球调查中，中国成人吃盐量均高居榜首。汇总数据表明，中国儿童吃盐量也高居全球首位。长期处于农业社会，使中国人养成了重视饮食、追求美味的传统，而盐是产生美味的核心要素。全民吃盐多造成近年来高血压、脑中风、冠心病、慢性肾病等慢病盛行。中国正在进入老龄化社会，慢病已成为威胁居民生命健康的主要因素。如何通过减盐降压扭转慢病盛行的局面，是关乎社会经济可持续发展的一个重大问题。

盐的秘密

盐又称食盐，能产生咸味，是最古老和最常用的调味品。盐的化学成分是氯化钠，其分子式为 NaCl。盐易溶于水，在 20℃时溶解度为 36 克，即 100 毫升水最多可溶解 36 克盐。氯化钠由氯和钠两种元素构成，1 个氯化钠分子含 1 个钠原子和 1 个氯原子。1 摩尔钠原子质量为 23.0 克，1 摩尔氯原子质量为 35.5 克，1 摩尔氯化钠分子质量为 58.5 克。氯化钠中钠的比例为 39.3％，氯的比例为 60.7％。

海洋中储存有大量盐，地球表面的水有 96.5％为咸水，均含有较高浓度的盐。世界四大洋海水平均盐度为 3.5％。全球海水总量为 13.9 亿立方千米，含盐总量为 4.9×10^{16} 吨；另外还有 2.1×10^{16} 吨矿盐深埋在地下，两者合计高达 7.0×10^{16} 吨。若将这些盐平均分配给全球 70 亿人，每人可获得 1 000 万吨。这样看来，地球上的盐基本上取之不尽，用之不竭。

盐溶解在水中形成钠离子和氯离子。盐在人体内多以钠离子和氯离子存在并发挥作用。钠离子和氯离子有时各自发挥作用，有时协同发挥作用。在产生味觉效应方面，钠离子可单独产生咸味；但当钠离子和氯离子同时存在时，咸味会更加明显；仅有氯离子时不产生咸味。

钠是人体必需的宏量元素。人体中的钠来源于饮食，尤其是盐。胃肠对钠的吸收率高达95％以上。成人体内钠含量约为1.38克/千克，一个体重70千克的人，体内钠总量约有97克。体内钠约有50％分布于细胞外液，10％分布于细胞内液，40％储存于骨骼中。骨骼中的钠很少被释放出来，这一点和钙有本质区别。

钠被人体吸收后只有少部分被利用，大部分会经肾脏随尿液排出。当身处高温环境或参加剧烈运动时，会有较多钠经皮肤随汗液排出。经粪便、泪液和呼吸排出的钠基本可忽略不计，育龄妇女有部分钠随月经排出。对于参加一般日常活动的人，每天钠摄入的90％经肾脏排出，这一比例相当稳定。因此，测定24小时尿钠量就可获知钠摄入量，从而推知吃盐量。

人体对水和钠的调节相互关联。当体内水分不足（如大量出汗）时，血钠浓度和血浆渗透压升高（超过290毫渗/千克），下丘脑渗透压感受器受到刺激，产生的神经信号传递到大脑皮质，形成口渴感，驱使人们找水并喝水，使体内水盐平衡得以恢复。渗透压感受器受到刺激还会促使下丘脑分泌抗利尿激素（又称加压素，ADH）并释放入血。当抗利尿激素随血液循环抵达肾脏时，会增加肾小管和集合管对水的重吸收，减少肾脏排水，从而将血钠浓度和血浆渗透压恢复到正常水平。相反，体内水分过多、血浆渗透压下降时，下丘脑渗透压感受器不受刺激，抗利尿激素分泌减少，多余的水就会随尿液排出体外。

人体中钠的主要作用包括调节血容量，维持血压稳定，保持细胞内外渗透压平衡，使神经细胞、心肌细胞和骨骼肌细胞具有兴奋性，参与调节酸碱平衡等。人体血清钠正常范围在135～145毫摩尔/升之间。血清钠浓度低于135毫摩尔/升为低钠血症；血清钠浓度高于145毫摩尔/升为高钠血症。

氯约占人体重量的0.15%，体重70千克的成人体内约含氯105克。人体中的氯也主要来源于食物中的盐（氯化钠）。氯在体内主要以氯离子形式存在，细胞外氯约占85%，细胞内氯约占15%。

在体内，氯离子、钠离子和水共同维持体液平衡和血容量，保持血压平稳。氯离子还有助于平衡细胞内外渗透压。在肾脏，氯离子参与维持血液pH值稳定；在肝脏，氯离子参与有毒物质清除；在胃内，氯离子参与胃酸合成。红细胞中的氯还参与CO_2运输。胃酸的主要成分是盐酸，能消化食物，激活胃蛋白酶原，促进维生素B_{12}和铁吸收。胃酸生成障碍的人，维生素B_{12}吸收减少，容易患巨幼细胞性贫血等疾病。

在现代饮食环境中，高盐食品几乎难以规避，成人基本不存在缺氯问题。因此，各国膳食指南均不强调氯摄入。婴儿每天大约需要0.2克氯，氯的需求量随年龄增长而增加，成人每日大约需要1.5～2.5克氯。要了解体内氯的营养状况，可测定血氯水平；要了解氯摄入量，可采用膳食日志法进行评估，也可测量24小时尿氯量。

盐含有钠和氯两种元素。钠和氯在高血压发生中均起作用。其中，钠起主导作用，氯起辅助作用。在日常饮食中，由于大部分氯离子是伴随钠离子共同存在的（以氯化钠的形式），氯离子对血压的单独影响并未引起重视。对加工食品中钠离子和氯离子含量进行测定发现，两者并不完全配对存在。

盐的健康危害主要源于其中的钠。但钠不仅仅存在于盐中，很多化合物中都含有钠。食品中碳酸氢钠、谷氨酸钠、磷酸二氢钠、亚硝酸钠等也能产生类似盐的危害。目前，世界各国膳食指南均以钠摄入量而非烹调用盐为推荐指标，只有中国以烹调用盐为推荐指标。《美国膳食指南 2015—2020》推荐，14 岁及以上居民每天钠摄入量不宜超过 2 300 毫克（相当于 5.8 克盐，一般用近似值 6 克）。世界卫生组织《儿童和成人钠摄入指南》推荐，成人每天钠摄入量不宜超过 2 000 毫克（约相当于 5 克盐）。

采用钠摄入的好处在于，这一概念不仅包括食盐中的钠，还包括其他化合物中的钠。在加工食品消费量较高的西方国家，食盐以外的钠占总钠摄入量 20% 以上，由于食盐以外的钠同样会产生健康危害，因此不应被忽略。在中国传统饮食中，钠摄入的主要来源是烹调用盐。但随着加工食品盛行，烹调用盐之外的钠正在成为中国居民钠摄入的重要来源。在这种情况下，若仍以烹调用盐为推荐指标，势必会低估钠的健康危害。

采用钠摄入的缺点在于，相对于吃盐量，普通民众不太容易理解其含义。为了克服这一缺点，一些国家采用钠-盐换算法，将饮食钠含量（不论是否来自食盐）换算为盐当量。这种方法既充分考虑了钠的健康危害，又便于民众理解。应当强调的是，这里所指的"盐"不仅包括食盐，还包括其他含钠化合物。因此，在很多指南里，盐和钠是可以互换的概念，尽管这两样东西其实并非一回事。为了避免误解，一些欧洲国家提倡在包装食品上同时标示钠含量和盐含量。换算的方法是，钠含量乘以 2.54 就是盐含量，钠和盐均以克或毫克计算（表2）。

表2　钠和盐的换算 *

1 摩尔（mol）钠 = 23 克钠
1 摩尔（mol）氯 = 35.5 克氯
1 摩尔（mol）氯化钠 = 58.5 克氯化钠（23 克钠 + 35.5 克氯）
1 克钠 = 2.54 克盐
1 毫克（mg）钠 = 0.002 54 克盐
1 克盐 = 0.393 7 克钠 = 393.7 毫克（mg）钠
1 克盐 = 0.017 12 摩尔（mol）钠 = 17.12 毫摩尔（mmol）钠
1 摩尔（mol）钠 = 58.42 克盐
1 毫摩尔（mmol）钠 = 0.058 42 克盐

* 在化学上，盐和钠是两个不同概念。在医学上，由于盐（氯化钠）的健康危害主要源自其中的钠，氯的健康危害作用较小。因此，在评估盐的健康作用时，盐和钠可以相互换算。

中国《预包装食品营养标签通则》（GB 28050‒2011）规定，预包装食品必须强制标示钠含量；而《中国居民膳食指南》推荐成人每天吃盐不超过 6 克。衡量指标的不一致会导致困惑，妨碍居民利用营养标签计算含盐量，因为大部分居民并不知道钠和盐针对的其实是同一健康危害物，也不了解钠和盐的换算方法。曾有民众甚至专家公开质疑，既然酱油是高盐食品，为什么国家不在瓶装酱油上标示含盐量。事实是，中国所有包装酱油均强制标示了钠含量，只是这些质疑者不知道盐和钠的关系罢了。

不仅普通民众弄不清钠和盐之间的关系，有些大众媒体，甚至专业期刊也常将两者混淆。曾有杂志刊文评价中国各地居民吃盐量，认为《中国居民膳食指南》推荐每天 6 克盐远高于美国标准，称美国推荐成人每天吃盐不超过 2.3 克，特殊人群（高血压、老年人和黑种人）每天吃盐不超过 1.5 克；并引述美国人均每天吃盐量只有 3.4 克，比世界卫生组织推荐的 5 克标准还低。作者显然将钠摄入量误为盐摄入量。《美国膳食指南》推荐的吃盐量是以钠摄入为基础，即推荐成人每天钠摄入不超过 2.3 克（2 300 毫克），相当于 6 克盐，这与《中国居民膳食指南》推荐的吃盐量完全一样。而目前美国人均每天吃盐量高达 8.6 克（3.4 克钠），远超世界卫生组织推荐的标准，这也是美国仍然在大力推行全民限盐的原因。

在复杂的生存环境中，人类进化出灵敏的味觉和嗅觉以引导食物选择。富含蛋白质、氨基酸、脂肪的食物能产生香味和鲜味，富含矿物质的食物能产生咸味，富含糖类的食物能产生甜味，这些美妙的味觉诱导人们发现、选择和摄入有益食物。相反，有害或有毒物质往往会产生苦味，发酵和腐败食物会产生酸味和臭味，这些不良的味觉能防止人们摄入有害物质。因此，口腔中的味蕾不仅是美味的起点，也是防范有害物质进入人体的卫兵。

美味起始于口腔中的味蕾。味蕾（taste bud）是一种乳头状小突起，主要分布在舌表面、咽部、软腭、口腔黏膜等处。味蕾上有密集的味觉细胞，能感知致味物质（氢离子、糖、盐、蛋白质、氨基酸等）并产生神经冲动，不同部位的神经冲动经面神经、舌咽神经和迷走神经传入脑干，在延髓孤束核跨越突触（神经细胞间的联系结构），最终抵达大脑形成各种味觉印象。

人的基本味觉包括酸、甜、苦、咸、鲜五种。一般来说，甜味、咸味和鲜味属于良性味觉，人们喜欢带甜味、咸味和鲜味的食物；苦味和酸味属于不良味觉，人们不喜欢带苦味和酸味的食物。五种基本味觉由不同细胞感知，经各自神经纤维传递入脑，在大脑皮质汇总后产生整体味觉感受。

辣味其实并非一种味觉，而是一种带有灼热感的痛觉。辣椒中的辣椒素能刺激口腔黏膜上的痛觉感受器，产生的神经冲动沿三叉神经传递入脑，最终形成灼痛样感觉。伴随着灼痛感，中枢神经会产生内源性止痛物质——内啡肽。这种类似吗啡的物质除了发挥止痛作用，还能产生欣快感，这就是喜欢吃辣的人会有"辣得过瘾"这种感觉的原因。

食物在口腔中咀嚼时，其中的香味物质会挥发出来。随着呼吸运动，香味分子由口腔后部进入鼻咽部，刺激鼻黏膜上的嗅觉感受器，产生的神经冲动经嗅神经传递入脑，最终形成香味感。进餐时，香味物质也会经鼻孔进入鼻咽部，刺激鼻黏膜产生香味，但由于外部空气的稀释效应，由前部产生的香味要弱很多。嗅觉和味觉信息在大脑整合后形成食物的整体口感。

口腔中除了味觉细胞，还有丰富的触觉和冷热觉细胞。进食时，这些细胞能感知食物的质地及温度，所产生的冲动经三叉神经传递入脑，形成硬度、粗糙度、柔韧度、滑爽度、黏稠度、冷热度等感觉印象。这些感觉与味觉和嗅觉一起，形成食物的整体口感。

盐能产生美味，这一点古人也深有体会。王莽在《罢酒酤诏》中说："夫盐，食肴之将。"《尚书》中也记载："若作和羹，尔惟盐梅。"想要烹制美食，必须有盐和梅。民谚"好厨师，一把盐"则高度概括了盐在产生美味中的关键作用。

盐能产生美味与多种机制有关，但核心作用仍然是产生咸味。盐（氯化钠）溶解后产生钠离子和氯离子，味蕾上的味觉细胞接触钠离子后立即产生咸味感，并在0.3秒达到高峰，然后迅速消退。正是这种短暂的味觉快感使人们对含盐食物喜爱有加。舌尖上的味蕾对咸味感知最敏锐，舌后部和口腔其他部位对咸味感知相当迟钝。

咸味与盐浓度有关。食物中盐浓度很低时，味蕾感知不到咸味，当盐浓度达到一定水平时，味蕾才能感知到咸味，这种刚刚能被感知到的盐浓度称为咸阈值。成人感知盐溶液的咸阈值约为0.2％。随着盐浓度增加，咸味感会不断增强，但当盐浓度增加到一定程度，咸味感就不再增强。对大多数人而言，盐溶液浓度超过3％（大约相当于海水盐浓度），咸味感就不再增强。因此，若加工食品含盐超过3％，根本就起不到改善口味的目的。这是给食品设立最高含盐量的一个依据。设立含盐高限，可防止出于增重牟利目的，给食品中加入过量食盐，因为盐比大多数食材都便宜。

食物中加入适量盐能增强美味感，但加盐太多反而降低美味感，甚至产生苦涩味。因此，食物含盐量和美味感之间呈抛物线样或倒U型关系，食物口味最佳时的含盐量称美味点，或称最佳含盐量。发现美味点是食品企业孜孜以求的目标，因为处于美味点的食品最能赢得消费者青睐。确定美味点的通常做法是，让一群消费者品尝不同含盐量的某种食品，根据他们的评价确定美味点。

在测试中发现，各人评价的美味点差异很大。平常吃盐多的人美味点偏高，平常吃盐少的人美味点偏低。这一结果说明，逐步调整吃盐量能改变人们的美味感知。也就是说，经过一段时间低盐饮食，可以使口味变淡，并逐渐喜欢上低盐饮食，这一机制为制定逐步限盐策略提供了依据。美味点并非一个精确含盐量，而是一个含盐量范围。对多数食物而言，含盐量变化在 15％以内，并不影响美味感。基于这一现象，可在不影响美味享受的前提下，小幅减少烹调用盐或加工食品含盐量。

除了产生咸味，盐还能发挥其他作用，进而改善食物的整体口感。盐可以增加汤类食物的黏稠感，增加含糖食物的甜度，掩盖加工食品的金属味和化学异味，增强油脂类食物的香味，使食物味道更加丰富，使各种味道（酸、甜、鲜）更趋均衡。盐具有这些作用的机制目前尚不完全清楚，尤其是盐如何增加汤的黏稠感，依然是学术界一个不解之谜。

食物中的水可分为自由水和结合水。自由水是指没有被胶体颗粒或大分子吸附、能起溶剂作用的水。自由水可溶解致味成分和香味成分，减弱食物的美味感和香味感。因此，改善食物口味的一个有效方法，就是将自由水转化为结合水。在食物含水总量不变的情况下，加盐能减少自由水的比例，这是盐增强食物美味感的一个原因。香味是美食的重要特征。要产生香味，食物中的香味分子首先要挥发出来，再沿着口腔后部进入鼻咽部，刺激鼻黏膜产生神经冲动。盐能减少食物中自由水的比例，增加香味分子的挥发量，从而使食物的香味更浓郁。

大多数天然食物都具有苦涩味，尤其是蔬菜，只是有些苦味较淡，不易被察觉。盐能抑制天然食物的苦味，在烹制苦瓜、黄瓜、菊花脑、芹菜等蔬菜时，加入盐会抑制其中的苦涩味，使之变成美味佳肴。在农业社会初期，人类学会制盐后拓宽了食物范围，一个原因就是盐能掩盖食物的苦涩味。

盐能增强含糖食物的甜味，给蔗糖和尿素混合液中加入少量盐，可抑制尿素的苦味，同时增强蔗糖的甜味。为了增强甜味、抑制苦味，含糖饮料（果汁、雪碧、可乐等）都会加入少量盐。食品加工过程中，会产生金属味和化学异味，盐能抑制这些异味，这是方便面等加工食品含盐高的一个原因。

盐不增强辣味，但盐能使辣椒的味道变得柔和而内敛，辣味不那么粗糙和狂野。辣椒中除了辣椒素，还含有很多香味物质，辣椒食品加盐后会变得香气四溢。因此，很多辣椒食品畅销的秘诀其实就是高盐。

盐可以消除奶酪中多余的水分，使奶酪吃起来更筋道。盐能促进鲜奶生成奶皮，含盐奶皮咀嚼起来更鲜香，因此奶皮中往往含盐较高。奶皮是蒙藏等少数民族的日常食品，这是他们吃盐多的一个原因。

盐能改变食物的硬度、脆度、粗糙度、滑爽度、柔韧度等，从而改善食物的整体口感。盐能增加食物脆度，使榨菜和泡菜吃起来鲜脆爽口。盐能增加食物含水量，加盐的红烧肉吃起来软嫩多汁。盐能促进蛋白质发生凝胶，增加食物凝聚性，加盐的肉冻、果冻和香肠吃起来富有弹性和韧性。盐还能使肉制品颜色鲜艳诱人，从而增加食欲。

盐能让食材变成美味，盐本身却并非美味。即使长时间不吃盐，直接饮用盐水或食用盐粒也不会产生美味感。高浓度盐水或盐粒会在口腔产生刺激反应，从而导致不适感。盐（钠）是人体新陈代谢的一种辅助物，在缺乏蛋白质、脂肪和糖等供能物质时，只补充盐对人体有害无益。因此人体长期进化的结果是，只有当食物中的多种营养素比例适宜时才会产生美味感。《百喻经》中的愚人食盐故事，是对这一现象的绝佳解释。

> 昔有愚人，适友人家，与主人共食，嫌淡而无味。主人既闻，乃益盐。食之，甚美，遂自念曰："所以美者，缘有盐故。"薄暮至家，母已具食。愚人曰："有盐乎？有盐乎？"母出盐而怪之，但见儿惟食盐不食菜。母曰："安可如此？"愚人曰："吾知天下之美味咸在盐中。"愚人食盐不已，味败，反为其患。

这则寓言中的傻子之所以可笑，其原因大家都明白，盐可以将平淡的食物转变为诱人的美味，但盐本身并不是美味，直接吃盐不仅有苦涩感，还会损害味觉，滋生疾病。

舌尖上的盐

从食物中的盐到脑海中的咸是一个复杂过程。固体食物经牙齿咀嚼和舌头搅拌，其中的盐溶解到唾液中形成钠离子和氯离子，并传送给舌尖上的味蕾；味蕾上的味觉细胞接触到钠离子后产生神经冲动；神经冲动沿味觉神经传送到大脑；大脑对神经冲动进行整合分析，最终形成咸味感。因此，牙齿、舌头、唾液、味蕾、神经、大脑等都会影响咸味感知，从而影响吃盐量。

舌尖上的味蕾

味蕾主要分布在舌面、软腭和会厌等处，舌尖上味蕾最丰富。味蕾上有味觉细胞，味觉细胞上有上皮型钠离子通道。这种特殊通道可允许钠离子通过，钠离子进入味觉细胞会激发神经冲动，当冲动沿神经通路传递到大脑皮质，就产生咸味感。

多数人有 2 000 到 5 000 个味蕾，但有些人味蕾多于 20 000

个，有些人味蕾少于 500 个。每个味蕾上大约有 50 到 100 个味觉细胞。通过电视显微技术可计数舌尖上的味蕾。美食家因味蕾数量远超常人，能辨识食物、酒和饮水味道的细微差别。人的味蕾数量并非一成不变，随着年龄增加，味蕾数量会减少，有些疾病会损害味蕾。

味蕾多的人，对盐和其他致味剂辨识能力强。味蕾多的人往往喜欢多吃盐，因为他们能从盐中获得更强烈的美味感。另外，味蕾多的人对苦味更敏感，盐能抑制苦味，所以味蕾多的人会用盐掩盖食物中的苦味。

采用等级浓度盐水试验发现，体型肥胖的人（BMI＞30）对盐的敏感度高于体型苗条的人（BMI＜25）。肥胖者能感知盐水的最低浓度为 0.067 6%，苗条者能感知盐水的最低浓度为 0.129 4%。两者相差一倍左右。

吸烟会损害味蕾上的味觉细胞，长期吸烟会降低味觉敏感性。吸烟可引起黏膜白斑、口腔念珠菌感染、牙周病，这些都会降低味觉敏感性。吸烟还会引起口臭，进一步降低味觉和嗅觉敏感性。吸烟者有重盐口味的比例是非吸烟者的 2.3 倍。

酒精会损害味蕾上的味觉细胞，长期酗酒会降低味觉敏感性。长期酗酒还会影响肠道对锌和维生素 A 的吸收。锌和维生素 A 缺乏都会降低味觉敏感性。饮酒还会引起口腔念珠菌感染和慢性胃病，从而加重味觉障碍。长期酗酒者有重盐口味的比例是不饮酒者的 2.9 倍。

男性味觉敏感性低于女性，男性辨别五味（酸甜苦咸鲜）的能力弱于女性。女性味觉更敏感的原因在于，女性口腔卫生状况较好，女性吸烟者较少，女性饮酒者较少。男女味觉差异在老年人中更明显。

老年人舌尖上味蕾数目减少，味觉敏感性下降。随着年龄增加，唾液分泌量也会减少，老年人发生口干症的比例可高达37％。固体食物中的盐需要溶解在唾液中才能被味蕾感知，因此口干症会明显降低味觉敏感性，从而增加吃盐量。

法国开展的调查发现，饮酒者、吸烟者、老年人往往有重盐口味。采用全口腔味觉测试发现，老年人可感知的最低盐浓度高于年轻人。老年人味觉障碍的原因很多，其中药物导致的味觉障碍占 21.7％，锌缺乏导致的味觉障碍占 14.5％，口腔疾病导致的味觉障碍占 7.4％，全身疾病导致的味觉障碍占6.4％。老年人经常患牙齿脱落、口腔感染、口腔溃疡和口干症，老年人也容易出现口腔卫生恶化及舌苔过厚，很多老年人佩戴假牙（义齿），这些病症会影响牙齿咀嚼、舌头搅拌、唾液分泌、钠离子与味蕾接触等生理机能，从而导致味觉障碍，增加吃盐量。

除了口腔疾病，高血压、糖尿病、肾脏病、肝脏病、甲状腺疾病、干燥综合征等也会影响味觉敏感性。在实施头颈部放射治疗时，射线会损害味觉细胞，导致味觉障碍。慢性阻塞性肺病患者和心脑血管病患者对咸味感知能力也会有所下降。周围性面瘫或鼓索神经损伤患者，会出现损伤一侧舌部味觉障碍。这些患者因味觉障碍，吃盐可能增加，应注意监控吃盐量。

锌是人体中多种酶的组分，其中碳酸酐酶是第一个发现含锌的酶。碳酸酐酶在唾液合成、分泌、酸碱度调控等过程中都发挥着重要作用。因此，锌缺乏会导致味觉障碍，味觉障碍的人补充锌剂会促进味觉恢复。锌缺乏还会出现脂溢性皮炎、脱发、腹泻等症状。绿茶、青鱼子、杏仁、柿子等食物含有丰富的锌。

2003 年开展的调查表明，日本患有严重味觉障碍并寻求治疗的人约有 24 万。据此推算，中国味觉障碍患病人数应在 250 万以上（中国目前尚未开展味觉障碍人群调查）。味觉障碍不仅影响美味享受，降低生活质量，还会导致营养不良，诱发多种慢性疾病。因此，应积极预防和治疗味觉障碍。预防味觉障碍的措施包括，改善口腔卫生，避免过度使用口腔清洁剂，避免粗暴刷牙，含服无糖含片或冰块，咀嚼口香糖等。治疗味觉障碍常使用锌剂和 α-硫辛酸。

药物对味觉的影响

血管紧张素受体抑制剂（ARB）是临床上常用的一类降压药，其作用机制是阻断血管紧张素 II 与受体结合，引起动脉血管舒张，从而降低血压。但这类药物也会阻断味蕾上的血管紧张素受体，因此在服用血管紧张素受体抑制剂时，有些人会感觉吃饭没味道。味觉细胞在感受钠离子时，神经冲动受血管紧张素 II 受体调节。味觉细胞上有血管紧张素 II 受体，当血管紧张素 II 与受体结合后，味觉细胞的感知能力增强，反之，当血管紧张素 II 受体被阻断，味觉细胞感知能力减弱。所以，血管紧张素受体抑制剂会影响咸味感知。

血管紧张素转换酶抑制剂（ACEI）也是临床常用的一类降压药，其作用机制是抑制血管紧张素 I 转换为血管紧张素 II，使循环中的血管紧张素 II 减少，从而发挥降压作用。由于循环中血管紧张素 II 减少，味觉细胞也不能结合血管紧张素 II，因此，血管紧张素转换酶抑制剂也会影响咸味感知。

阿米洛利也是一种常用降压药物，其作用是阻断动脉血管上的钠离子通道，使血管舒张，从而发挥降压作用。味觉细胞上感知咸味的也是钠离子通道，当味觉细胞上的钠离子通道被阻断后，味觉感受可能会受到影响。从这一分析来看，阿米洛利也能导致味觉障碍，但服用阿米洛利的人味觉障碍并不多见，而且主要影响甜味感知，对咸味感知影响并不大。临床上还有其他药物对味觉也有影响（表3），正在服用这些药物的人应监测吃盐量，防止因味觉障碍导致吃盐过多。

表3 可引起味觉障碍的常用药物

药物种类	药 物 举 例
抗菌药	青霉素、氨苄青霉素、阿奇霉素、卡拉霉素、替卡西林、四环素、环丙沙星、伊诺沙星、氧氟沙星、乙胺丁醇、甲硝唑、磺胺甲基异恶唑
抗真菌药	灰黄霉素、特比萘芬
抗病毒药	阿昔洛韦、更昔洛韦、吡罗达韦、奥塞米韦、扎西他宾、金刚烷胺、干扰素
支气管扩张药	比托特罗、吡布特罗
抗组胺药	扑尔敏、氯雷他定、伪麻黄碱
抗高血压药	阿米洛利、呋塞米、氢氯噻嗪、倍他洛尔、普萘洛尔、拉贝洛尔、卡托普利、依那普利、氯沙坦、坎地沙坦、缬沙坦、地尔硫卓、硝苯地平、氨氯地平、尼索地平、安体舒通（螺内酯）
抗心律失常药冠心病用药	胺碘酮、妥卡尼、普罗帕酮、硝酸甘油、苄普地尔
抗血小板药	氯吡格雷

药物种类	药 物 举 例
降脂药	阿托伐他汀、瑞舒伐他汀、洛伐他汀、普伐他汀、氟伐他汀
抗炎药	布洛芬、双氯芬酸、金诺芬、布地奈德、秋水仙碱、地塞米松、氟尼缩松、丙酸氟替卡松、倍氯米松、青霉胺
偏头痛用药	甲磺酸双氢麦角胺、那拉曲坦、利扎曲坦、舒马曲坦
抗癫痫药	卡马西平、苯妥英钠、托吡酯
抗躁狂药	锂剂
抗抑郁药	阿米替林、氯丙咪嗪、地昔帕明、多虑平、丙咪嗪、去甲替林、帕罗西汀、氟伏沙明、氟西汀、舍曲林、西酞普兰
抗焦虑药	阿普唑仑、丁螺环酮、氟西泮
帕金森病用药	左旋多巴、安坦
抗精神病药	氯氮平、氯丙嗪、三氟拉嗪、奥氮平、米氮平、氟哌啶醇、喹硫平、利培酮
中枢兴奋药	苯丙胺、右旋苯丙胺、利他灵
安眠药	右佐匹克隆、唑吡坦
肌松药	巴氯芬、丹曲林
降糖药	二甲双胍
抗肿瘤药	顺铂、卡铂、环磷酰胺、阿霉素、氟尿嘧啶、左旋咪唑、甲氨蝶呤、替加氟、长春新碱
甲状腺用药	卡比马唑、左旋甲状腺素、丙基硫氧嘧啶、甲巯咪唑
抗青光眼药	乙酰唑胺
戒烟药	尼古丁

进餐习惯

　　盐的咸味在整个口腔都能被感知，但最敏锐的部位在舌尖和舌两侧，舌后部和口腔其他部位对咸味感知相当迟钝。对食物中盐的感知有两种策略，一种是全口腔感知，一种是舌尖感知，前者见于一口吞食较大量食物或大口喝汤时，后者见于少量咀嚼食物或品酒时。当口腔中满布食物时，咸味感会减弱，这是因为口腔后部对盐不敏感。固体食物中的盐溶解在唾液中，水解为钠离子和氯离子后，才能被舌尖上的味蕾感知。口腔中食物过多会影响咀嚼和搅拌，食物中的盐不能完全溶解，不能充分发挥美味效应。因此，吃饭时应小口进食、细嚼慢咽，每口饭菜最好不超过口腔容量的20％。成年男性口腔容量平均为70毫升，每口进餐量不宜超过15毫升，也就是一汤勺的量；成年女性口腔容量平均为55毫升，每口进餐量不宜超过12毫升。

　　小口进餐时，口腔中留有较大空间（80％），食物中的香味物质会随咀嚼运动挥发到口腔后部，沿着鼻咽部传递到鼻黏膜，被嗅觉细胞感知后产生香味。若大口进食，因口腔内残余空间小，香味物质无法挥发和传输，香味感就会明显减弱。因此，美食家在品酒或鉴定菜肴时，每次只摄取少量酒水或食物。另外，小口进餐能充分咀嚼食物，有利于消化吸收。

　　对于含水少或比较坚硬的食物，只有反复咀嚼，盐才能充分溶解并发挥咸味效应。唾液的分泌量与咀嚼时间成正比，多次咀嚼才能产生足量唾液，从而完全溶解食物中的盐。因此，吃饭狼吞虎咽的人，口味往往较重。原因就在于，食物中的盐并未完全溶解。

人体有视觉、听觉、嗅觉、触觉、本体觉等五种感觉，各种感觉在形成过程中会相互影响。视觉、听觉、触觉都会阻碍味觉感知。《论语》中记载："子在齐闻《韶》，三月不知肉味。"这句话是说，孔子在齐国听到美妙的韶乐，有三个月都尝不出红烧肉的味道。可见，当注意力集中在另一感觉上，味觉感知力会明显减弱。因此，进餐时不宜看电视、听音乐、阅读、按摩、泡澡、锻炼，因为这些活动会影响食物的美味感，并增加吃盐量。

吃饭时讲话会影响食物咀嚼和搅拌，减少唾液分泌，影响美味感。吃饭时讲话，食物中的香味物质会自口中挥发而出，降低香味感。这是因为，食物中挥发的香味气体沿着口腔后部传递到鼻咽部，为嗅觉细胞所感知，才能产生明显香味；从口腔挥发而出的香味气体，在外部空气中稀释后，再经鼻孔吸入所产生的香味感会明显减弱。

食物的特征

进餐时，饭菜过冷或过热都会影响味蕾对咸味的感知，可能使含盐很高的食物吃起来并不那么咸，进而增加吃盐量。过热或过冷食物还会对食道和胃肠产生不良影响。韩国学者开展的研究发现，在40～60℃时进食，味噌汤和鸡汤味道最鲜美。温度超过70℃或低于40℃，美味感都会下降。不过，最佳进餐温度与个人偏好有关，喜欢热食的人，在较高温度感知的咸味更浓；喜欢凉食的人，在较低温度感知的咸味更浓。因此，从限盐角度考虑，饭菜最好在适宜温度下食用。

坚韧食物中的盐不易析出和溶解，即使含盐高，咸味也较弱。酥松食物中的盐容易析出和溶解，即使含盐低，咸味也较强。液体食物中的盐直接以钠离子形式存在，能够被味觉细胞直接感知，但含水太多又会稀释钠离子，反而使咸味减弱。一般来说，含盐量相同时，胶状食物和固体食物咸味弱于液体或半液体食物。因此，香肠和面条等胶状食物即使含盐很高，咸味也不明显。

盐的特征

在食物表面（如薯片和锅巴）撒盐时，盐粒大小会影响咸味强度。由于食物在口腔中停留时间很短，普通食盐颗粒在口腔中并不能完全溶解，尤其是夹裹在固体食物中的盐粒。降低盐粒大小或改变盐晶结构，可加快盐在口腔内溶解，提高钠离子浓度，从而增强咸味感。一般来说，同等大小的盐颗粒，其表面积越大（如雪花盐），在口腔中溶解越快，产生的咸味感就越强烈。根据这一原理，可通过增加盐颗粒表面积，提高其咸味感，从而发挥降盐作用。

在欧美国家，正在研究各种模拟盐以增强咸味效应。其中一种模拟盐由包着一薄层盐水的淀粉颗粒组成。由于具有较大表面积，这种模拟盐颗粒能增加味蕾周围的钠离子浓度，增加咸味效应，从而减少用盐量。另一种模拟盐将小水滴包于脂肪颗粒中，外层再覆盖一薄层盐水。位于脂肪层内的水颗粒不含盐，其作用是扩大颗粒体积，使外层盐水层变得菲薄。进食时，这种颗粒表面的盐水层首先与味蕾接触，可产生明显咸味感，从而减少用盐。

心理因素

　　比利时学者开展了一项有趣的研究。将成分完全一样的奶酪分为两组，一组在包装上标示低盐奶酪，另一组不做标示，让受试者品尝后对其口味进行评分，结果大部分受试者将标示低盐的奶酪评为口味较淡。可见，对食物口味预先的判断，会影响咸味感知，进而影响吃盐量。

人为什么喜欢吃盐？

　　草食动物食物来源有限，考拉以桉树叶为主食，大熊猫以竹子为主食，山羊以青草为主食。因为素食中的钠（盐）含量低于肉食，草食动物体内更容易缺盐。在进化压力驱使下，草食动物形成了更强烈的嗜盐习性（图4）。在人类漫长的进化历程中，大部分时间以素食为主，经食物摄入的钠（盐）有限，体内长期处于缺盐状态，这是人类喜欢吃盐的进化原因。

　　喜欢吃盐的动物大多都存在"盐饥饿"现象，这种机制驱使动物在体内缺盐时想方设法寻找并摄入盐，在体内盐充足时减少或停止吃盐。大鼠就具有明显的"盐饥饿"现象。当大鼠长期吃不到盐（盐剥夺），就会产生强烈的吃盐欲望，这种欲望会使大鼠为盐付出艰巨努力，甚至甘冒生命危险。当体内缺盐状态得到改善后，"盐饥饿"随之减弱或消失。在经历多次盐剥夺后，大鼠的嗜盐习性会变得愈加强烈。这种"盐饥饿"的产生与饥饿产生的机制非常类似。当体内血糖降低时，会产生饥饿感，驱使动物寻

图4　羊车望幸

　　草食含盐量低于肉食，所以草食动物更喜欢吃盐。草食动物因此进化出了灵敏的盐嗅觉，能在很远的地方就感知盐的存在。古人熟知动物这一习性，并常在捕猎和生活中加以利用。《晋书·胡贵嫔传》中记载了"羊车望幸"的故事。晋武帝司马炎后宫佳丽众多，打败东吴后，又全盘接纳了孙皓的几千名妃嫔和宫女。这样，他后宫中有近万名美女。由于受宠妃嫔太多，晋武帝自己都不知道该往哪个宫里去。因此，他乘上羊车，羊走到哪里，就在哪个宫里宴寝。妃嫔们为获得武帝宠幸，将竹叶插在宫门上，将盐水洒在宫门前，以此引诱山羊。

找食物并进食，进食后血糖升高，饥饿感随之消失，动物停止进食。饥饿-饱食反射可避免摄入过多食物对机体造成危害。同样，"盐饥饿"可避免摄入过量盐对机体造成危害。

遗憾的是，人类并不存在"盐饥饿"。在农业社会之前，人类曾长期生活在缺盐环境中，由于缺乏"盐饥饿"这一调控机制，人类形成了无节制的嗜盐习性。也就是说，在体内明显缺盐时（如低钠血症），不会产生特别想吃盐的感觉，在体内盐充足时，依然能从咸食中获得快感。在缺盐环境中，这种咸味快感有助于人体获得足量盐，提高个体生存概率。但在现代富盐环境中，无节制的嗜盐习性使盐摄入远超生理需求，导致高血压和心脑血管病等慢病盛行。

经历过低盐饮食的大鼠，"盐饥饿"效应会明显增强，并可维持终生。在人类，体内缺盐的经历并不引起吃盐量明显增加，也不改变盐喜好的程度。例如，反复献血者、因高强度训练多次出现脱水的战士、多个孩子的妈妈、多汗症患者等吃盐量都未见明显增加。在人类唯一的例外就是，在出生后 60 天内，缺盐会增强盐喜好。

在人类，能导致体内缺盐的情况很多，如失血、腹泻、呕吐、大量出汗和肾上腺疾病等。有个别报道认为，在体内严重缺盐时，人会出现想吃咸食的冲动，但经过分析就不难发现，这些现象其实是一种后天学习效应，而非先天本能。

从词源学角度来看，由于盐是最常用的调味品，不论在东方语言，还是在西方语言中，都衍生出大量与盐有关的词语，但唯独没有描述"盐饥饿"的专用词语。在汉语中，描述想吃某种（类）食物的词语很多，如饿（想吃饭）、饥（想吃饭）、馋（想吃肉）、渴（想喝水）等，也有些描述饭菜中盐多盐少的词语，如咸、淡、齁、寡等，但却没有专门描述想吃盐的词语。这也间接说明，人类并不存在"盐饥饿"这种本能。

给正常人连续服用利尿剂，体内的钠（盐）会大量排出体外，同时减少饮食中的盐，14 天后就会出现钠（盐）缺乏。这时，再询问这些人喜欢吃什么食物，他们所列食物包括更多的高盐食品。但让这些人自由选择食物，发现他们的盐摄入并没有增加。这一研究结果证实，人类并不存在"盐饥饿"。

在生活中也没有发现因体内缺盐（钠）而导致吃盐增加的现象。即使在严重低钠血症患者中，也不会出现特别想吃咸食的感觉。在饮水不足而导致的死亡案例中，缺水直接导致的死亡远少于缺水后低钠血症导致的死亡。其原因在于，体内缺水时会产生难以忍受的口渴感，这种感觉会驱使人想方设法寻找饮水。极度口渴的人一旦获得饮水，就会大量饮用。但当大量饮水稀释了血钠浓度后，并没有一种类似口渴的感觉，提示人想要吃盐。因此，脱水后大量饮水导致的低钠血症是引发死亡的主要原因。就像以色列海法大学莱瑟姆（Micah Leshem）教授说的那样，人类喜欢吃盐更多是为了满足味觉享受。

肾功能受损严重的患者，不能及时将体内多余的钠（盐）和其他代谢产物排出体外。因此，肾功能衰竭者要定期进行血液透析治疗。血液透析时，一般会将患者升高的血钠浓度降低到正常值低限。经检测发现，在血钠浓度降低前后，患者对盐的口味轻重并没有明显改变。

剧烈运动出汗后体内盐分会大量流失，这时部分人会出现想吃咸食的感觉，但这种感觉可能是由交感神经兴奋所致，也可能是由运动后食欲增强所致，因为，在剧烈运动后很多人也想吃甜食。学习效应也可能增强出汗后想吃咸食的欲望。大量出汗导致体内水盐丢失，咸味食物有助于水电解质恢复平衡，缓解头晕、乏力、心慌等症状。当再次发生这些症状时，有经验的人就知道用咸食来缓解不适，这就是学习效应。

大鼠吃盐的欲望在雌雄间存在明显差异。雌鼠在生育期吃盐欲望强烈，在哺乳期这种欲望更强烈。即使在生育间期，雌鼠吃盐也远超雄鼠。但在人类，并没有发现吃盐欲望随生育周期而改变的现象，也没有发现哺乳期妇女吃盐增加的现象。在雌鼠中，随着生育次数增加，其吃盐量逐渐增加。而在人类没有发现这种现象，多子女妈妈和独生子女妈妈吃盐量并无差异。

女性比男性吃盐少是一个不争事实。相对于男性，女性体重小、能量消耗少、食量（饭量）小，因此吃盐也少。研究还发现，在不受约束时，女性给汤中加盐明显少于男性。女性最佳美味点的食物咸度、最适口的盐水浓度都明显低于男性。同时，女性最佳美味点的食物甜度、最适口的糖水浓度也低于男性。这些研究结果说明，相对于男性，女性整体口味较淡，而不仅仅限于咸味。女性口味较淡，可能是因为她们的味觉更敏感。

根据美国膳食营养调查，如果按体重计算吃盐量，男性仍明显高于女性。成年男性每天钠摄入量为 45.4 毫克/千克体重，成年女性每天钠摄入量为 39.0 毫克/千克体重，男性每千克体重钠摄入量比女性高 16.4％。以色列开展的膳食调查发现，成年男性每天摄入钠 41.3 毫克/千克体重，成年女性每天摄入钠 33.9 毫克/千克体重，两者相差 21.8％。据此推算，对于体重都是 70 千克的人，男性每天吃盐比女性多 1.3 克（518 毫克钠）。这种差异可能与男性运动量大有关。

人类喜欢吃盐与维持体内水盐平衡毫无关系。体内水盐平衡主要靠肾脏维持，而不靠吃盐多少来调控。吃盐增多后，体内多余的盐很快经肾脏排出。运动员和重体力劳动者因出汗多，体内钠盐流失多，可能出现乏力、头昏及四肢水肿等症状，增加吃盐可缓解这些症状，而过多摄入的盐，再经肾脏排出。经多次循环，这些人的喜盐口味会有所增强。这种机制可以解释中国北方农村居民普遍吃盐多的现象，因为，他们劳动强度和出汗量都较大。

由于人体缺乏"盐饥饿"机制，即使体内缺盐明显，仍然能表现得泰然自若，直到严重缺盐危及生命。贝丝·戈德斯坦（Beth Goldstein）是美国著名自行车运动员，由于平时注重饮食健康和形体保持，她很少吃咸食与油炸食品。在参加横跨美国的自行车越野赛时，由于天气炎热、运动量大、出汗多，贝丝喝了很多水，而饮水后她出汗更多。快到终点时，她开始出现幻觉，感觉眼前事物变得遥远而不真实，仿佛置身于电视里。她认为这些都是缺水的结果，再次补水后她出现了剧烈呕吐，之后就失去知觉。第二天队友将昏迷的贝丝送到医院，经检查诊断为严重低钠血症，经逐步补钠后贝丝清醒过来。在回忆这一事件时，贝丝说她一直都没有想吃咸食的欲望。

人类喜欢盐更多是出于美味享受，而不是出于身体需求。这一理论的另一证据就是，并非所有食物加盐后都会变得更诱人。冰激凌、甜点、醪糟、八宝粥等高糖食物加盐后，可能会变得难以下咽。与大鼠不同，绝大多数人反感直接饮用盐水。但当盐水中加入少量肉末或蛋白粉，汤就会成为诱人的美味。更没有正常人会像山羊和麋鹿那样，喜欢直接舔食盐粒。这些现象说明，人类喜欢吃盐，主要是因为盐能带来美味享受。

先天性肾上腺增生症（congenital adrenal hyperplasia, CAH）患者由于 21-羟化酶活性降低，导致体内醛固酮生成不足。醛固酮缺乏会使钠经肾脏大量流失，引发严重低钠血症。CAH患儿因大量失盐，会出现食欲下降、恶心呕吐、嗜睡、体重不增等症状。患儿会在出生4周内出现肾上腺危象，表现为低钠血症、高钾血症、高肾素血症和低血容量休克等。肾上腺危象若未及时救治会导致患儿死亡。随着年龄增长，患儿体内醛固酮合成会有所增加，水盐平衡能力会有所恢复。

由于长期缺盐，CAH患儿对盐的喜好明显增强，但对糖的喜好并不增强。一项调查CAH患儿吃盐习惯的研究发现，在14名小患者中，1名儿童在2岁就开始大量吃盐，按其父母的说法，自2岁起患儿就开始饮用包装盐水；而12名儿童在6岁左右开始大量吃盐。对于如何喜欢上盐，7名儿童回答是自己发现的。其中1名儿童能清晰地回忆当时的情景，在幼儿园开展的味觉实验中，当她第一次品尝盐粒后，就深深爱上了这种神奇的食物。6名儿童回答是受同胞或亲朋提示喜欢上了盐。从这些描述中发现，尽管CAH患儿体内严重缺盐，但他们并不知道自己需要盐，只是在尝试之后才开始喜欢盐，说明这是学习的结果。

敏敏（MM，患儿姓名首字母缩写）受访时年仅12岁，身体外形和生殖器均像男孩，一直被家人当作男孩抚养。但其染色体是46XX，其实是遗传学上的女孩。敏敏被诊断为CAH，由于雄激素分泌多，其外生殖器呈两性畸形（既像男孩，又像女孩）。在诊断明确后，医生为敏敏实施了整形手术，使她成为表里如一的女孩。敏敏非常喜欢盐，但不喜欢甜食，她经常舔盐瓶里的盐粒，并在食物中加入大量食盐。敏敏喜欢吃腌橄榄、酱黄瓜和咸奶酪，连吃橘子和无花果都要加盐，甚至把盐和糖混在一起吃。敏敏的弟弟乌敏受访时9岁，也是CAH患者。乌敏从敏敏那里学会了吃盐，姐弟俩有很多共同嗜好。在西红柿汤咸度测试中，乌敏最喜欢未被稀释的高盐菜汤，这种菜汤含盐高达 3.3％，咸度比海水还高。敏敏和乌敏的堂弟宁敏受访时 6 岁，也是 CAH 患者，宁敏从乌敏和敏敏那里学会了吃盐。敏敏的另外三个同胞基因型为杂合子，盐喜好测试均正常。可见，CAH 发病仅限于纯合子基因型。

这些观察表明，CAH 患儿吃盐增加并非与生俱来，而是学习与尝试的结果。他们第一次吃盐往往是无意间发现，而一旦品尝到盐的滋味，这些体内严重缺盐的小家伙就会迷恋上盐，从此大量吃盐。

文献中曾报道一名叫杜威（DW）的男孩，常被用来证明"盐饥饿"的存在。杜威从小时起就喜欢吃盐，在被诊断为 CAH 后住进了当地医院，被禁止吃盐。这个 3 岁半的小家伙最后发生了严重行为异常，开始出现呕吐、厌食，最终在入院一周后死亡。杜威去世后，他的父母在一封信中描述了小家伙的各种生活细节，100 年后重读这封信，依然令人心碎。大约在 12 个月大时，小杜威发现了饼干上的盐粒，开始舔食这些美妙的颗粒。在 18 个月时，杜威学会了"盐"这个词，并认识了盐瓶，此后就对盐瓶爱不释手，他会想尽办法把盐倒出来放进小嘴巴里。从这封信中不难发现，杜威喜欢盐并不是因天生的"盐饥饿"，而是一个逐步学习过程。后天的经验使杜威体会到，吃盐能缓解身体不适，从而靠大量吃盐活到住院那天。可惜的是，囿于当时医学界对 CAH 的认识，医生对他实施了错误的限盐治疗，没能让小杜威的生命奇迹延续下去。

在人类，一种普遍存在的、天生的"盐饥饿"并不存在。人类喜盐的习性更符合追求享受模式，而不符合补充需求模式。也就是说，我们之所以吃了太多盐，其实并非因为身体需要，而是为了满足味觉快感。这种味觉快感是因人类祖先长期生活在贫盐环境中，为了防止个体缺盐而形成的一种固有神经反射。这种享受模式就恰如性交那样，其实是为了维持种群延续，而赋予个体在性交时出现一种虚幻的美妙快感，这种快感诱导男女共同完成艰巨而危险的生殖任务，使种群得以延续。

盐喜好的改变

　　有的人口味重吃盐多，有的人口味淡吃盐少，口味的咸淡偏好称为盐喜好（salt preference）。盐喜好是决定个人吃盐量的重要因素。

　　盐喜好部分源于先天本能，部分源于后天习得。先天性盐喜好也称固有性盐喜好，这种本能编码在基因中，能遗传给后代。固有性盐喜好的生理基础是味蕾、味觉神经通路和味觉中枢。在进食含盐食物时，通过神经通路和味觉中枢产生愉悦的味觉快感。这种快感驱使人寻找盐，尽可能多地摄入盐，以帮助个体化解生活中随时可能出现的缺盐危机。固有性盐喜好是人类长期在贫盐环境中进化的结果。

　　后天性盐喜好也称习得性盐喜好，或条件性盐喜好，是指早年吃盐经历改变了成年后的喜盐程度。也就是说，一个人在儿童时期吃盐越多，成年后就越喜欢吃盐。习得性盐喜好建立在固有性盐喜好的基础之上，是对固有性盐喜好的强化。固有性盐喜好无法改变,习得性盐喜好受家庭环境、饮食习惯、膳食结构等因素影响,可通过适应而逐渐改变。

在人的一生中,盐喜好是一个不断变化的过程。研究发现,当用不同浓度盐溶液接触舌尖时,刚出生的宝宝对低浓度盐水(0.4%)和高浓度盐水(0.8%)都没有反应,但对糖水却流露出愉悦表情。仅仅4天后,就有一半宝宝开始喜欢高浓度盐水,而对低浓度盐水依然没有反应。两个月后,约有一半宝宝开始喜欢低浓度盐水,而这时却不再喜欢高浓度盐水了。这些研究结果表明,宝宝在成长过程中,对盐的感知能力逐渐增强。产生这种变化的原因是,味觉细胞和神经通路逐渐发育成熟。用小鼠开展的研究也证实,味觉细胞发育在出生时并未完成,在出生后仍在继续,固有性盐喜好正是随着神经发育日臻成熟而逐渐固化。

固有性盐喜好大约在宝宝4月龄时完全形成,说明这时味觉神经已发育完整。固有性盐喜好形成后,通过对饮食中盐的感知及学习,宝宝对盐的喜好逐渐增强。到两三岁时,小家伙对食物中的盐,也就是咸度,已经非常在意了,而且讨厌纯盐水。有意思的是,4~60天的宝宝喜欢纯盐水。不喜欢纯盐水是人类独有的味觉特征,而草食动物和杂食动物都喜欢饮用纯盐水。人类不喜欢纯盐水可能是进化的结果,因为盐(钠)在体内主要参与能量代谢,在缺少蛋白质、糖和脂肪等供能物质时,单纯吃盐于人体有害无益,所以,只有当盐和能量食物一起享用,才会产生美妙的味觉感受。

根据盐喜好形成理论,低龄儿童盐喜好形成时间短,尚未完全固化,可能更容易改变。荷兰瓦格宁根大学(Wageningen University)盖莱伊恩斯(Geleijnse)博士曾开展过一项有趣的研究，他将 6 月龄宝宝随机分为两组，一组给予常规配方奶粉喂养，另一组给予低盐奶粉喂养，尽管这种差异饮食只维持到一岁，之后两组宝宝都不再限制饮食中的盐。15 年后，两组儿童血压出现了明显差异，曾经用低盐奶粉喂养的儿童血压明显低于常规奶粉喂养的儿童。盖莱伊恩斯认为，幼年时短暂的低盐饮食，不可能直接影响 15 年后的血压，但幼年时低盐饮食减弱了宝宝的盐喜好，这种喜好将维系终生，从而对血压产生长久影响。

母乳喂养的初生儿，每天钠摄入量约相当于 0.5 克盐，这种天然吃盐量为定制婴儿配方奶粉提供了依据。但对于早产儿，由于肾脏功能发育尚不完全，可能需要进一步调降配方奶粉中的含盐量。1980 年以前，配方奶粉含盐量大约是母乳的 3 倍，自从盖莱伊恩斯和达赫等学者的研究结果发表后，西方国家婴儿配方奶粉就不再额外加盐，因为牛奶本身含有一定量的钠盐。

中国传统家庭喂养的宝宝，多数在 3 到 6 月龄就开始接触餐桌食物，之后吃盐量逐渐增加。根据盐喜好形成理论，宝宝过早过多接触高盐食物，会导致他们长大后更喜欢吃盐，这可能是中国人吃盐多的根源之一。因为在相同家庭环境中成长，导致同一家族成员普遍吃盐多；因为有相似的婴儿喂养习惯，导致同一地区居民普遍吃盐多。

儿童与青少年的盐喜好强于成人，盐喜好大约在 10 到 16 岁时达到一生巅峰（图 5），这种味觉特征使儿童与青少年吃盐量明显增加。儿童与青少年盐喜好增强的可能原因包括，儿童对盐的感知与成人不同，青春期代谢旺盛导致盐需求量增加，快速发育阶段开始在骨骼储备钠盐，以及青少年经常接触高盐食品。当然，更可能是多种因素综合作用的结果。20 世纪 90 年代，在陕西省

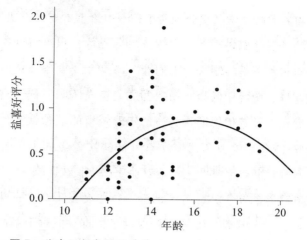

图5　盐喜好与年龄的关系

在儿童与青少年时期，对盐的喜好程度随年龄增长而逐渐增强，大约在 10～16 岁时达到顶峰。

数据来源：Leshem M. Biobehavior of the human love of salt. Neurosci Biobehav Rev. 2009；33：1-17.

汉中市展开的调查发现，当地中学生吃盐量高达 12～14 克/日。与中国儿童吃盐多相对应的是，近年来儿童高血压发病率明显上升。

相对于成人，儿童盐喜好更容易改变。通过味觉学习和适应，儿童会逐渐喜欢上某些食物。荷兰人和瑞典人喜欢吃咸糖，原因是他们从小就尝试咸糖，长大后就喜欢咸糖。但对于从未吃过咸糖的成人，这种食物实在令人反胃，即使反复尝试也无法适应。在年少时，子女和父母盐喜好差异较大，随着年龄增长，子女和父母盐喜好趋向一致，这些都是学习和适应的结果。所以，儿童期控制吃盐对于减弱成年盐喜好、减少吃盐意义重大。

盐喜好是在先天本能基础上，经后天习得不断强化而形成的。研究表明，即使是成人，盐喜好也可以改变。坚持一段时间低盐饮食后，就会逐渐适应甚至喜欢上低盐饮食。加拿大传奇探险家斯蒂芬森（Vilhjalmur Stefansson, 1879—1962）的经历证实了这种理论。1906 到 1918 年间，斯蒂芬森三度深入北极地区，与因纽特人（Inuit，因纽特人也称爱斯基摩人，主要生活在北极地区，属黄种人）共同生活了 5 年之久。在那个年代，因纽特人过着与世隔绝的生活，没有掌握制盐技术，饮食中从不加盐。斯蒂芬森在这种无盐环境中长时间生活，并未发现身体有任何异常。他最初感觉食物索然无味，非常想吃盐。然而几个月后，对盐的渴望逐渐消失，并开始喜欢上无盐饮食。数年后，当斯蒂芬森返回加拿大，他感觉很多食物都太咸，以至难以下咽。

美国明尼苏达大学埃尔默（Elmer）教授所做的研究也证明，成人盐喜好完全可以改变。埃尔默教授为受试者定制了低盐饮食，盐含量比常规饮食低一半。维持低盐饮食 3 个月后，这些受试者逐渐喜欢上了低盐饮食。这时，再让他们品尝常规饮食，他们反而觉得太咸，不好吃。

同样，盐喜好也可以增强。长期吃盐多的人，会逐渐喜欢高盐饮食，使吃盐量呈螺旋式上升。在中国和肯尼亚开展的移民研究发现，饮食清淡的原始部落居民迁徙到城市后，都喜欢上了高盐饮食，这样就很难再回到以前的淡食状态了。研究还发现，盐喜好的改变是由于盐的感知经验发生了变化，而不是由于味蕾或神经通路发生了变化。

盐喜好还受饮食文化影响，不同文化背景的人，即使生活在相同环境中，盐喜好也差异巨大。另一方面，有些特殊人群由于环境所迫，形成了高盐饮食文化，但当他们脱离这种环境后，依然会长期维持高盐饮食。贝都因人（Bedouins）是以氏族部落为单位而生活的阿拉伯人。贝都因人曾长期在内盖夫沙漠（Negev Desert）中过着游牧生活，炎热的沙漠会增加出汗，食物需要盐保存，游牧生活无法保证稳定的食盐供给，过量盐消耗和贫盐环境使贝都因人形成了以高盐为特征的饮食文化，吃盐量明显高于其他人群。随着社会经济发展，贝都因人逐渐在都市定居下来。原先保存食物的腌制法也被家庭冰箱取代。但几十年过去了，贝都因人依然维持着高盐饮食。

　　盐喜好可以改变，利用这一点能够为家庭制定阶梯式减盐计划。研究表明，当两份相同食物含盐量差异不太大时，人们刚刚能感知到两者咸味的差异，这种差异称为可感知的最小差异（just-noticeable difference, JND）。不同食物 JND 可能会有所不同，有的高达 25％，有的低至 5％，但大部分食物 JND 在 15％左右。也就是说，食物含盐量降低不超过 15％，进餐者就觉察不到口味差异。所以能在不影响美味的情况下，减少个人或家庭吃盐量。采用这一策略，应首先评估家庭烹调用盐量，以此为基础，每半年将烹调用盐减少 10％，两年就有望将烹调用盐减少 34.4％。当然，实施阶梯式减盐计划的条件是，家庭成员外出就餐不能太多。

不一样的盐

在日常生活中，盐一般指食用盐，简称食盐，其化学成分是氯化钠，是最常用的调味品。在化学中，盐是指金属离子和酸根离子组成的化合物，这类化合物很多对人体都有毒。区别盐的这两种概念很有必要，家庭、餐馆或食堂将工业盐（亚硝酸钠）误作食盐，导致中毒甚至死亡的事件时有发生。

2016 年 9 月 22 日开始实施的《食品安全国家标准-食用盐》（GB2721－2015）规定，食盐中氯化钠含量应≥97.0 克/100克；钡含量应≤15 毫克/千克。可见，食盐中除了氯化钠外，还含有少量杂质。中国食用盐标准参考了国际食品法典委员会（Codex Alimentarius Commission）《食用盐法典标准》（CODEX STAN 150－1985），对食用盐杂质和添加剂含量进行了严格限制。

古代盐的分类

古代食盐种类繁多，有时依据来源或产地进行分类，有时依据颜色或形态进行分类。《天工开物》是一部百科全书式科学巨著，记载了明中期前中国各种科学技术，作者是明清之际学者宋应星。《天工开物》中详细描述了盐的类别。

凡盐产最不一，海、池、井、土、崖、砂石，略分六种，而东夷树叶，西戎光明不与焉。赤县之内，海卤居十之八，而其二为井、池、土城。或假人力，或由天造。总之，一经舟车穷窘，则造物应付出焉。

◎

盐的来源大不相同，大致可分海盐、池盐、井盐、土盐、崖盐和砂石盐六种，这还不包括东部少数民族吃的树叶盐，西部少数民族吃的光明盐。在神州大地上，人们所吃的盐有8/10为海盐，其余2/10为井盐、池盐和土碱盐。有些盐是人工制造的，有些盐是天然生成的。总之，凡是车船无法通达的地方，一定能通过其他方法获得盐。

李时珍将盐分为大盐、食盐、戎盐和光明盐四大类。大盐主要产于河东解池，因盐粒粗大而得名。食盐是指日常海盐和井盐。戎盐产于西北盐矿（胡盐山）及盐湖（乌池和白池），因最初由胡人和羌人开采，因此也称胡盐或羌盐，其中花马池（唐宋时称乌池，在今宁夏盐池县境内）所产盐色泽乌青，称为青盐。光明盐为大块晶体，因外观晶莹剔透而得名光明盐。光明盐有山产和水产两种，山产者为崖盐，水产者出自西域各湖泊。李时珍认为，各类盐的药用功效相当，但是，"凡盐，人多以矾、硝、灰、石之类杂之。入药须以水化，澄去脚滓，煎炼白色，乃良"。盐中有人为掺杂的明矾、硝石、灰土、砂石等物质。因此，盐入药时要先化入水中，澄去沉渣，煎炼为白色，这样才能发挥良好药效。从这段记述可看出，古代食盐含杂质较多，以致影响到药用效果。李时珍认为，盐中杂质系人为添加。但根据考古研究，由于当时制盐技术粗糙，大部分杂质是卤水本身所含，或煎炼过程中加入的其他成分残留在成品盐中，而非营销者刻意添加，私盐含杂质更高。

原盐与精盐

原盐（crude salt）有时也称工业盐，是指初级晒制的海盐或湖盐，或直接开采出来未经提纯的矿盐。海水中含量最多的离子是钠离子和氯离子，水分蒸发后就形成氯化钠（盐）；但海水中还含有钾、钙、镁、锂、铷、锶等阳离子，含有溴、氟、碳酸根、硫酸根等阴离子。这些离子在海水蒸发后，会形成文石、石膏、泻利盐、钾石盐、光卤石、水氯镁石等成分。因此，原盐中氯化钠含量一般低于94%，远达不到现行食用盐国家标准。原盐中还含有钡、铅、砷、镉、汞等对人体有害的成分，食盐精制就是为了去除杂质，使有害成分降低到人体可耐受水平。因此，食用原盐无疑会危及健康。腌制食品使用原盐还会衍生出其他有害成分。《中华人民共和国盐业管理条例》（GKYWJ－2015－0042）明文规定，禁止在食盐市场销售原盐、加工盐、土盐、硝盐和工业废盐。企业或个人在食品加工过程中使用原盐代替食盐者，应依《生产销售有毒有害食品罪》追究刑事责任。

精制盐简称精盐（refined salt），是将原盐溶入水中，采用真空蒸发、热压蒸发和洗涤干燥等工艺，再次结晶析出的盐。相对于原盐，精盐杂质含量明显减少，氯化钠含量可提高到99％以上。为了满足纯度标准，除少数特制原盐（如雪花盐）和矿盐，绝大部分食盐都是经二次提纯精制而成。

粗盐与细盐

根据颗粒大小，盐可分为粗盐和细盐。粗盐颗粒较大，又称大粒盐。消费者应特别留意，一些粗盐或大粒盐并不是食品级盐，可能含有铅、砷、镉、钡等有害成分，氯化钠含量也达不到97％，因此，不能用于烹调，也不能用于食品腌制。但也有部分特制大粒盐能达到食用盐标准，如欧美人喜欢的犹太盐（kosher salt）就是一种大粒盐。

犹太盐的名称源于其在清洁肉食中的突出作用。根据犹太教律法，肉食在烹制前必须充分去除血液。犹太盐为扁平而不规则片状晶体，将其涂抹在肉块表面能充分吸附并去除鲜肉中的血液。由于盐粒粗大而不规则，犹太盐撒在饼干表面不易脱落，也不会快速融化。进食时，饼干表面的盐粒首先接触舌尖上的味蕾，可增强味觉效应。

中国西北出产的湖盐因颗粒粗大、色泽乌青而称大青盐。大青盐在历史上曾发挥过重要作用。北宋年间，西夏仰仗大青盐贸易使国力大振，一度威胁宋帝国边防。自宋以降，大青盐在北方销量大增，直到20世纪七八十年代仍见于市场。以前，当地居民直接从盐湖采捞原盐，用湖水简单清洗、晒干粉碎即为大青盐。因此，大青盐是原生态盐（原盐），含有较多杂质。随着中国食盐卫生标准的提高，大青盐退出了食盐市场。近年来，盐业公司采用真空蒸发工艺对大青盐进行二次提纯和精制，重新将大青盐推向市场。但经过溶解、过滤、沉淀、再结晶、脱水等加工处理，盐的颜色更洁白，颗粒更细小，单从外观上已很难认出"大青盐"了。

颗粒细小的盐通称细盐。由于具有良好流动性，餐桌盐一般会采用细盐。将细盐装入带孔盐瓶，摆放在餐桌上，就是西方人所谓的餐桌盐。使用时倒置盐瓶，盐粒就会流畅地喷撒在食物上。为了防止板结，餐桌盐中需加入抗结剂。常用抗结剂包括亚铁氰化钾（钠）、碳酸钙（镁）、硬脂酸盐等。

亚铁氰化钾（potassium ferrocyanide）也称黄血盐，在国际上被广泛用作食盐抗结剂。根据《食品添加剂使用标准》（GB2760－2014），在食盐中使用亚铁氰化钾不应超过10毫克/千克，同时应在包装上标识"亚铁氰化钾"或"抗结剂"。亚铁氰化钾在日常烹饪时不会转变为氰化钾。小剂量亚铁氰化钾是无毒的，在小鼠的致死剂量高达6400毫克/千克。

海盐与矿盐

根据来源，盐可分为海盐（sea salt）和矿盐（halite）。海盐产自海水蒸发，矿盐采自地下盐矿。海盐颗粒有大有小，是各种食用盐的主要来源。海盐依据生产工艺分为蒸发盐、洗涤盐和日晒盐。蒸发盐是采用真空蒸发或热压缩蒸发等工艺生产的食盐；洗涤盐是将原盐粉碎，洗涤并干燥后获得的盐；日晒盐是通过日晒蒸发获得的盐，传统雪花盐就是一种典型日晒盐。

矿盐一般从地下盐矿开采，有时也称岩盐、石盐或崖盐。世界上有 70 多个国家开采矿盐，其中矿盐产量较大的国家有美国、加拿大、巴基斯坦等。波兰的维利奇卡盐矿（Wieliczka）和博赫尼亚盐矿（Bochnia）均有超过 800 年的开采历史。矿盐形成的主要机制是，古代浅滩海水蒸发留下盐层，后因地壳运动被埋入地下，在亿万年高温高压作用下形成了特殊盐结晶，其间，周围环境中的成分会溶入或渗入矿盐。由此可见，矿盐的最初来源也是海盐。有些矿盐晶莹剔透，宛若水晶，这就是古人所说的光明盐。矿盐中含有各种金属元素，使其呈现不同颜色。

不管是光明盐还是彩色盐，绝大部分矿盐都含有害的杂质，达不到现行食盐卫生标准。欧美国家大量开采矿盐，主要用于除雪（deice）和化工业，有时也用于传统手摇式冰激凌机的温度控制（请注意：这些彩色盐并未加入冰激凌中）。近几年来，有营销商将各色矿盐以保健品名义引入国内，这些矿盐一般仅限于盐浴、按摩、热敷等用途，应严禁食用，除非明确标注为食品级用盐。在网络上经常见到不法商贩将非食用矿盐推荐给消费者，以天然、无污染、无添加、微量元素含量丰富等诱惑性描述，刻意误导消费者购买并食用这些矿盐。管理部门应加大对这种违法行为的查处力度。

喜马拉雅盐是一种典型矿盐，因采自喜马拉雅山南麓而得名。巴基斯坦旁遮普省（Punjab）境内的凯沃拉盐矿（Khewra Salt Mine）也称梅奥盐矿（Mayo Salt Mine），是喜马拉雅盐的主产地。凯沃拉盐矿延绵 300 千米，年产矿盐 35 万吨，是全球第二大盐矿。凯沃拉盐矿开采历史悠久，发现者是马其顿帝国的亚历山大大帝（Alexander the Great，前356—前323）。公元前326年，亚历山大发起印度战役，在攻克杰赫勒姆（Jhelum）后发现了盐矿。有意思的是，发现这个大盐矿的并非亚历山大本人，也不是他的将士，而是他们的战马。将士们在行军途中发现，战马喜欢舔舐路边的石头，而且很多病得奄奄一息的战马在舔舐石头后居然康复了。经分析后发现，这些石头其实是纯度很高的矿盐。

喜马拉雅盐纯度可高达95％～98％，个别高品质矿盐氯化钠含量甚至超过99％。因杂质含量低，精选喜马拉雅盐成为行销世界的食品级矿盐。因含有多种金属元素，喜马拉雅盐可呈现无色、白色、淡红色、粉红色、深红色。其中，色彩淡红或粉红的矿盐被称为玫瑰盐。

玫瑰盐之所以呈现粉红色，是因为含有铁和铜等金属元素。除氯化钠外，玫瑰盐含2％～5％的其他成分，如杂卤石[polyhalite，$K_2MgCa_2(SO_4)_4 \cdot 2H_2O$]、氟、碘和多种微量元素。食品级玫瑰盐在西方主要用于餐桌盐。基于美丽的色彩和多种微量元素，商家声称玫瑰盐具有特殊营养价值，但经分析，这些所谓的功效根本没有科学依据。目前，中国已开放了食盐市场，将有更多矿盐被引入国内。消费者应特别留意，在向食品中添加矿盐时，一定要确保这些盐是食品级的。非食品级矿盐有害成分含量高，只能用于融雪、洗浴、洗涤、灯具、按摩等。有些矿盐看似晶莹剔透，色彩诱人，其实对人体是有害的。

中国四川等地开采的井盐也是一种矿盐。矿盐经地下水或人工注水溶解形成卤水，由竖井被提取到地面，经煎炼蒸发就形成了井盐。在古代，井盐生产主要依靠溶解和蒸发，这些简单工艺很难完全去除其中杂质，因此，古法生产的井盐往往品质低劣。民国初年开始有化学分析后，发现井盐氯化钠含量只有80%左右，其余成分为硫酸钙、氯化钙、氯化镁、氯化钾、氯化钡等。

　　粗制井盐一个致命成分就是氯化钡。1941年，在川南多个地区爆发流行性"软病"，导致多人死亡，引起群体性恐慌。当时因抗日战争内迁的同济大学对该病进行调查，发现罪魁祸首竟是井盐中的氯化钡，乐山五通桥地区生产的井盐中钡含量高达1.06%。钡中毒可引起低钾血症，出现肌张力下降、进行性肌麻痹，最后完全瘫痪，中毒者常因呼吸麻痹和恶性心律失常而死亡。同济大学随即上书当时盐政机关，建议采用卤水制盐时必须除钡。在五通桥盐井开展试验的基础上，1942年冬开始推广井盐除钡技术。1943年4月13日颁行的《检查食盐规划》，首次提出食盐中钡含量不得超过5‰。现在，国家制定了更加严格的食盐卫生质量标准。目前《食品安全国家标准-食用盐》（GB/T5461–2016）规定，食盐中氯化钠含量不得低于97%，钡含量不得超过百万分之十五（≤15毫克/千克）。随着真空蒸发、洗涤干燥等现代制盐技术的应用，井盐质量已大幅提升。

雪花盐与颗粒盐

　　雪花盐是一种晶体颗粒特殊的盐。雪花盐制作流程复杂，将海水引入海滩上的蒸发坑或大平锅，经风吹日晒，就会有盐结晶沉淀到水底，这就是普通海盐；同时在水面形成薄薄一层盐结晶，将盐晶用筛子捞起，平铺在特制木盘内晒干，就成为雪花盐。雪花盐晶体颗粒呈不规则锥状体，因而极易吸附水汽，较高的含水量和较强的黏附性使小晶体团聚成雪花状大晶体，因而得名雪花盐，法语称 fleur de sel，英语称 flower of salt，西班牙语、葡萄牙语和加泰罗尼亚语称 flor de sal。

在欧洲，雪花盐的传统产地主要在法国西北部的布列塔尼 (Brittany)，其中最负盛名的就是盖朗德雪花盐 (fleur de sel de Guérande)。布列塔尼地区还出产其他海盐，统称凯尔特盐 (Celtic salt)，这是因为该地是凯尔特人传统聚居区。据说，只有在刮东风的日子里，才会有雪花盐生成。这是因为，东风来自欧洲大陆，可能更为干燥；西风来自大西洋，可能更为潮湿，不利于海水蒸发。法国南部临近罗纳 (Rhône) 河口的卡马格也盛产雪花盐 (fleur de sel de Camargue)。1955 年，法国政府在罗纳河谷修建第一批核电站（马尔库尔核电站，Marcoule Nuclear Site）。盐场位于核电站下游附近，卡马格雪花盐的声誉因此受到影响。

雪花盐必须由人工采收，产量很低，被认为是盐中精华。独特的采捞工艺可显著降低雪花盐的杂质，使之成为少数能达食品级标准的原盐。另外，根据法国人的说法，雪花盐具有淡淡的紫罗兰香味（可能是海鲜味吧），因此，西方美食家极力推崇雪花盐。在雪花盐生产过程中，在海水表面形成的薄层盐晶极易破碎消融，采收时须雇用专业女工，使用专门工具，小心翼翼地捞取，正是这些因素导致雪花盐价格不菲。

由于雪花盐价格高昂，世界各地盐场开始尝试用其他方法生产雪花盐。例如用大型平锅煮熬海水、盐湖水或卤水，当卤水加热到一定程度，盐晶会沉淀到锅底，同时会有盐花悬浮于水面，在盐花下沉到锅底之前，迅速捞起尚未完全结晶的盐花，干燥后就形成雪花盐。我国科研单位还开发出更加便利的雪花盐生产技术，例如用控制结晶温度和控淋时间来生产雪花盐。这些改良工艺增加了产量，降低了价格，使雪花盐走上普通百姓的餐桌。

在欧美国家，雪花盐是珍贵的盐，尤其是盖朗德雪花盐。普通家庭舍不得用雪花盐烹饪和腌菜，只是在饭菜做好后少量加一点雪花盐提味，或用于拌制凉菜或沙拉。由于复合晶体较大，而且外形不规则，相对于细盐，雪花盐堆积密度要小很多（堆积密度是指散粒材料或粉状材料在自然堆积状态下单位体积的质量，所指体积包括颗粒体积和颗粒之间空隙的体积，因此堆积密度往往小于该材料密度。食盐的晶体密度为 2 165 千克/立方米，远大于其堆积密度）。衡量雪花盐好坏的关键指标就是堆积密度。堆积密度越小，雪花盐质量越上乘。常见雪花盐堆积密度在 700～800 千克/立方米之间，而细盐堆积密度高达 1 400 千克/立方米。因此，同样是一小勺盐，雪花盐的重量（约3克）明显低于细盐（约6克）。当然，其产生的咸度也会低于一小勺细盐产生的咸度。

雪花盐的制作方法并非法国人首创，中国古代早就有雪花盐的记载，当时这种盐被称为花盐。成书于北魏时期的《齐民要术》记载："造花盐、印盐法：五、六月中旱时，取水二斗，以盐一斗投水中，令消尽；又以盐投之，水咸极，则盐不复消融。易器淘治沙汰之，澄去垢土，泻清汁于净器中。盐滓甚白，不废常用。又一石还得八斗汁，亦无多损。好日无风尘时，日中曝令成盐，浮即接取，便是花盐，厚薄光泽似钟乳。久不接取，即成印盐，大如豆，正四方，千百相似。成印辄沈，漉取之。花、印二盐，白如珂雪，其味又美。"从这一描述不难看出，中国古代花盐制作与盖朗德雪花盐完全一样。尽管花盐味道鲜美，可能由于价格过高，花盐似乎并未在古代中国广泛使用。

除了雪花盐，其他海盐多为颗粒盐，只是颗粒大小有所不同。大部分食品级盐，因经过粉碎和洗涤，颗粒细小，色泽洁白。雪花盐未经二次提纯，含少量杂质，色泽稍灰暗。盐的颗粒越小，其堆积密度越大。各类盐堆积密度差异很大，若采用统一量器（如限盐勺或限盐罐）控制用量，结果会产生差异。在家庭使用限盐勺和限盐罐时，应留意盐的种类和堆积密度。

盐粒大小和形态会影响盐的溶解速度。雪花盐颗粒表面积大，溶解速度快，因此，非常适用于菜做好后的提味。将雪花盐涂撒在食物表面，进食时会在口腔中快速溶解，产生浓郁的咸味快感，加之传统雪花盐具有淡淡海鲜味，加入后会使食物异常鲜美。烹制菜肴时，一般主张晚加盐，为了推迟盐的溶解，减少盐向食材内部渗入，可选用颗粒较大的盐。

腌制盐与调味盐

腌制盐是用于腌制蔬菜和肉类的盐。中国很多地区居民喜欢自制腌菜和腌肉，在腌制蔬菜和肉类时，选择食盐至关重要。有些人错误地认为，腌制品所用盐大部分保留在卤水中，因此可选用品质较低的盐。其实，腌制盐对纯度要求更高，不宜使用含杂质较高的原盐、大粒盐、土碱盐等。另外，腌制盐最好不要添加碘、抗结剂、微量元素、维生素或其他调味品。碘剂和抗结剂会使卤水浑浊，使腌制品色泽发黑，增加亚硝酸盐含量。同样，也不宜用低钠盐腌制蔬菜和肉制品。腌制盐杂质含量越少越好，西方大型食品企业使用的腌制盐氯化钠含量往往接近100%，这主要是因为，高纯度盐能减少腌制过程中亚硝酸盐的生成量。制作奶酪和发酵食品时，也应使用这种无添加高纯度盐。目前，中国食盐市场上专用腌制盐还比较少，很多居民使用碘盐或含抗结剂的餐桌盐作为腌制盐，甚至使用非食品级原盐或大粒盐作为腌制盐，这些做法不一定合理。

调味盐则是加入了一种或多种调味料的盐，常加的调味料包括味精、花椒、辣椒、孜然、茴香、芝麻、虾粉等。国外还有将切碎烘干的大蒜、洋葱、生姜等加入食盐，制成草本盐。日本将各种水果提取物加入食盐，制成果盐。使用调味盐存在的一个问题就是，难以估计用了多少盐。从限盐角度考虑，最好将盐和其他调味品分开使用。

竹盐与烤盐

竹盐（bamboo salt, jukyeom）是源于韩国的一种特殊海盐，相传 1000 多年前由僧人在修行时发明，其后传入民间，用于医治各种疾病。1980 年，韩国科普作家金一勋在《宇宙与神药》一书中描述了竹盐制作过程：将海盐装入三年生竹子制成的竹筒中，两端用黄土密封，在土窑中以松木为燃料烧制九次，盐的颜色就会变为紫色，因此称为紫竹盐。

近年来，韩国商界和学界联手，有意将传统竹盐包装成不仅可医治百病，而且还能美容健身的神药，进而向全球推销。据初步统计，竹盐声称能治疗的疾病包括：细菌感染、病毒感染、真菌感染、炎性疾病、过敏性疾病、口腔疾病、中耳疾病、咽喉疾病、消化系统疾病、心血管系统疾病、关节炎、高血压、糖尿病、高血脂、肿瘤、化疗并发症等。另外，商家还声称竹盐具有美容和减肥作用。韩国学者针对竹盐开展了大量研究，但所有研究均停留在动物实验阶段，除韩国外，其他国家鲜有学者开展类似研究。

尽管韩国商界在对外宣传中，声称竹盐包治百病，但在国内，韩国政府却对竹盐使用设置了严格限制，服用竹盐限于每人每天1克以内，儿童、育龄妇女和孕妇严禁服用竹盐。这些限制一方面由于竹盐所声称的功效缺乏科学依据，另一方面由于竹盐含有多种有害成分。

竹盐中的一个潜在有害成分就是砷。烧制竹盐的原料为粗制海盐，本身就含有砷、铅、镉、钡等成分，而封闭竹筒的黄土也含有砷。在高温作用下，有毒成分部分挥发，但仍有部分残留在成品竹盐中；黄泥中有害成分在煅烧过程中也会溶入竹盐。在烧制竹盐时，竹筒经高温燃烧还会产生多氯代二苯并二噁英（PCDD）和多氯代二苯并呋喃（PCDF）。PCDD和PCDF统称二噁英（dioxins），属于剧毒物质，会引起生殖和发育异常，损害免疫系统，干扰正常激素分泌，并增加癌症风险。韩国学者也曾报道，有年轻女性为了美容大量食用竹盐，结果引起致命性高钠血症。

近年来，经销商以保健盐的名目将竹盐引入中国。应该强调的是，传统竹盐不能用作食盐。以保健名义进口的竹盐仅限于盐浴、按摩、热敷、刷牙等用途。若要口服竹盐，应严格控制剂量，儿童和青年女性应禁止服用竹盐。部分经销者沿袭韩国商界的不实宣传，声称竹盐可防治各种疾病。盐（氯化钠）是非常稳定的化合物，即使煅烧千遍，其化学组分和物理特性也不会有任何改变。广大消费者只要了解竹盐的来龙去脉，就能避免被这些夸大之词所误导。

烤盐（roasted salt）是最近几年从韩国引入的另一种海盐。有关这种盐的制作方法和成分信息非常有限。根据包装上的介绍，烤盐是原盐经高温烤制而成，目的是去除其中杂质，其间还会加入少量其他调味料。这种盐能否达到食用盐卫生标准，也值得高度怀疑。

五彩盐与黑盐

五彩盐（colored salt）是将食用色素加入盐中，使其呈现不同颜色，这些色素不会影响食物味道，但能丰富食物颜色。五彩盐的另一作用是，可根据颜色深浅判断食物中加了多少盐，有利于控制用盐量。

黑盐（black lava salt）是将活性炭加入盐中，使盐呈现闪亮黑色。黑盐主要用于食品装饰。另外一种黑盐（black salt，乌尔都语称为 kala namak）是产自尼泊尔的矿盐，这种矿盐因含硫化铁而呈红黑色。较高的硫含量使黑盐具有独特香味，类似炒鸡蛋味道。黑盐是尼泊尔、孟加拉、印度等南亚居民喜爱的调味盐。

最新的国家标准为食盐制定了严格卫生标准，氯化钠纯度和各种杂质含量都必须达标。在购买食盐时，首先要确保所选盐是食品级的。目前，中国已停止将食盐作为各种微量元素和维生素的添加载体，这就是说，除了钾、碘和抗结剂，禁止向食盐中添加任何其他物质。因此，食盐中除碘、氯化钾和抗结剂外，其他天然或人工添加的成分，包括商家声称的微量元素和矿物质，一律应视为杂质。

强化盐

　　强化盐是以食盐为载体，加入微量元素、维生素、氨基酸等营养素。适合以食盐为载体进行强化的营养素应具备一定条件：需补充的量不大；与盐混合后不发生反应；盐不降低该营养素效能；较长时间存放不变质；不影响盐的外观和口味；具有较大安全剂量范围；目标人群广泛缺乏该营养素。人体必需的微量元素有 14 种：硼、硅、矾、铬、锰、铁、钴、镍、铜、锌、砷、硒、钼、碘。其中碘、铁、锌、硒最易缺乏，是食盐强化的主要对象。氟并非人体必需元素，但适量氟有利于骨骼和牙齿健康，也常作为强化对象加入食盐。

加碘盐

　　碘（iodine，I）是人体必需的微量元素，碘在体内主要参与合成甲状腺素。人体中的碘有 95％来源于饮食，有 5％来源于空气

（经呼吸吸收）。碘缺乏病是指因碘摄入不足所导致的各种疾病。地方性甲状腺肿是最常见的碘缺乏病，克汀病（呆小病）是最严重的碘缺乏病。孕妇缺碘会导致胎儿流产、早产、死产、先天畸形、智能障碍等。婴幼儿缺碘会影响智力和身体发育，即使轻度缺碘也会影响学习能力，碘缺乏是导致人类智力流失的最主要饮食因素。各年龄段缺碘都会引起甲状腺功能低下，导致黏液性水肿并损害心脏。另外，缺碘还会使甲状腺对射线更敏感，增加核污染时患甲状腺癌的风险。

加碘盐也称碘盐或碘化盐，是为了防止碘缺乏病而在食盐中加入碘剂。中国食盐碘化采用碘酸钾，美国等少数国家食盐碘化采用碘化钾。碘酸钾比碘化钾稳定，在高温烹饪时不易挥发，更适合中国国情。美国碘盐主要用于餐桌盐，很少用于烹饪，因此食盐碘化采用碘化钾。

加硒盐

硒（selenium，Se）是人体必需的微量元素，饮食是体内硒的唯一来源。硒的主要生理作用包括，参与合成和分解甲状腺素、辅助清除自由基和脂质过氧化物。含有硒半胱氨酸或硒甲硫氨酸的蛋白质统称硒蛋白，硒蛋白缺乏会导致精子数量减少及质量下降，引起男性不育。硒蛋白能结合进入人体的汞、铅、锡、铊等重金属，形成金属硒蛋白复合物，从而发挥解毒和排毒作用。严重缺硒可诱发心肌病、大骨节病和克山病。针对硒与癌症之间的关系，国际学术界曾经历一个曲折的认识过程。1940 至 1960 年，研究发现硒是一种潜在致癌物，摄入过量硒会导致多种肿瘤。

1960 至 2000 年，研究提示硒可预防癌症。2000 年以后，学术界又恢复了补硒可能有害的观点，这是因为更大规模的研究并未发现硒的防癌作用，反而增加糖尿病风险。

根据中国营养学会制定的微量元素推荐摄入量（RNI），18 岁以上成人每天应摄入硒 60 微克，最高限量为 400 微克。2012 年中国居民营养与健康状况调查发现，城乡居民平均每天摄入硒 44.6 微克，其中城市居民 47.0 微克，农村居民 42.2 微克。总体而言，中国居民硒营养处于轻度缺乏状态。我国曾于 20 世纪 90 年代推行加硒盐。加硒盐的一个缺点是，由于少有居民了解自己日常饮食中硒的水平，因此很难确定哪些人需要补硒，以及合理的补硒剂量。中国东南和西北地区均属富硒地带，居民饮食中硒含量本已很高，大范围无差异补硒可能会导致硒过量，增加糖尿病等疾病风险。2012 年修订的《食品营养强化剂使用标准》（GB 14880 - 2012）停止了将盐作为营养强化剂的载体，自 2013 年起中国全面停止生产和销售加硒盐，但仍然允许在面粉、大米、米面制品和乳制品中加硒。

加锌盐

锌（zinc, Zn）是人体必需的微量元素，在人体中参与 100 多种酶的组成，因此作用广泛。锌指蛋白是结合了二价锌，可折叠形成"手指"状的蛋白质。作为一种转录因子，锌指蛋白在基因表达、细胞分化、胚胎发育等方面发挥着重要作用。成人体内大约有 2~4 克锌，主要分布于脑、肌肉、骨骼、肾脏、肝脏和前列腺等组织。锌可调节神经兴奋性，影响神经元突触可塑性，因此在学习和记忆中发挥着重要作用。另一方面，过量锌可诱导线粒体氧化应激，产生神经毒性。锌作用的两重性说明，将体内锌维持在合理水平才是关键所在。

中国营养学会推荐，成年男性每天摄入锌 12.5 毫克，成年女性每天摄入锌 7.5 毫克。饮食正常的人一般不会缺锌。食品加工会使锌大量流失，因此，长期以加工食品为主食的人容易出现锌缺乏。我国曾于 20 世纪 90 年代推行加锌盐。锌的安全剂量范围相对较高，开展人群广泛补锌一般不会引起不良反应。随着《食品营养强化剂使用标准》（GB 14880－2012）的实施，加锌盐已停止生产和销售。农产品的锌含量与土壤锌含量有关，中国约有 1/3 耕地位于低锌地带。在低锌土地上种植庄稼，施用适量锌肥不仅能增强作物抗病力，增加产量，而且可提高农产品锌含量，有利于消费者健康。因此，西方大型农场会根据土壤化学定制配方肥料。

加铁盐

铁（ferrum，Fe）是人体必需的一种微量元素。成人体内有 4～5 克铁，主要分布于血液和肌肉。铁能转运电子，在亚铁状态（二价铁）下可释放出电子，在正铁状态（三价铁）下可接受电子。铁在人体内参与多种氧化还原反应和物质运输。食物中的铁主要在十二指肠吸收，铁的吸收率在 5％～35％之间。铁的吸收受肠道酸碱度、离子状态（二价铁还是三价铁）、来源及体内铁丰缺度等因素影响。人体铁流失主要是因胃肠出血、皮肤和黏膜细胞脱落等。健康成年男性每天流失铁约 1 毫克，月经正常的女性平均每天流失铁约 2 毫克。缺铁导致的最常见疾病是贫血。严重缺铁还可影响儿童身体和智力发育，降低免疫力，因此必须积极防治。

缺铁性贫血、碘缺乏病和维生素 A 缺乏曾被世界卫生组织（WHO）与联合国儿童基金会（UNICEF）列为重点防治、限期消除的三大营养不良性疾病。20 世纪 90 年代，中国曾推出加铁盐，随着《食品营养强化剂使用标准》（GB 14880 - 2012）的实施，加铁盐已完全退出市场。《食品营养强化剂使用标准》允许通过面粉、大米、米面制品、奶粉、豆制品、酱油、饮料和果冻等载体添加铁。对于普通健康人，维持均衡而多元化的饮食，一般不会出现缺铁。缺铁的人很容易通过血液检查而诊断。对于严重缺铁的人，应在医生指导下调整饮食结构，必要时服用铁剂。

加钙盐

钙（calcium，Ca）是人体必需的宏量元素。钙缺乏可引起骨质疏松症等疾病，中国人因奶制品消费少，缺钙比例较高。人体对钙的需求量较大（1 000 毫克），不同人需要补钙的剂量差异较大，钙剂还可能与食盐中的成分发生反应，因此，以盐为载体补钙并非理想方法。除中国外，世界上鲜有国家以盐为载体实施钙强化。随着新修订《食品营养强化剂使用标准》（GB 14880 - 2012）的实施，加钙盐退出了中国食盐市场。

加氟盐

氟（fluorine，F）是一种非金属化学元素，是卤族元素之一。

按照美国医学研究所（IOM）的标准，氟并非人体必需元素，但适量氟有利于骨骼和牙齿健康，因此也可作为食盐强化对象。适量氟可预防龋齿，强化骨骼，但过量氟会导致中毒或引发慢性疾病。长期摄入过量氟会引起氟斑牙和氟骨症。氟斑牙表现为牙面失去光泽，牙斑形成，牙齿变黄变黑，牙齿脱落断裂等。氟骨症表现为疼痛、骨骼变形、骨质疏松、骨疣形成、容易骨折等。氟摄入过量还会损害神经系统，影响儿童智力发育，导致甲状腺肿等疾病。

食盐氟化常采用氟化钠等化合物，剂量一般在 100～250 毫克/千克（100～250 ppm）。加氟盐仅限于饮用水含氟低的地区，若饮用水含氟超过 0.5 毫克/升，就不应食用加氟盐；饮用水含氟超过 0.7 毫克/升的地区，应严禁销售加氟盐。中国不同地区饮用水含氟量差异很大，加之饮用水来源多样，这使得在大范围推行加氟盐存在潜在公共卫生风险。随着新版《食品营养强化剂使用标准》（GB 14880 - 2012）的实施，加氟盐退出了中国食盐市场。

核黄素盐

核黄素（riboflavin）也称维生素 B_2，是一种水溶性维生素。核黄素、磷酸和蛋白质共同组成黄素酶（脱氢酶），参与糖、脂肪和氨基酸代谢。作为一种有机物质，维生素 B_2 并不适合添加到食盐中，因为长期放置可能会使其变质失效。

维生素 B_2 缺乏的常见症状有阴囊炎、脂溢性皮炎、结膜炎、黏膜溃疡、口角糜烂等。富含维生素 B_2 的食物包括奶、禽蛋、绿叶蔬菜、动物内脏、豆类、蘑菇和坚果等。在经济发达地区，饮食正常的人极少缺乏维生素 B_2；但在流浪者、乞丐和难民中，维生素 B_2 缺乏的发生率可高达 50%，这些人才是补充维生素 B_2 的适宜对象。

亚铁氰化钾

食盐、面粉、咖啡、糖等粉状食品长期放置后容易板结。板结的原因在于，吸收空气中的水蒸气后，食品颗粒之间相互联结，最终形成块状结构。发生板结的粉状食品失去流动性，与空气接触的面积降低，容易发生变质。抗结剂（anti-caking agents）可包裹在食品颗粒表面，改变颗粒的结构，或本身可吸收水蒸气，因此能防止食品板结。

在现代家庭，食盐一般装在带孔小瓶或带盖小罐中。盐一旦发生板结，就很难从小瓶或小罐中倾倒出来。正是在抗结剂发明之后，餐桌盐瓶（罐）才有了用武之地。另外，食盐板结后，不容易分装和抓取，也无法将盐均匀撒布在食物上。食盐板结还影响加碘效果。

古代由于制盐技术粗糙，食盐中杂质较多。除了氯化钠，粗盐中还含有一定量碳酸钙、碳酸镁等成分，而碳酸钙和碳酸镁可发挥抗板结作用。另外，粗制盐粒呈不规则形，颗粒间不易联结，因此古代食盐反而不易板结。现代食盐精制技术建立后，食盐中氯化钠的含量接近 100％，杂质明显减少，盐粒呈规则的正方体形，食盐板结就成为一个突出问题。

1911 年，美国盐业巨头莫顿公司（Morton）首创食盐抗结剂。在食盐中加入少量碳酸镁，能使盐粒保持良好的流动性，便于包装、运输和使用。莫顿盐的经典广告词就是 "When it rains, it pours（雨天也流畅）"。在莫顿公司的经典商标上，一个漂亮的小姑娘右手握伞，左手抱着一罐莫顿盐，天上下着瓢泼大雨，因无法兼顾雨伞和盐罐，雨伞滑落得很低，盐罐也横抱在怀里，盐粒像小瀑布一样在她身后倾泻下来（图6）。这一场景暗示，莫顿盐即使在潮湿环境下也不板结，能像水一样流动。莫顿女孩位列美国十大著名商标，引入抗结剂曾使莫顿盐长期畅销。

继碳酸镁之后，磷酸钙、硅酸钙、硅酸镁、硅酸铝钙、硅酸铝钠、硬脂酸钙、硬脂酸镁、丙二醇、二氧化硅、柠檬酸铁铵、酒石酸铁、亚铁氰化钾、亚铁氰化钠等几十种化合物被用于食盐抗结剂。其中，亚铁氰化钾因抗结效果好、安全性高、价格低廉、性质稳定、不影响口味，而被世界各国广泛用作食盐抗结剂。亚铁氰化钾可将盐粒由正方体状结晶转变为星状结晶或树枝状结晶，而后两种结晶都不易板结。

中国《食品安全国家标准—食用盐》（GB 2721－2015）规定，可添加到食盐中的抗结剂有 5 种：二氧化硅、硅酸钙、柠檬酸铁铵、酒石酸铁和亚铁氰化钾（钠），食盐中添加亚铁氰化钾（以亚铁氰根计）不得超过 10 毫克/千克（10 ppm）。美国《联邦管理法》（*Code of Federal Regulations*，21CFR172）规定，黄血盐（亚铁氰化钾）可作为抗结剂添加到食盐中，食盐中添加黄血盐不得

图 6　莫顿盐的经典商标

超过 13 毫克/千克（13 ppm）。欧盟委员会法律（EC Regulation No 1333/2008）规定，亚铁氰化钠（E535）、亚铁氰化钾（E536）、亚铁氰化钙（E538）可作为食品添加剂加入食盐或替代盐中，食盐中添加亚铁氰化钾不得超过 20 毫克/千克（20 ppm）。日本《食品卫生法》第 10 条规定，亚铁氰化盐可用于食盐抗结剂，食盐中添加亚铁氰化盐不得超过 20 毫克/千克（20 ppm）。

迪佩尔（Johann Conrad Dippel）是 18 世纪德国著名哲学家和炼金术师。他的主要研究兴趣是从动物骨头和血液中提取骨焦油，梦想能找到传说中的长生不老药，有人认为他就是玛丽·雪莱小说《科学怪人》的原型。1706 年，迪佩尔和他的学徒迪斯巴赫（Johann Jacob Diesbach）发现，用血液、碳酸钾和硫酸铁反应，会产生一种蓝色染料，这种染料也称普鲁士蓝（柏林蓝）。后来的研究发现，普鲁士蓝的化学成分为亚铁氰化铁。因来源于血液，其中间产物亚铁氰化钾被称为黄血盐（yellow prussiate of soda）。

亚铁氰化钾（potassium ferrocyanide）是一种浅黄色结晶或粉末，无臭，略带咸味，易溶于水。在现代，亚铁氰化钾由氢氰酸、氯化亚铁、氢氧化钙和碳酸钾等经多重反应生成。常温下，亚铁氰化钾性质相当稳定。高温下，亚铁氰化钾可分解生成氰化钾。由于氰化钾是一种剧毒物质，添加到食盐中的亚铁氰化钾是否安全，曾引起部分消费者担忧。

亚铁氰化钾确实可分解为氰化钾。20世纪以前，生产氰化钾的主要方法就是高温分解亚铁氰化钾。将干燥的亚铁氰化钾密封于陶瓷坩埚中煅烧，经过一段时间就会有氮气释放出来，这时也就产生了氰化钾。其反应方程式为：

$$K_4[Fe(CN)_6] \longrightarrow 4KCN + N_2 + FeC_2$$

这一反应发生的条件是高温高压，只有在650℃左右时才产生氰化钾。温度过高或过低，都会改变反应方向。而且应使用高纯度亚铁氰化钾，加入其他杂质都会阻碍反应进行。

那么，食盐中的亚铁氰化钾会不会转变为氰化钾呢？首先，在常规烹饪条件下，盐是添加到食物中的，食物中含有水和碳水化合物，所以在烹饪过程中亚铁氰化钾不可能被加热到650℃的高温。其次，即使在极端条件下，如个别人可能会爆炒食盐、密封加热食盐或过度加热食物直到碳化，这时温度可能一过性升高到650℃。但反应体系中存在着大量其他物质（氯化钠、食物成分），微量亚铁氰化钾（10 ppm）根本无法产生毒性剂量的氰化钾。最后，食品中所用亚铁氰化钾为水合物，亚铁氰化钾要发生分解必须先去水合，这等于又增加了一道防线。

经系统检索，目前全球报道的亚铁氰化钾中毒共涉及 4 人。这些人都是直接服用亚铁氰化钾，其中 3 人症状轻微，一人在服用大量亚铁氰化钾后死亡。死亡病例于 2008 年 9 月 30 日发生在法国里昂。一位 56 岁的退休药剂师在家尝试酿酒，（可能因失误）饮用了 2 杯亚铁氰化钾溶液。在出现呕吐后他迅即报警求救（西方国家急救、火灾和报警使用同一电话号码）。在向接线员陈述事件经过时，患者出现了四肢瘫软和昏迷。1 小时后急救人员抵达现场，发现患者心跳和呼吸已经停止，经 10 分钟心肺复苏后心跳和呼吸恢复。患者入院后开展的检查发现，血液中氰化物浓度为 0.7 毫克/升（正常值为＜0.1 毫克/升），但明显低于最小致死剂量 2.5 毫克/升。心电图检查提示高钾血症，化验发现血钾为 6.5 毫摩尔/升（血钾超过 5.5 毫摩尔/升时可诊断为高钾血症），血液乳酸浓度也升高。经血液透析、解毒和降血钾等治疗，患者昏迷程度不断加深，终于 4 天后死亡。事发时患者身旁摆放着玻璃容器，经检测其残留物为亚铁氰化钾。

该例中毒事件发生后，里昂当地的中毒和药物反应监控中心和接诊医院对患者死因进行了彻底调查和分析。最初怀疑该患者死于氰化物中毒，因为血液乳酸水平升高，这符合氰化物中毒的特征。

亚铁氰化钾口服后在胃肠道的吸收率极低，约在 0.25％～0.42％之间。即使有少量亚铁氰化钾被吸收入体内，在血液等组织中也无法转变为氰化钾。经静脉给狗注射大量亚铁氰化钾后，亚铁氰化钾全部以原形从尿液中排出，而不会在体内转变为氰化钾。在体外开展的研究发现，在强酸中亚铁氰化钾可少量分解为氰化钾。因此，研究者认为，服用大量亚铁氰化钾后，在胃和十二指肠中（酸性环境）会有少量氰化钾生成。

研究人员给 3 名男性健康志愿者每人口服 500 毫克亚铁氰化钾（相当于 50 千克食盐的添加量），发现约有 0.03 毫克/千克体重的氰化钾（以氰根离子计算）进入体内，这是最小致死剂量（0.5～3.5 毫克/千克体重）的 1/100 到 1/20。服用者未出现任何不适，各项化验检测也正常。根据这一结果推算，一次服用 10 克以上亚铁氰化钾（相当于 1 吨食盐的添加量）才可能产生危害。

里昂中毒患者估计服用了 20 克以上的亚铁氰化钾，患者在 1 小时后就出现了昏迷和心跳停止。据推算，20 克亚铁氰化钾在胃中停留 1 小时，可释放大约 0.56 毫克氰化物，这一剂量远达不到中毒水平（50 毫克以上）。要达到氰化物急性中毒，需要一次口服至少 1 795 克亚铁氰化钾（相当于 180 吨食盐的添加量），这在现实中是不可能发生的。

患者不是氰化物中毒，死亡原因会是什么呢？研究者将目标指向了亚铁氰化钾中的另一组分——钾。服用大量亚铁氰化钾后，其中的钾会在胃肠液中分离出来，并迅速被吸收入血，引起高钾血症。这一推测被当时的心电图检查和血液化验所证实。在患者出现高血钾后，心脏骤停，呼吸也随之停止。虽经抢救心跳呼吸得以恢复，但脑组织因长时间缺血缺氧，发生了大范围坏死，最后导致脑死亡。

从这一病例报道中不难发现，亚铁氰化物本身是一种相对安全的食品添加剂。动物试验证实，亚铁氰化物没有遗传毒性，也没有致癌性。临床实践表明，亚铁氰化盐可用作重金属的解毒剂。美国食品药品管理局（FDA）已批准 Radiogardase（亚铁氰化铁）用于驱除体内的铊和铯。在使用亚铁氰化铁（普鲁士蓝）治疗急性铊或铯中毒时，每天用量可高达 20 克（分 4 次服用），患者并未出现氰化物中毒的情况。按照中国标准，20 克亚铁氰化盐相当于 2 吨食盐的添加量。

因能与多种金属离子发生沉淀反应，亚铁氰化钾可去除溶液中的铁、铜和铅等。因此，亚铁氰化钾常用于去除葡萄酒中的铁，一些葡萄酒中含有少量亚铁氰化钾。大部分国家允许在酒类中使用亚铁氰化钾，但也有一些国家（如日本）只允许将亚铁氰化钾添加到食盐中。

世界粮农组织和世界卫生组织发起的食品添加剂联合专家委员会（JECFA），曾于 1969、1973 和 1974 年对亚铁氰化盐的安全性进行系统评估。在大鼠中开展的研究发现，长期摄入亚铁氰化钾每天剂量低于 25 毫克/千克体重时，不会产生明显毒副作用。JECFA 按照这一剂量的 1‰ 制定了人体长期摄入亚铁氰化钾的安全剂量，即每天不超过 0.025 毫克/千克体重。1994 年，英国消费品和环境化学中毒委员会（COT）重新评估了亚铁氰化钾的安全性，制定了亚铁氰化钾长期摄入的安全剂量，即每天不超过 0.05 毫克/千克体重。也就是说，体重 60 千克的人亚铁氰化钾的安全剂量是，每天不超过 3 毫克，相当于 300 克盐的添加量。

2018 年，欧洲食品安全局（EFSA）再次评估了亚铁氰化钠（E535）、亚铁氰化钾（E536）和亚铁氰化钙（E538）的安全性。其发布的研究报告认为，亚铁氰化物吸收率低，在人体中没有蓄积效应。亚铁氰化物没有遗传毒性和致癌性。专家委员会确定了每天 0.03 毫克/千克体重的亚铁氰化钠最高安全摄入量。最终结论是，在目前法定使用水平，亚铁氰化物不存在任何安全问题。

欧洲于 1969 年批准亚铁氰化钾作为食盐添加剂，美国食品药品管理局（FDA）于 1977 年批准亚铁氰化钾作为食盐抗结剂。在此之前，亚铁氰化钾曾长期被添加到葡萄酒中。截至目前，大规模人群使用亚铁氰化钾已超过 50 年，全球还没有因吃盐而导致亚铁氰化钾中毒的报道。

2002 年，日本拒绝了一批产自中国四川的腌菜，其原因是腌制过程使用了含亚铁氰化钾的食盐。经媒体报道后，这一消息在民间急剧发酵。据此滋生的谣言最后演变为，"亚铁氰化钾有剧毒，日本等西方国家禁止添加这种抗结剂，而中国仍在使用，无疑会因此而亡国灭种"。其实，亚铁氰化钾作为食盐抗结剂正是源于西方国家，而非中国发明。日本、美国和欧洲至今也没有禁止在食盐中添加亚铁氰化钾。问题的关键在于，用于腌制泡菜的盐有特殊要求，原则上氯化钠纯度越高越好，不宜添加任何其他成分。腌制食盐中添加氯化钾、亚铁氰化钾、碘酸钾、碳酸钙、碳酸镁等，都会改变亚硝峰出现的时间，增加腌制品中亚硝酸盐的含量，从而带来潜在健康危害。

在西方发达国家，同样有人质疑食盐中添加亚铁氰化钾的安全性。为此，FDA、EFSA、FSA 等机构在其网站上提供了大量相关资料，还定期发布各种食品添加剂的安全报告。这些措施加上广泛的科普宣传，使个别人的怀疑不至于转变为群体性恐慌。

2017 年，中国开放食盐市场，延续了 2000 多年的食盐专卖政策就此终结，食盐市场的竞争随之急剧升温，各式各样的盐包括大量进口盐出现在市场上。与此同时，网络上有关食盐添加亚铁氰化钾有毒的老话题再次被抬出来，虽经多家媒体解释和批驳，这些耸人听闻的谣言依然弥漫于网络和微信中。制造这些谣言的背后目的之一就是，改变居民的购买习惯，使他们舍弃廉价的国产盐，转而求购高价的所谓"无添加"进口盐。这些谣言不仅增加市场竞争的无序性，更会使居民将注意力集中在食盐添加剂上，而无力关注吃盐多本身带来的巨大健康危害。

盐与食品安全

　　盐能产生咸味，并发挥其他味觉效应，这些作用使盐成为制造美味的核心要素。追求美味是人类给食物加盐的主要原因，但盐的作用并非仅限于制造美味，在食品防腐和保鲜等方面，盐也具有不可替代的作用。

　　食物并非随时随地都能获得，但肚子随时随地都会饿。在原始社会，保存食物是一项关乎个体存亡和种群断续的关键技能。开始制盐后，原始人很快就学会了用盐保存食物，尤其是腌制肉食。直到 19 世纪后期，冰箱使盐在食物保存中的作用退居其次。在后工业化时代，随着加工食品的兴起，盐在食品保存中的优势再次展现出来。

　　食物会发生腐败变质，主要原因是微生物滋生。因此，微生物生长情况是决定食品保质期的关键因素。盐能抑制微生物生长繁殖，因此可延长食品保质期。盐抑制微生物生长繁殖的机制包括：降低水活性，增加微生物耗能，产生渗透性休克，降低氧溶解度（断氧效应）等。具备多重抗微生物机制使盐成为一种理想的防腐剂。

微生物生长繁殖必须有充足的自由水。衡量食品中自由水多少的指标为水活性（water activity）。纯水活性为 1.0，食品水活性介于 0 到 1.0 之间。若食品水活性低，自由水含量少，微生物将难以生存，食品就不易腐败；反之，食品就容易腐败。一般而言，普通细菌生长繁殖需要水活性大于 0.94，霉菌生长繁殖需要水活性大于 0.80，耐盐菌生长繁殖需要水活性大于 0.75，耐盐酵母菌生长繁殖需要水活性大于 0.60。生鲜食品水活性可高达 0.99，这类食品极易滋生细菌。盐溶解后产生的钠离子和氯离子能与水分子结合，降低食品水活性。因此，食品中加盐越多，水活性就越低，细菌就越不易生长繁殖，食品保质期就越长，安全性也就越高。

盐溶解在水中产生钠离子和氯离子，钠离子进入微生物细胞后，可抑制多种生物酶的活性，将钠离子搬运出细胞需要消耗能量，这样就会抑制微生物生长繁殖。当食品含盐量达到一定水平，因微生物细胞外离子浓度过高，细胞内水分大量渗出，最后会导致微生物坏死，这种现象称为渗透性休克。微生物生长繁殖大都需要氧气，盐会降低氧的溶解度，因此食品中的盐可阻碍微生物获取氧气，从而抑制其生长繁殖。

现代食品工业常采用多重技术来控制微生物，以确保食品安全。除加盐外，还可能采用高温处理、低温储藏、酸碱调控、加入氧化剂或还原剂等技术方法。食品在生产、储存、运输和销售过程中会遇到各种极端情况，单一防腐技术可能无法确保食品安全，联用多种技术才能做到万无一失。另外，多重防腐技术有利于减少盐和添加剂的用量。

采用多重防腐技术的食品，降低含盐（钠）量一般不会危及食品安全或明显改变食品保质期，例如冷冻食品、高温加工食品、酸性食品（pH<3.8）、干燥食品、高糖食品（高糖也可降低水活性，抑制细菌生长繁殖）等。但对于酱类和腌制食品，如牛肉酱、辣椒酱、咸菜、腌肉等，大幅降低含盐量势必会危及食品安全，因为高盐是此类食品抵抗微生物的主要防线。另外，减少用盐还会降低食品新鲜度。因此，如何降低酱类和腌制品含盐量目前仍是一个技术难题，可能需要调整配方、改良工艺、优化存储和运输条件，以确保减盐后仍能安全地维持食品保质期。可以预见，完成这些转变所需花费将是巨大的，将会增加生产成本，抬高销售价格，最终招致生产商和消费者两方面的反对。在中国，尤其在北方地区，酱类和腌制品是居民吃盐多的重要原因，如何减少这些食品中的盐，将是一个巨大挑战。

在限盐活动中爆发食品安全事件并非只是假想。在英国开展全民限盐早期，曾大幅降低儿童食品含盐量，由于没有及时引入替代防腐技术，导致儿童李斯特菌（listeria monocytogenes）感染剧增。随后展开的调查证实，食品减盐是儿童李斯特菌感染暴发的主要原因。李斯特菌具有超强耐热性，常规加热不能将之杀灭；李斯特菌具有超强耐寒性，在4℃环境中仍能生长繁殖，甚至在0℃也能缓慢生长，所以储藏在冰箱中的食品也会滋生李斯特菌。另外，自然界中广泛存在李斯特菌，即使高温处理的食品，仍可造成二次感染。因此，要防止李斯特菌感染，有必要在食用前再次加热熟食。儿童李斯特菌感染暴发后，英国朝野震惊，食品标准局（FSA）紧急发布公告，要求企业在降低食品含盐量的同时，采取其他措施确保食品安全。

降低食品含盐量的另一威胁就是，增加肉毒杆菌（clostridium botulinum）感染和肉毒毒素（botulinum toxin）中毒的风险。如果食品未经充分加热，肉毒杆菌芽孢就难以被灭活；如果真空包装食品中存有少量空气，肉毒杆菌就会滋生，食用者就可能中毒，高盐是消除这种风险的最后一道防线。肉制品、奶酪、真空低温加工食品含盐量降低后，更容易滋生肉毒杆菌，食用后引发肉毒毒素中毒，严重者导致死亡。在美国开展的研究表明，降低含盐量后，肉酱即使储藏在冰箱里也会产生肉毒毒素。当含盐量为 1.5％时，接种肉毒杆菌芽孢的肉酱储藏 42 天仍未产生肉毒毒素；当含盐量降为 1.0％时，接种肉毒杆菌芽孢的肉酱储藏 21 天就产生肉毒毒素。

除了李斯特菌和肉毒杆菌，盐还能抑制蜡样芽孢杆菌（bacillus cereus）、耶尔森氏菌（yersinia）和弓形杆菌（toxoplasma gondii）等细菌。由于盐在维持食品安全方面发挥着关键作用，在开展限盐活动时，必须研发和引入替代技术，以确保食品安全。中国食品企业具有小而散的特点，大部分中小企业或个体生产者根本不具备这种安全意识和技术能力。在这种状况下，若一味依靠行政力量，强令生产者降低食品含盐量，而不重视替代技术的研发和引进，极易酿成大规模食品安全事件。

西方国家在限盐活动中，研发出多种食品安全技术，用于在食品减盐情况下防范微生物感染。其中高压处理、电子束照射等技术已在食品工业广泛应用。改变食品物理和化学特性也能抑制微生物生长繁殖，非热处理是一类很有前景的食品安全技术。在肉制品中加入蛋白质、树胶和藻酸盐能减少用盐量，而不明显改变食品安全特性。由氯化钾、乳酸钾和双乙酸钠组成的混合物能在很大程度上替代食盐，抑制有害微生物的滋生。但这种替代盐对不同细菌的抑制作用差异较大，总体抗菌效果弱于食盐。理想的食盐替代品既要保持食品安全性，又要维持食品原有的风味。因此，开发食盐替代品需要投入大量资金，只有在政策支持和拥有强大市场需求的情况下方可实现。很多加工食品使用替代盐也存在技术问题。

盐具有食品保鲜作用。盐能保持食物中的水分，遏制或减缓氧化反应和酶促反应，这些作用都有利于食品保鲜。除食盐外，其他一些含钠化合物也常用于食品保鲜。有些含钠保鲜剂还能抑制食品中的有害化学反应，如脂质氧化反应和黄变反应，从而发挥食物保鲜作用。

发酵是保存食物的一种常用方法。发酵不仅可使生鲜食材转化为美食，发酵过程中刻意催生的特殊微生物及其产物，能使发酵食品比新鲜食品保存更长时间。在泡菜、酸菜、奶酪、酸奶、香肠等发酵过程中，乳酸杆菌大量繁殖并产生高浓度酸性物质；醪糟、馒头、面包等在发酵过程中，酵母菌大量繁殖并产生酒精和酸性物质，这些发酵产物都能延长食品保存时间。适宜浓度的盐能促进发酵微生物（往往是耐盐菌）生长繁殖，抑制有害微生物生长繁殖。在泡菜发酵过程中，盐能促进水分和糖分析出，析出的水分可填充食品内的潜在空隙，降低食品氧含量，有利于厌氧乳酸菌生长，进一步促进发酵。但过量盐会抑制发酵菌生长，因此，在发酵过程中，控盐是技术成功的关键。

食品中的盐具有多重作用，尤其在保障食品安全方面发挥着关键作用，在开展限盐活动时，不宜简单粗暴地强令企业降低食品含盐量，而应对相关问题进行深入研究，投入资金展开技术革新，通过试点逐渐降低食品含盐量，在降盐的同时确保食品安全。

盐的危害

盐与高血压

人体血压高低主要取决于血容量、心脏排血量和血管阻力三大要素。钠离子是血清中含量最多的阳离子，体内钠离子总量会影响血容量。参与循环的血量总和称为血容量，正常人血容量相当于体重的 7%～8%。由于循环系统是一个封闭体系，血容量增加时血压升高，血容量减少时血压降低。因此，体内水钠潴留会引起血压升高。《黄帝内经》记载："多食咸，则脉凝泣而变色。"可见，早在 5000 多年前，祖国医学就观察到吃盐多会引起血液循环的改变。

1904 年，法国学者阿姆巴德（Ambard）和毕奥嘉德（Beaujard）测量了高血压患者膳食钠和尿钠含量。结果发现，吃盐量明显减少时，盐排出量超过摄入量，受试者进入负盐平衡（体内盐减少），这时即使增加蛋白质摄入，血压也会下降。相反，吃盐量明显增加时，盐排出量少于摄入量，患者进入正盐平衡（体内盐增加），这时即使减少蛋白质摄入，血压也会上升。这是人类首次认识到盐可升高血压。

1948年，美国学者柯普楠（Kempner）发明治疗高血压的米果饮食（rice-fruit diet）。米果饮食的基本配方是：每天20克蛋白质，少量脂肪，不超过0.5克盐。米果饮食主要由大米、蔬菜和水果组成，含盐量极低。在对500例高血压患者进行治疗后，柯普楠发现，米果饮食不仅能降压，还能保护心脏，预防眼底病。虽然降压效果明显，但米果饮食却难以推广，主要原因是这种饮食索然无味，绝大部分人短期都难以忍受，更何况长期坚持。

所罗门群岛（Solomon Islands）是南太平洋上一个岛国，由990个岛屿组成，面积2.8万平方千米，2014年人口约57万，美拉尼西亚人、波利尼西亚人、密克罗尼西亚人等原住民占总人口的99%。1568年，西班牙航海家门达尼亚（Álvaro de Mendaña de Neira，1541—1595）率领探险船队抵达该群岛。船队远远望见原住民佩戴着闪亮的黄金饰品，以为找到了传说中的所罗门王宝藏，于是将这里命名为所罗门群岛。第二次世界大战中太平洋战场的转折点瓜岛战役也发生在这里。所罗门群岛由于地处大洋深处，长期与世隔绝，直到20世纪60年代，大部分地区仍处于原始状态，是世界上最不发达地区之一。"二战"后，随着交通和通信设施改善，旅游业兴起，岛上居民生活方式逐渐西化。美国学术界敏锐地意识到，这种快速转型的社会生态为研究人类文明起源和现代社会慢病衍生提供了绝佳机会。1967年，美国发起"哈佛所罗门"计划，对这一偏远岛国进行二次探索。哈佛大学组织专家对岛上原住民生活方式、饮食结构、生理指标、遗传特征、罹患疾病等进行了全面调查。

"哈佛所罗门"计划的目标之一，就是在原住民中探索吃盐量和高血压之间的关系。研究者选择了六个有代表性的原始部落：纳西奥依（Nasioi）、纳格维西（Nagovisi）、拉乌（Lau）、毕古（Baegu）、艾塔（Aita）、科威奥（Kwaio）。这些部落居民有的采用海水煮食，有的采用淡水煮食；有的受西方饮食文化影响大，有的受西方饮食文化影响小。因此，各部落居民吃盐差异很大，血压高低不一。拉乌部落居民每天吃盐 13.2 克，甚至超过同时代西方人，其高血压患病率高达 9.0％。科威奥部落居民每天吃盐只有 1.2 克，高血压患病率只有 0.8％。另外，在西方人群中发现的血压随年龄升高的现象，仅出现在吃盐多的部落中；在吃盐少的部落，居民血压并不随年龄增长而升高。在"哈佛所罗门"计划开展不久，20 世纪 80 年代，在澳大利亚等国资助下，所罗门群岛启动了以采矿和农垦为主的大开发，西方文化大举入侵，彻底颠覆了群岛的原始生态，居民吃盐量迅速飙升，原先很少见到的高血压、冠心病、脑中风开始在原住民中盛行。

INTERSALT 研究在全球 32 个国家测量了 52 个人群的吃盐量。这些人群每天吃盐量在 0.1 克到 15 克之间，各人群吃盐量与血压水平显著相关，吃盐越多血压越高，吃盐多使血压随年龄增加的趋势更明显。如果每天多吃 6 克盐，30 年后血压会额外增加 9 毫米汞柱。INTERSALT 发现，有 4 个原始部落人群吃盐极少，人均每天不超过 3 克，这些部落居民血压都较低，而且血压不随年龄增加而升高。居住在巴西亚马孙丛林中的亚诺玛米人，每天从天然食物中摄取的盐不到 0.1 克，成人平均血压只有 96/61 毫米汞柱，没有高血压患者，而且老年人和青年人的血压没有差别。

葡萄牙人喜欢吃盐，居民吃盐量在欧洲各国名列前茅。为了探索降低人群吃盐量的可能性，里斯本大学的研究小组在两个村庄开展了对照研究。两村庄各有居民 800 多名，生活习惯和经济条件相差无几。两村居民都以吃盐多闻名，人均每天吃盐 21 克，高血压患病率超过 30%。在第一个村庄，通过入户宣传和集体讲座，告诉村民吃盐多的危害，给村民分发限盐传单，指导村民如何减盐，通过这些活动使该村居民吃盐量降到每天 12 克。在第二个村庄不开展限盐宣教，村民吃盐仍维持在每天 21 克。在开展限盐的村庄，村民的平均血压在第一年降低了 4/5 毫米汞柱，第二年降低了 5/5 毫米汞柱。两年期末，未开展限盐的村庄居民血压有所上升，两村居民平均血压相差 13/6 毫米汞柱。在实施限盐的村庄，吃盐量降幅大的村民血压下降更明显。

　　1980 年，在比利时的两个小镇也开展了类似研究。两镇相距 50 千米，分别有居民 12 000 人和 8 000 人，居民饮食习惯和生活水平相当。在第一个小镇，通过媒体（报纸广告）宣传吃盐多的危害，第二个小镇不进行宣传。5 年后，开展宣传的小镇女性吃盐降低了 1.5 克，没有宣传的小镇女性吃盐增加了 0.5 克。奇怪的是，两镇女性血压都降低了 7.5/2.3 毫米汞柱左右。开展宣传的小镇男性吃盐降低了 0.7 克，而未宣传的小镇男性吃盐降低了 0.8 克，两镇男性居民血压降低幅度也相当。这一研究并未取得预期结果，其可能原因包括，比利时人均吃盐不超过 10 克，而前述葡萄牙村民人均吃盐高达 21 克，加之宣传力度小，居民吃盐降幅有限。这一研究结果也强调，仅靠媒体宣传，可能达不到减盐目的。

　　多个大型研究分析了减盐对高血压的预防和治疗效果。高血压预防研究（TOHP）分析了三种生活方式——减肥、限盐、缓解生活压力对血压的影响。在 18 个月观察期，减肥者体重平均减轻了

3.9 千克，收缩压降低了 2.9 毫米汞柱，舒张压降低了 2.3 毫米汞柱。限盐者每天吃盐减少了 2.5 克，收缩压降低了 1.7 毫米汞柱，舒张压降低了 0.9 毫米汞柱。研究者认为，减肥是最有效的非药物降压方法，而限盐也能降低血压。TOHP 还开展了随访研究，吃盐量每降低 2.5 克，可将未来 10 年心脑血管病风险降低 25%。

2002 年，优素福（Yusuf）等学者发起了规模庞大的城乡流行病学研究（PURE）。PURE 研究纳入了 156 424 名受试者，这些受试者来自 5 大洲 17 个国家 628 个城乡社区。研究发现，吃盐每增加 2.5 克，收缩压升高 2.11 毫米汞柱，舒张压升高 0.78 毫米汞柱。PURE 研究的发现是，吃盐量和血压之间并非线性关系，在高盐摄入人群，盐的升压作用更明显。每天吃盐量超过 12.7 克的人，吃盐量每增加 2.5 克，收缩压升高 2.58 毫米汞柱；每天吃盐量在 7.6 到 12.7 克之间的人，吃盐量每增加 2.5 克，收缩压升高 1.74 毫米汞柱；每天吃盐量低于 7.6 克的人，吃盐量每增加 2.5 克，收缩压仅升高 0.74 毫米汞柱。PURE 研究还发现，中国居民盐敏感性高于其他国家，也就是，盐的升压作用在中国居民中更明显（图 7）。

同样采取高盐饮食，有的人血压升高，有的人血压不升高或升高不明显。吃盐量改变后血压升降明显的现象称为盐敏感（salt sensitive），吃盐量改变后血压升降不明显的现象称为盐抵抗（salt resistant）。吃盐多导致的高血压称为盐敏感高血压。总体来看，约有一半高血压是盐敏感高血压。盐敏感的人除了容易患高血压，也容易患心脑血管病、胃癌、慢性肾病、骨质疏松等疾病。盐敏感现象是美国学者路易斯·达赫博士（Lewis Dahl, 1914—1975）发现的。

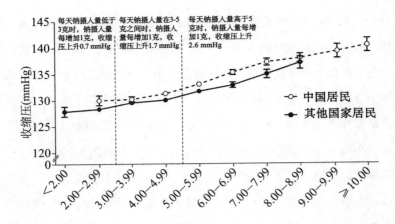

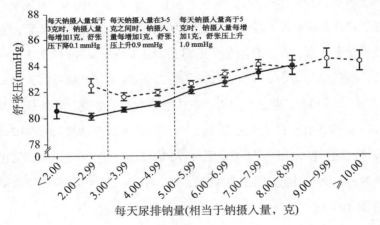

每天尿排钠量(相当于钠摄入量，克)

| 中国居民 | 1 876 | 6 012 | 9 794 | 10,101 | 7 177 | 4 093 | 2 035 | 1 002 | 952 |
| 其他国家居民 | 1 613 | 7 384 | 15 101 | 16 015 | 10 810 | 5 211 | 2 048 | 992 | |

图7　吃盐量与血压的关系（PURE研究）

　　在 PURE 研究调查的 102 216 名居民中，有中国居民 43 042 人（42.1%），有其他 17 国居民 59 174 人（57.9%）。随吃盐量增加，收缩压和舒张压逐渐升高。在吃盐量相同时，中国居民血压高于其他国家居民。在调查人群中，中国居民无人吃盐低于 5 克；其他国家有 1 613 人（2.7%）吃盐低于 5 克。中国居民有 1 954 人（4.5%）吃盐超过 22.3 克；其他国家居民无人超过 22.3 克（9 克钠）。

　　数据来源：Mente A, et al. Association of urinary sodium and potassium excretion with blood pressure. N Engl J Med. 2014；371：601－11.

大猩猩是人类近亲，其基因与人类高度一致（98.8%），身体结构和生理功能也与人类相仿。野生大猩猩每天吃盐一般不超过1克，均源于天然食物，而现代人每天吃盐高达10克以上。野生大猩猩极少患高血压，而现代人高血压盛行。1990年，来自澳大利亚、加蓬、美国、法国的科学家在大猩猩中探索了盐对血压的影响。该研究由墨尔本大学丹顿（Denton）教授担纲，所观察的26只大猩猩属于同一家族，均饲养于加蓬弗朗斯维尔（Franceville）国际医学研究中心。这些大猩猩长期以蔬菜和水果为食，饮食中从不加盐，每日经天然食物摄入的钠为253毫克（相当于0.6克盐），摄入的钾为7020毫克。丹顿教授将大猩猩分为两组，一组接受高盐饮食，另一组维持天然低盐饮食。接受高盐饮食的大猩猩，通过配方奶将每天吃盐量由0.6克逐渐增加到15克（相当于中国北方居民吃盐量）。到20个月时，接受高盐饮食的大猩猩收缩压平均上升了33毫米汞柱，舒张压上升了10毫米汞柱。之后，丹顿又将这组大猩猩吃盐量由15克逐渐降回到0.5克，6个月后发现，猩猩血压又恢复到原先水平。丹顿小组的研究证实，盐是血压升高的根源。

　　完成上述实验后，丹顿小组移师美国，在位于得克萨斯州巴斯特罗普（Bastrop）的安德森中心（MD Anderson Cancer Center）展开了更大规模的大猩猩研究。巴斯特罗普研究的不同之处在于，这里的大猩猩常年以美式饼干为食，每天吃盐高达15克，有些大猩猩已患高血压多年，并在接受降压治疗。丹顿将110只大猩猩分为两组，60只继续接受高盐饮食；50只接受低盐饮食，吃盐量由每天15克降低到7.5克。经过两年观察，减盐大猩猩收缩压降低了10.9毫米汞柱，舒张压降低了9.4毫米汞柱。丹顿认为，将吃盐量减少到野外水平（每天 0.5 克），可能会进一步降低血压。有趣的是，这些在美国长大的大猩猩，已经习惯了高盐美食，根本不接受低盐饮食，展开了群体性绝食。丹顿为它们精心设计了低盐饼干，外观和其他成分与高盐饼干一模一样，但几乎所有大猩猩都拒绝进餐，几个月后，这些大猩猩变得骨瘦如柴。迫于强大的动物伦理学压力，丹顿不得不终止研究，给猩猩们恢复了高盐点心。

在旧石器时代，人类饮食结构和野生大猩猩相仿，只是在农业文明开始后，吃盐量才逐渐增加，到工业革命前后达到巅峰。家庭冰箱应用后，人类吃盐量曾有小幅下降，但加工食品的畅销再次增加了吃盐量。盐在促进人类文明发展、带来美味享受的同时，也将高血压等慢病引入人间。就像丹顿教授饲养的那些大猩猩，盐带来的味觉享受如此美妙，已然让我们对它难以割舍，哪怕为之付出健康甚至生命的代价。

卒中也称脑中风或脑血管病。在全球范围内，有62％的卒中与高血压有关。吃盐多会升高血压，由此可推知，高盐饮食会增加卒中的发病风险。在芬兰开展的研究发现，吃盐每增加6克，卒中发病风险增加23％。从全球来看，中国、韩国、中亚和东欧诸国吃盐较多，居民血压水平较高，卒中发病率和死亡率也居全球前列。

中国各地卒中发病率差异很大。2013年，在对各地卒中发病率进行分析后，笔者所在的研究组发现，东北、华北、西北和西藏这一C型地带卒中风险明显高于其他地区，我们将这一地带命名为卒中带。中国卒中带包括黑龙江、吉林、辽宁、北京、河北、内蒙古、宁夏、新疆、西藏等9个省市自治区，带内居民卒中发病率是其他地区的2.2倍。分析表明，这些地区卒中高发与高血压有关，而高血压又与吃盐多有关。

卒中带包括北方大部分地区，这些地区居民传统上吃盐较多。

北方居民吃盐多与饮食习惯、地理气候特征、社会经济状况、都市化、农作物种类等因素有关。根据中国居民营养与健康状况调查，吃盐越多血压越高。在中国开展的流行病学调查也证实，居民吃盐多的地区高血压患病率也高。

从历史上看，中国南方（秦岭—淮河以南）为传统稻米产区，水产及海产丰富，居民以大米为主食，辅以鱼和其他水产。《史记》载："楚越之地，地广人希，饭稻羹鱼，或火耕而水耨。"可见，早在汉代以前，长江中下游地区居民就以大米为主食，以鱼虾为辅食。北方为传统小麦和玉米产区，猪、牛、羊饲养量大，居民以面食为主食，以猪牛羊肉为辅食。在面食制作过程中，往往需添加苏打（碳酸钠）以控制发酵并中和酸性产物。在面条加工过程中，需添加食盐以增加筋道及防止霉变，进餐时还要佐以卤汁和调味品，这些特征使面食含盐高于米食。

从地理上看，中国北方属温带季风气候，夏季暖热多雨，冬季寒冷干旱。蔬菜、水果集中在夏秋上市，牛羊也多在深秋出栏。冬春季缺乏鲜菜、鲜果、鲜肉和鲜活水产，腌菜、腌肉以及各种酱类是家庭越冬的主要辅食。腌制品和酱类含盐较高，这种饮食特征成为北方居民吃盐多的重要原因。

近年来，随着温室技术推广和交通运输业发展，北方在冬春季也能获得鲜菜、鲜果、鲜肉和鲜活水产，但根据在苏北开展的调查，农村居民腌制品消费量依然很高。导致这种现象的原因包括：腌制品是农业社会形成的饮食习惯，这种食品已融入日常生活，甚至成为居民自我身份认同的重要方式。近年来城乡生活水平大幅提升，但腌制品仍然是很多居民节约开支的策略。由于文化水平相对较低，获得健康知识的途径相对匮乏，农村居民对长期食用腌制品的危害缺乏认识，而周围人普遍食用腌制品的现实，也让他们误以为长期食用腌制品并无大碍。

从社会经济发展水平来看，北方相对落后，尤其是广大农村地区，加之自然和气候因素，鲜菜、鲜果、鲜蛋、鲜肉、鲜活水产等消费总量偏低。2015 年，全国农村居民蔬菜（包括蘑菇）消费最多的是重庆，人均 134.7 千克；蔬菜消费最少的是西藏，人均 13.4 千克。2015 年，全国农村居民水果（包括干果）消费最多的是天津，人均 66.7 千克；水果消费最少的是西藏，人均 2.0 千克。在蔬菜水果消费较少的西藏地区，居民高血压患病率较高，卒中发病率也居各省市自治区之首。由于含钠很低，蔬菜水果消费量大的地区往往吃盐较少。蔬菜水果还能提供丰富的钾，这些因素都有利于降压和预防卒中。

中国北方河流和地下水硬度明显高于南方，水源中钠含量也普遍高于南方。目前仍有部分居民饮用含钠很高的苦咸水。在城市自来水处理时，含钙镁高的硬水在软化过程中，会加入钠离子以置换钙镁离子，因此水软化会进一步增加水钠含量，使饮水成为北方居民吃盐的一个重要来源。北方降水量明显少于南方，工农业生产与居民生活排放到环境中的盐都需降水冲刷稀释，降水量少意味着地下水和地表水更容易发生盐污染，使饮水盐（钠）含量进一步升高。

北方气候干燥，城市化水平相对较低，长期从事户外劳动的农民显性及隐性出汗量均较大，很容易形成喜盐口味。另外，较高强度的体力活动势必增加食量（饭量），食量大也会增加吃盐量。

根据 1992 年中国居民膳食营养调查，江西居民人均每天钠摄入量为 9 488 毫克，相当于人均每天吃盐 24.1 克，其中烹调用盐 19.4 克，两项指标均高居全国之首；居第二位的安徽居民每天钠摄入量为 8 886 毫克，相当于人均每天吃盐 22.6 克，其中烹调用盐 17.4 克；位居第三位的吉林居民每天钠摄入量为 8 671 毫克，相当于人均每天吃盐 22.0 克，其中烹调用盐 17.9 克。甘肃居民吃盐较少，每天钠摄入量为 3 874 毫克，相当于人均每天吃盐 9.8 克，其中烹调用盐 7.8 克。

20 世纪 60 年代，我国台湾地区经济开始起飞，居民饮食结构也逐渐西化。米食消费量减少，面食消费量增加，肉类、蔬菜、水果和加工食品消费量增幅明显。到 90 年代，65 岁以上老人占总人口超过 7%，台湾步入老龄化社会。饮食结构改变和人口老龄化导致台湾慢病盛行，其中以肿瘤及心脑血管病最为突出。为了应对慢病，卫生部门于 1984 年推出台湾地区膳食指南，其中推荐成人每天吃盐 8~10 克。其后，台湾地区曾数度对膳食指南进行修订，并下调盐的推荐摄入量。台湾地区目前采用《美国膳食指南》，推荐居民每天摄入钠不超过 2 300 毫克（相当于 6 克盐）。根据 INTERSALT 研究，1984 年台湾地区居民 24 小时尿钠平均为 3 244 毫克（其中，男性为 3 344 毫克，女性为 3 144 毫克），相当于人均每天吃盐 9.2 克。2008 年，台湾地区营养与健康调查（NAHSIT）表明，居民平均每天摄入钠 4 017 毫克（其中男性 4 514 毫克，女性 3 519 毫克），相当于每天吃盐 10.2 克。24 年间，吃盐量似有小幅上升，但相对大陆各省份，台湾地区居民吃盐量明显偏低。2008 年，台湾地区营养与健康调查表明，成人高血压患病率为 17.2%，其中男性为 20.9%，女性为 13.4%，在 10 年间均无明显改变。台湾地区居民高血压患病率和脑卒中发病率均明显低于大陆居民，可能与吃盐量偏低有关。

香港地区在回归前一直沿用《英国膳食指南》。根据 1998 年的调查，香港地区居民人均每天摄入钠 4 680 毫克（其中男性 4 841 毫克，女性 4 518 毫克），相当于每天吃盐 11.9 克。香港地区居民吃盐量与台湾地区居民相当，明显低于同期内地居民平均水平。香港地区居民高血压患病率和卒中发病率也低于内地居民。

中国在世界上是卒中高发区。根据全球疾病负担研究（GBD），中国居民卒中发病率居全球前列。卒中是中国居民第一死亡原因，而高盐饮食是增加卒中风险的重要因素。遗憾的是，采用标准方法测量各地居民吃盐量的研究还非常少。由于资料匮乏，目前尚无法直接分析各地居民吃盐量与卒中发病的关系。要遏制卒中等慢病在中国高发的态势，当务之急是采用 24 小时尿钠法对各地居民吃盐量进行监测，并对不同地区、不同民族、不同职业的居民吃盐来源进行分析，进而制定针对性的限盐策略和长远的卒中防治计划。

盐与胃癌

2015 年，中国新发胃癌 67.9 万例，因胃癌死亡 49.8 万人，因胃癌死亡者占肿瘤死亡人数的 17.8%，中国胃癌发病率和死亡率均居各类肿瘤第二位，仅次于肺癌。中国每年胃癌新发病例约占全球一半，每年因胃癌死亡人数超过全球一半，中国胃癌平均发病年龄明显低于西方国家。

中国胃癌高发的主要原因是居民吃盐太多。有充分证据表明，吃盐多会增加胃癌风险。除了盐以外，烟熏食品、腌制食品、泡菜、高盐食品、吸烟等都会增加胃癌风险，蔬菜和水果可降低胃癌风险。

1959 年，日本学者佐藤（Sato）分析了日本各地居民吃盐量和胃癌死亡率之间的关系，首次提出盐可增加胃癌风险的观点。之后的研究证实，高盐饮食能降低胃液黏稠度，破坏胃黏膜，诱导幽门螺杆菌（helicobacter pylori，HP）生长和增殖。幽门螺杆菌能促使硝酸盐转化为亚硝酸盐及亚硝胺，进而诱发癌变。另外，胃内盐浓度升高还可破坏胃黏膜，加重炎症反应，诱导内膜增生和癌变。

在 INTERSALT 研究调查的 32 个国家中，有 24 个国家有胃癌死亡率数据。分析发现，居民吃盐量和胃癌死亡率呈直线相关。在这些国家中，韩国男性吃盐量（每人每天 13.3 克）居第一位，胃癌死亡率（180/100 000）也高居首位；韩国女性吃盐量（每天 10.3 克）排第二位，胃癌死亡率（70/100 000）仍高居首位。中国男性吃盐量（每天 12.0 克）排第五位，胃癌死亡率（93/100 000）居第三位；中国女性吃盐量（每天 10.8 克）排第一位，胃癌死亡率（45/100 000）居第二位。美国居民吃盐量较低（男性每天 8.6 克，女性每天 6.7 克），胃癌死亡率也很低（男性 15/100 000，女性 7/100 000）。美国胃癌死亡率还不到韩国的1/10。

2000 年之前，胃癌曾是中国死亡率最高的肿瘤，之后逐渐被肺癌超越。为了探索中国胃癌高发的原因，1991 年，来自美国国立卫生研究所（NIH）和英国癌症研究中心的科学家与中国预防医学研究院的学者一起，对中国 65 个县居民饮食特征和胃癌死亡率进行了分析。结果发现，中国各地胃癌死亡率相差高达 70 倍，北方胃癌死亡率明显高于南方。居民吃咸菜多的县，胃癌死亡率高；居民吃新鲜蔬菜多的县，胃癌死亡率低。研究的最终结论是，南方多新鲜蔬菜、北方多腌制蔬菜是造成中国胃癌死亡率北高南低的根本原因。

2008 年，西安交通大学颜虹教授分析了中国 67 个县居民吃盐量、幽门螺杆菌感染率和胃癌死亡率。结果发现，甘肃武都、山西壶关等居民吃盐多的区县胃癌死亡率高，而广东番禺、四会等居民吃盐少的县市胃癌死亡率低。该研究还发现，吃盐量与胃癌死亡率并不呈直线关系，仅在幽门螺杆菌感染率高的县，吃盐量与胃癌死亡率有关。同时，仅在吃盐多的县，幽门螺杆菌感染率与胃癌死亡率有关。这一研究表明，盐增加胃癌患病风险主要是通过幽门螺杆菌起作用。

世界各国胃癌发病率最高相差 10 倍以上。移民研究表明，胃癌主要与饮食结构、生活方式及环境因素有关，而遗传只起很小作用。其中，吃盐多可明显增加胃癌风险。20 世纪 60 年代，松金章一郎（Shoichiro Tsugane）等学者对移民到世界各地的日本人进行跟踪调查发现，当日本人移居到美国夏威夷后，二代移民胃癌发病率由本土的 80/100 000 降低到 34/100 000；而当日本人移民到巴西圣保罗后，二代移民胃癌发病率仍高达 69/100 000。分析发现，移民到夏威夷的日本人饮食已基本美国化，很少喝味噌汤，也很少吃泡菜，吃盐量降低到 10 克以下；而移民到巴西圣保罗的日本人，仍保持本土饮食特色，喜欢喝味噌汤，喜欢吃泡菜，每天吃盐高达 14 克以上。这一研究提示，日本胃癌高发可能是由高盐与腌制食品所致，而非遗传原因。胃癌病因研究也推动了日本的限盐活动，大幅降低了脑中风和胃癌等慢病的发病率与死亡率。

幽门螺杆菌感染是引起胃溃疡和胃癌的重要原因，世界卫生组织将幽门螺杆菌定为一级致癌物。在亚洲，印度、巴基斯坦、孟加拉国等南亚国家幽门螺杆菌感染率远高于中国、日本和韩国等东亚国家，但南亚国家胃癌发病率却很低，这种现象曾是流行病学一个不解之谜。最近的研究发现，中国、日本和韩国胃癌高发的原因是高盐饮食与幽门螺杆菌感染并存。

吃盐多可增加胃癌风险，这种关联不仅存在于亚洲人中，也存在于欧美人中。欧洲营养与肿瘤前瞻研究对 10 个国家 23 个城市的 521 457 名成人进行了 6.5 年跟踪，结果发现，经常吃加工肉制品的人胃癌风险增加 62％。美国学者曾对 17 633 名移民进行 10 年跟踪，发现每月吃咸鱼超过一次的人，胃癌死亡风险增加 110％。

最近的荟萃分析将居民吃盐量分为低、中、高三等，与吃盐量低的居民相比，吃盐量居中的居民胃癌风险增加 41％，吃盐量高的居民胃癌风险增加 68％。盐增加胃癌风险的现象在东亚人中更明显。经常吃泡菜会将胃癌风险增加 27％，经常吃咸鱼会将胃癌风险增加 24％，经常吃加工肉制品会将胃癌风险增加 24％。

在欧美国家，胃癌在死因排行榜中也曾名列前茅。20 世纪 60 年代之后，西方国家胃癌发病率持续下降。2014 年，美国胃癌死亡人数仅为 1 万人左右，占肿瘤总死亡人数（58.5 万人）的 1.7％，胃癌在美国已成为少见肿瘤。在这期间，西方国家并没有针对胃癌展开大规模防治活动，什么原因导致美国胃癌发病率持续下降是学术界另一不解之谜。多数学者认为，20 世纪 60 年代之后，冰箱逐渐进入家庭，加之温室等农业技术推广增加了新鲜蔬菜和水果消费量，同期腌制品消费量大幅降低，这是西方国家胃癌发病率降低的主要原因。

吃盐多的国家，胃癌发病率也高。东亚、中亚、东欧这些吃盐较多地区的国家，胃癌死亡率大都在 10/100 000 以上，而非洲、西欧、北美、大洋洲吃盐较少地区的国家，胃癌发病率大都在 2.5/100 000 以下。在中国、日本、韩国三个东亚国家，胃癌都曾是头号肿瘤杀手。自 20 世纪 60 年代起，日本通过降盐宣传和膳食改良使胃癌发病率在 70 年代开始下降。中国居民胃癌发病率在

20世纪90年代达到高峰，其后也开始下降。目前中日两国胃癌死亡率均居各类肿瘤第二位（仅次于肺癌）。韩国人喜欢泡菜，这种嗜好已深深融入韩国饮食文化之中，甚至植根于国民性格之中。近年来，在学界和政府呼吁下，韩国居民吃盐量和泡菜消费量有所降低，胃癌发病率也呈现下降趋势，但目前韩国胃癌死亡率仍高居全球首位。

盐与骨质疏松

　　骨质疏松症（osteoporosis）是以骨量减少、骨微结构破坏、骨脆性增加、易发生骨折为特征的全身性骨病。根据2003至2006年的调查，中国40岁以上女性骨质疏松症患病率为19.9％，40岁以上男性骨质疏松症患病率为11.5％。中老年女性每5人就有1人患骨质疏松症，中老年男性每8人就有1人患骨质疏松症。随着年龄增加，骨质疏松症患病率逐渐升高。

　　骨质疏松症的表现包括全身疼痛、脊柱变形、身材缩降、驼背和呼吸受限等。骨质疏松症的直接后果是骨脆性增加，在受到轻微冲击或在日常活动中就会发生骨折。骨质疏松性骨折常发生于脊椎和股骨（大腿骨），这种骨折危害大，易导致残疾，也容易因并发症而死亡。因骨质疏松发生大腿骨折的老年人，1年内因各种并发症而死亡的高达20％，幸存者也有50％生活不能自理。

　　骨质疏松症是一种多病因疾病。增加骨质疏松症患病风险的因素包括：体重偏低、吸烟、酗酒、经常喝咖啡、运动不足、钙缺乏、维生素D缺乏、妇女绝经、高龄等。盐会影响钙代谢，吃盐多是发生骨质疏松症的一个潜在危险因素。

现代人钠摄入量是旧石器时代原始人的 10 倍左右，而钾摄入量却不到原始人的 1/4。高钠低钾饮食会增加尿钙排出，增加体内钙流失。年轻时流失的钙尚可通过钙吸收增强得以补充，老年后胃肠吸收能力下降，流失的钙若得不到及时补充，血钙就会暂时下降，为了将血钙维持在正常水平，骨钙就会溶解到血液中，骨钙含量逐渐减少最终发展为骨质疏松症。

针对盐和骨质疏松症之间的关系，学术界曾开展大量研究。20 世纪 70 年代，诺定（Christopher Nordin）等学者发现，吃盐多的人尿钙排出增加。诺定据此认为，吃盐多会引起骨质疏松症。然而，其他研究并未直接证明盐可导致骨质疏松症。这主要是因为，在高盐饮食增加钙流失的同时，胃肠会增强对钙的吸收，最后体内总钙变化并不大。因此，只有在钙摄入相对不足，或钙吸收能力下降时，高盐饮食才会引起骨质疏松症。另外，饮食中钾、镁、磷、蛋白质等也会影响钙的吸收和排出。多种因素交互影响，使盐与骨质疏松症之间的关系变得异常复杂。

盐敏感的人容易发生高血压，也容易发生骨质疏松，盐对钙流失的影响也存在敏感性问题。也就是说，有些人增加吃盐量，钙流失明显；而有些人增加吃盐量，钙流失并不明显。盐引发钙流失同样受饮食中钾含量影响。采取高盐饮食的同时补钾，可明显减少尿钙流失，对抗高盐饮食对骨骼的不利影响。钾对尿钙排出的影响与年龄有关，青春期女孩补钾，尿钙排出没有明显变化，成人补钾，尿钙排出明显减少。

肾脏是维持体内钙平衡的主要器官。血钙经肾小球滤过后进入原尿。原尿中的钙有 95％在肾小管被重吸收后再次进入血液。因此，决定钙流失的关键在于有多少钙被肾小管重吸收。原尿中大部分钙离子（60％～70％）以被动方式在近端肾小管和髓袢被重吸收，这一比例基本恒定。在远端肾小管，钙和钠的重吸收呈反向关系。也就是说，钠吸收多时钙吸收少，钠吸收少时钙吸收多。

吃盐多能增加尿钙排出，当 24 小时尿钙排出量超过 4 毫克/千克体重时，称为高钙尿症，大约相当于成年男性每天尿钙排出超过 300 毫克，成年女性每天尿钙排出超过 250 毫克。尿钙排出过多，不仅会增加钙流失，还会诱发肾结石和输尿管结石。通过对尿钠排出量与骨密度进行检测发现，每天吃盐超过 16 克，骨密度降低的风险将增加 4 倍。

吃盐多能增加尿钙排出，这一点在学术界已是不争事实。根据综合分析，吃盐量每增加 6 克，尿钙流失量将增加 40 毫克。尽管每天增加的钙流失量并不大，但 10 年间会流失钙 146 克，占全身总钙量（1 000～1 300 克）10％以上，如果未能及时补钙，就可能引发骨质疏松。

采用钙 47 放射示踪技术检测发现，吃盐量增加时，胃肠对钙的吸收率提高。如果每天饮食含钙 800 毫克，钙吸收率由 30％增加到 35％，则意味着可多吸收 40 毫克钙，足以补偿因高盐饮食导致的钙流失（40 毫克）。如果钙吸收率维持 30％不变，则每天饮食中含钙量要增加 140 毫克，才能补充因高盐饮食导致的钙流失。通过调整饮食实现长期补钙多少有些困难。由此看来，高盐饮食是否会导致骨质疏松，肠道钙吸收是否增强是关键。

吃盐多增加尿钙排出，可短期降低血钙水平。血钙水平降低会触发一系列代偿机制，使血钙水平尽快恢复正常。这些机制包括，增加甲状旁腺素（PTH）分泌，而甲状旁腺素能促进骨钙释放入血；提高维生素 D 水平，增强胃肠对钙的吸收。但随年龄增长，胃肠对维生素 D 的敏感性下降，因此老年人钙吸收很难增强，这是老年人容易发生缺钙和骨质疏松的原因。

雌激素对维持骨骼健康具有重要作用。雌激素能减少破骨细胞数量，抑制破骨细胞由静息态转化为活化态，对抗甲状旁腺素的骨吸收作用。在绝经期妇女中，由于体内雌激素水平急剧下降，破骨作用明显增强。这是绝经后妇女容易发生骨质疏松的主要原因。

吃盐多能影响体内钙平衡，这一过程还受到饮食中钾、镁、磷和蛋白质等营养素的影响。血磷升高可增加甲状旁腺素分泌，促进骨钙入血和尿钙重吸收。钾能促进钠和氯经肾脏排出，进而降低细胞外液离子渗透压，使钙排出减少。另外，钾还能减少肾脏排酸量，进一步减少钙流失。研究表明，钾摄入每增加 780 毫克（20 毫摩尔），钙排出将减少 12 毫克（0.3 毫摩尔）。每天补充 90 毫摩尔枸橼酸钾（含钾 3 510 毫克）就能弥补因高盐饮食（每天 13 克盐）导致的钙流失。遗憾的是，目前中国居民平均每天钾摄入只有 1 617 毫克，远远低于这一水平，这是中国骨质疏松高发的重要原因。

骨质疏松症是由骨形成减少、骨吸收增加所致。尿液中羟脯氨酸含量是骨吸收的一个标志。澳大利亚学者对 154 名成人尿液进行检测发现，吃盐多则尿羟脯氨酸含量增加，预示骨吸收增加。日本学者伊藤（Itoh）在社区开展的研究发现，吃盐量和尿羟脯氨酸之间的关系只存在于老年妇女中。这一结果证实，老年妇女是高盐性骨质疏松症的高危人群，她们更应控制吃盐。

希尔梅耶（Deborah Sellmeyer）等学者在绝经后妇女中分析了钠和钾对骨质疏松的影响。这些妇女首先被分为低盐和高盐组，低盐组每天吃盐 5 克，高盐组每天吃盐 13 克。将高盐组妇女进一步分为补钾和非补钾组，补钾组每天补充 90 毫摩尔枸橼酸钾（相当于 3 510 毫克钾），非补钾组服用安慰剂。四周后发现，与低盐组相比，高盐非补钾妇女，每天尿钙流失增加 42 毫克，骨吸收量增加了 23%；高盐补钾妇女，每天尿钙流失反而降低了 8 毫克，骨吸收量没有改变。这一研究证实，高盐饮食能增加钙流失，而补钾可减少甚至逆转钙流失。

澳大利亚开展的一项研究对 124 名绝经妇女的骨骼健康进行了检测。经过 24 个月跟踪发现，吃盐越多股骨（大腿骨）密度越低。高盐饮食的同时补钙可防止骨密度降低。将每天吃盐量从 8.8 克（3 450 毫克钠）降低到 4.4 克（1 725 毫克钠），对骨骼产生的作用相当于每天补钙 891 毫克。

探索盐对骨骼的影响，往往需要开展多年跟踪研究，这一要求大幅增加了研究难度。目前，直接探索盐与骨骼健康的研究还非常少。但可以明确的是，吃盐多会增加体内钙流失。在多数情况下，高盐饮食导致的钙流失可因钙吸收增强而得以补充；但当饮食中钙缺乏，肠道吸收能力下降，或体内钙需求剧增（如怀孕）时，就会引起体内钙不足，导致骨密度下降，甚至发生骨质疏松症。

"盐重" 的危害

吃盐多会升高血压，增加卒中（脑中风）、胃癌、骨质疏松等疾病的患病风险。医学研究发现，高盐饮食还与 40 多种疾病有关，可见吃盐多是人体健康的一大威胁。

盐与冠心病

冠心病是由于冠状动脉发生粥样硬化，引起血管狭窄或闭塞，导致心肌缺血和坏死。在全球范围，大约有 49％的冠心病与高血压有关，可见高血压是冠心病的主要危险因素。高盐饮食会升高血压，高血压会导致冠心病，由此不难推测，吃盐多会增加冠心病风险。高血压预防研究（TOHP）发现，血压偏高者（舒张压在 80～89 毫米汞柱之间）经饮食指导，将每天吃盐量减少 2.6 克（44 毫摩尔钠），15 年后心脑血管事件降低了 30％，死亡率降低了 20％。

盐与心衰

心衰是由于心脏收缩和舒张功能障碍，不能将血液充分排出，导致静脉系统血液淤积、动脉系统血液不足，从而引起循环障碍的一类疾病。从发病机制推断，吃盐多会增加血容量，从而加重心衰。因此，世界各国制定的心衰防治指南都推荐患者控制吃盐量。然而，临床研究所得结果并不一致，有的甚至观察到减少吃盐增加心衰死亡风险。分析认为，这可能与吃盐量急降导致肾素-血管紧张素系统激活有关。目前普遍认为，心衰患者吃盐应与同龄健康人相当。

盐与动脉瘤

动脉瘤是由于动脉管壁病变，使局部扩张或膨出。动脉瘤可发生在所有动脉中，主动脉和颅内动脉是好发部位。颅内动脉瘤是蛛网膜下腔出血的主要原因。在澳大利亚开展的研究表明，经常吃肥肉和带皮肉会增加蛛网膜下腔出血的风险；经常在餐桌上加盐的人，蛛网膜下腔出血风险增加 1.58 倍。用大鼠开展的研究发现，高盐饮食还会诱发腹主动脉瘤。另外，吃盐多会升高血压，从而增加动脉瘤破裂的风险。

盐与慢性肾病

人体代谢产物大多经肾脏排泄，因此，肾功能正常才能保证代谢产物及时排出体外。肾功能受损的一个标志就是尿液中出现蛋白质。用高盐饲养动物，能增加尿蛋白量，说明高盐会损害肾功能。让高血压患者每天减盐 3 克，能减少尿蛋白量，延缓慢性肾病的进展。荟萃分析表明，高盐饮食可将慢性肾病风险增加8％。另外，慢性肾病患者若吃盐多，更容易发生心脑血管病。美国杜兰大学何江教授对 3 757 名慢性肾病患者进行了 6.8 年随访，与吃盐少的患者相比（采用四分位法分类），吃盐多的患者心脑血管事件增加36％，心衰增加34％，卒中增加81％。对于肾功能严重损害的患者，因无法及时排出体内多余的盐，限盐尤其重要。

盐与哮喘

1987 年，伯尼（Peter Burney）根据英格兰和威尔士各地居民食盐购买量及哮喘发病率推测，吃盐多的人易患哮喘病。其后开展的研究证实，吃盐多会增加气道反应性，加重哮喘症状。但有关吃盐多是否导致哮喘，目前尚无定论。

盐与糖尿病

糖尿病是一组以血糖升高为特征的代谢性疾病。糖尿病发生的主要原因是胰岛素分泌减少或胰岛素作用效果下降。血糖长期升高会导致各种组织，特别是眼、肾、心脏、血管、神经的慢性损害和功能障碍。根据发病机制将糖尿病分为 I 型和 II 型。病例对照研究发现，在餐桌上经常加盐的人，患糖尿病风险增加 1 倍。在糖尿病患者中，吃盐多的人更容易发生糖尿病肾病。2017 年 9

月 14 日，来自瑞典卡罗林斯卡学院的学者拉苏里（Bahareh Rasouli）在欧洲糖尿病协会年会（EASD）上报告了大型流行病学研究 ESTRID 的结果，吃盐量每增加 2.5 克（相当于 1 克钠），Ⅱ型糖尿病风险增加 43％，成人自身免疫性糖尿病（Ⅰ型糖尿病的一种）风险增加 73％。如果将受访者按饮食特征分为低盐（每天吃盐 6 克以下）、中盐（每天吃盐 6～7.9 克）和高盐（每天吃盐 7.9 克以上），高盐者发生Ⅱ型糖尿病的风险比低盐者高 58％。

盐与肿瘤

根据现有研究结果，吃盐多与多种肿瘤有关。这种关联部分是高盐饮食直接作用、部分是饮食模式间接作用的结果。在各类肿瘤中，胃癌与高盐饮食关系最为密切。

在乌拉圭开展的大型对照研究将咸肉（腌肉）与多种肿瘤联系起来。该研究共纳入了 13 050 名受试者，其中肿瘤患者 9 252 例，健康对照者 3 798 例。研究将每周吃咸肉超过一次（每年超过 52 次）认定为经常吃咸肉。经常吃咸肉的人食道癌风险增加 128％，结直肠癌风险增加 53％，肺癌风险增加 57％，宫颈癌或子宫癌风险增加 76％，前列腺癌风险增加 60％，膀胱癌风险增加 123％，肾癌风险增加 62％，淋巴瘤风险增加 81％。

咸肉增加肿瘤风险并不一定是直接作用的结果，也可能是通过饮食模式间接作用的结果。吃咸肉多的人可能吃鲜菜、鲜果和鲜肉少。蔬菜、水果富含纤维素，可降低结直肠癌的风险，这些食物含盐也较低。在美国加利福尼亚州和犹他州开展的研究发现，经常吃蔬菜可将结直肠癌风险降低 28％，经常吃水果可将结直肠癌风险降低 27%，经常吃全谷食物可将结直肠癌风险降低 31%，但经常吃深加工食品可将结直肠癌风险增加 42%。吃咸肉多的人，蛋白质摄入多，纤维素摄入少，这两方面的因素共同增加了结直肠癌风险。对以往研究进行综合分析发现，水果和蔬菜会降低口腔癌、食道癌、胃癌和结直肠癌的风险。因此《美国膳食指南》建议，每天蔬菜和水果摄入量不应少于 4.5 杯（约 450 克）。另外，咸鱼会增加鼻咽癌风险，儿童与青少年不宜经常食用。在上海开展的病例对照研究发现，经常吃蔬菜水果会将口腔癌风险降低 50%~70%；经常吃咸鱼和咸肉（每周 1 次以上）会将口腔癌风险增加 1.47 倍。蔬菜和水果还能降低膀胱癌风险，高盐饮食则增加膀胱癌风险。在中国 49 个农业县开展调查发现，经常吃腌菜还增加脑肿瘤死亡风险。

盐与自身免疫性疾病

2013 年 4 月 25 日，《自然》（Nature）杂志同时发表两项来自不同实验室的研究结果，证实吃盐多可改变免疫功能，诱发自身免疫病（autoimmune diseases）。由于自身免疫病种类多，患者数量大，这两项研究在科学界引发了强烈反响。常见的自身免疫病包括：桥本氏甲状腺炎、弥漫性毒性甲状腺肿、Ⅰ型糖尿病、重症肌无力、溃疡性结肠炎、A 型萎缩性胃炎、嗜酸细胞性食管炎、原发性胆汁性肝硬化、多发性硬化、视神经脊髓炎、急性播散性脑脊髓炎、吉兰巴利综合征（急性特发性多神经炎）、类天疱疮、系统性红斑狼疮、干燥综合征、类风湿关节炎、巨细胞动脉炎、硬皮病、皮肌炎、自身免疫溶血性贫血等。

多发性硬化主要损害神经髓鞘（相当于电线外的绝缘层）。最近几十年来，西方国家多发性硬化发病率逐年上升，有研究者认为可能与居民吃盐增加有关。在阿根廷开展的研究发现，相对于每天吃盐少于 5 克的多发性硬化患者，每天吃盐 5~12 克的患者，复发率增加 1.75 倍，每天吃盐超过 12 克的患者，复发率增加 8.95 倍。

萎缩性胃炎是以胃黏膜上皮萎缩变薄、腺体数目减少为主要特点的消化系统疾病。萎缩性胃炎可分为 A、B 两型。A 型萎缩性胃炎好发于胃体部，血清壁细胞抗体阳性，血清胃泌素水平增高，胃酸和内因子分泌减少，容易伴发恶性贫血，又称自身免疫性胃炎。B 型萎缩性胃炎好发于胃窦部，血清壁细胞抗体阴性，血清胃泌素水平多正常，胃酸分泌正常或轻度减低，癌变风险较高。韩国开展的研究表明，高盐饮食会将萎缩性胃炎风险增加 1.87 倍。

类风湿关节炎主要损害全身小关节，可导致关节畸形和功能丧失。在西班牙开展的大型研究对 18 555 名居民进行了调查，结果发现，相对于吃盐少的居民（采用四分位法进行分类），吃盐多的居民患类风湿关节炎的风险增加 50%。在吸烟者中开展的研究表明，吃盐多（采用三分位法）会将类风湿关节炎风险增加 1.26 倍。可见高盐饮食和吸烟会协同诱发类风湿性关节炎。

高盐饮食能增强炎性反应，诱发结肠炎；高盐饮食能激活辅助性 T 淋巴细胞 17，诱发狼疮性肾炎，加重自身免疫性脑脊髓炎；高盐高脂饮食可引发脂肪肝；高盐饮食可提高活性氧簇水平，引起肝硬化；高盐饮食还能诱发主动脉纤维化。

盐与偏头痛

对美国全民营养与健康调查（NHANES）的数据进行分析，按照吃盐多少将居民分成 4 个等分。相对于吃盐最少的人，吃盐最多的人患偏头痛的比例低 19％。这种趋势在身材苗条的女性中更为明显。研究者认为，吃盐少的人，细胞外液中钠离子浓度低，从而改变了神经细胞的兴奋性，容易发生偏头痛。

盐与抑郁症

抑郁症的主要表现是持续心情低落和兴趣下降，有些患者有悲观厌世甚至自杀的企图或行为。在以色列开展的研究表明，抑郁症患者经常给食物中加盐的比例比健康人高 50％。

盐与痛风

痛风是由尿酸盐沉积在组织中所导致的代谢性疾病，其主要原因是嘌呤代谢紊乱或尿酸排泄障碍。痛风最重要的生化改变是血尿酸水平升高。在美国开展的研究发现，每天吃盐量由 3.5 克增加到 7 克，血尿酸水平降低 0.3 毫克/分升；当吃盐量进一步增加到 10.5 克时，血尿酸水平降低 0.4 毫克/分升。吃盐量增加引起血尿酸下降，能否降低痛风发病风险，目前尚无定论。

盐与白内障

白内障是因晶状体变性而发生混浊的一种常见眼科疾病，光线被混浊的晶状体阻挡无法投射在视网膜上，会导致视物模糊甚至失明。在澳大利亚开展的研究表明，吃盐多（四分位法）可将白内障风险增加一倍。在韩国开展的对照研究也发现，吃盐多会将白内障风险增加29％。

盐与感冒

有研究者认为，吃盐多的人容易感冒。这是因为，盐能抑制呼吸道上皮细胞的活性，减弱抗病能力；盐还能抑制唾液分泌，减少口腔中的溶菌酶，增加病毒和细菌感染的机会。但这一假说尚未在人体证实。在小鼠研究中观察到，增加盐摄入并不改变甲型流感的严重程度。

盐与生育

流产是常见的妊娠并发症。发生流产的原因很多，包括炎症反应和自身免疫性疾病。吃盐多会激活辅助性T细胞17和相关炎性因子，增强炎性反应。因此，有学者提出，妊娠期吃盐多会增加流产风险。有意思的是，古代中医曾用盐加鸡蛋来打胎。在小鼠中开展的研究表明，高盐饮食可抑制卵巢中卵泡形成，导致雌鼠不孕。

盐与肥胖

吃盐多少和肥胖之间没有直接联系。但是，吃盐多会增加饮水量，如果将每天吃盐量由 10 克减为 5 克，饮水量大约会减少 350 毫升。饮水中很大一部分是含糖饮料，而含糖饮料会导致肥胖。因此，吃盐多会间接导致肥胖，减少吃盐也可能发挥减肥作用，这种效应在年轻人中更明显。1985 到 2005 年间，全美食盐销量和碳酸饮料销量具有明显相关性，即食盐销量增加，碳酸饮料销量也增加，两者增加的同时，美国居民肥胖率也同步升高。最近一项分析英国儿童与青少年（4～18 岁）饮食结构的研究发现，吃盐量与饮水量有关，也与含糖饮料消费有关。每天吃盐量增加 1 克，饮水量增加 100 毫升，含糖饮料消费增加 27 毫升。研究者认为，减少吃盐有利于遏制肥胖症在儿童与青少年中蔓延。在澳大利亚和韩国开展的调查也发现，吃盐多的人容易发生肥胖。

盐与美容

法国有句俗语："美女长在山里，不长在海边。"一种可能的解释就是，海边的人吃盐多，皮肤容易出现皱纹；山区的人吃盐少，皮肤光洁细腻。法国专家认为，钠离子和氯离子在保持人体渗透压和酸碱平衡方面发挥着重要作用，但如果吃盐过多，体内钠离子增加，会使表皮细胞失水，加速皮肤老化，时间长了就会形成皱纹。埃及学者分析了影响粉刺的因素，结果发现，吃盐多的人更容易发生面部粉刺，而且初次发生粉刺的年龄更低。

盐与性生活

欧美很多国家流行一种说法，认为盐可防治阳痿。在结婚那天，新郎口袋里总要装上一小袋盐，防止在新婚之夜，新郎因过度紧张而发生阳痿，这种说法其实并没有科学依据。

1935 年，德国微生物学家多马克（Gerhard Domagk，1895—1964）发现百浪多息（Prontosil）的抗菌作用，他用这种磺胺药治好了因手臂感染而奄奄一息的女儿，使爱女避免了被截肢的厄运。多马克因此项发明获得 1939 年诺贝尔医学奖。作为第一种强效抗菌药物，磺胺迅速在世界各地投入生产并在临床应用。

1937 年，美国医药企业马森格尔公司（Massengill Company）研制出磺胺口服液，将之命名为磺胺酏剂（Elixir Sulfanilamide），并于同年 9 月在美国上市销售。10 月 11 日，美国医学会（American Medical Association，AMA）接到报告，称多名患者在服用磺胺酏剂后死亡。美国医学会对该药进行检验后发现，磺胺酏剂所用溶剂二甘醇（diethylene glycol）是一种致命毒剂。美国食品药品管理局（FDA）下令，在全美紧急召回磺胺酏剂。时任 FDA 局长坎贝尔（Walter Campbell）将所有 239 名监察员和药剂师派往各地，参与磺胺酏剂召回，各大媒体也进行了警示报道。

尽管政府和民间反应迅速，流入市场的磺胺酏剂最终仍造成 107 人死亡，其中大部分是儿童。

联邦法院下令拘捕 25 名涉案人员，在案犯羁押审理期间，马森格尔公司负责磺胺酏剂研发的药剂师沃特金斯（Harold Watkins）自杀身亡。在法庭上，马森格尔公司负责人塞缪尔·马森格尔（Samual Massengill）辩称，公司依据法律完成了该药上市前应做的所有准备。当时美国法律规定，只要包装上如实标示药物成分，新药上市前无须做任何检测。这样一来，导致 100 多人死亡的磺胺酏剂事件竟然找不出罪名。法庭的最终判决是，对马森格尔公司处以 26 100 美元罚款，其罪名是药品名不副实，因为酏剂意味着该药含有酒精，而马森格尔公司生产的磺胺酏剂并不含酒精。这就是说，若当初将该药命名为"磺胺口服液"，马森格尔无须为该事件承担任何责任。

一位失去女儿的妈妈，给时任美国总统罗斯福（Franklin Roosevelt，1882—1945）写了一封长信，详细描述了年仅 8 岁的女儿在服下酏剂后的痛苦表现，以及亲眼看着爱女离世的惨痛经历，她强烈要求总统采取行动，避免类似悲剧在人间重演。媒体将这封信公开后，这位妈妈的故事让很多读者为之心碎。磺胺酏剂事件在美国朝野引发的强烈震动，转化为食药安全法改革的巨大推力。1938 年，美国国会通过《食品、药品和化妆品法》（*Food, Drug and Cosmetic Act*）。

《食品、药品和化妆品法》首先提出，确保国民用药和食品安全是联邦政府的基本职能。该法案授权 FDA 制定严格的食品和药品安全标准，要求新药上市必须进行安全试验，食品使用添加剂也必须具有安全依据。《食品、药品和化妆品法》彻底改变了美国的食品和药品管理体系。从此，美国 FDA 管理模式成为世界各国效仿的典范。

食品添加剂的历史可追溯到远古时代，甚至早于人类有文字的历史。考古学发现，人类在农耕文明早期就曾使用盐来保存肉食。古罗马人曾给酒中加硫以延长保存期。在大航海时代，欧洲探险家们到世界各地寻找香料，其中一个重要目的就是为了保存食物。由于古人科学知识有限，很难对食品添加剂的安全性做出合理判断，他们所能采用的唯一标准就是，只要食用者不在短期内毒发身亡，就认为这些添加物是安全的。

为了防止食品添加剂对人体产生长远危害，美国国会于 1958 年颁布了《食品添加剂补充法案》。该法案规定，刻意给食品中添加的物质均属"食品添加剂"，而向食品中加入任何添加剂必须经 FDA 批准。批准程序是，申请者自己收集和提供证据，证明添加物在该食品使用条件下能达到安全标准。该法案也强调，食品添加剂的使用不可能确保绝对安全，而且同一添加剂在一种用途下是安全的，而在另一用途下可能是不安全的。

在执行《食品添加剂补充法案》时发现，许多符合食品添加剂标准的物质，如食醋、发酵粉和胡椒粉等都具有悠久历史，这些添加剂作为日常食物的组分，其安全性已被民众广泛认可，不应再接受上市前的安全审查，审查这些物质的安全性也毫无现实意义，徒然增加管理部门的工作量。基于这一考虑，FDA 提出了"一般认为安全的物质（generally recognized as safe, GRAS）"这一概念。规定凡是符合 GRAS 标准的食品添加剂，无须通过上市前安全审查。

被美国 FDA 列入 GRAS 目录的物质，在作为食品添加剂使用时，必须符合基本无害的安全标准；在 1958 年之后新引入的食品添加剂，则需进行安全评估。FDA 还为一些 GRAS 设定了条件，即在特定条件下使用这些添加剂，才能被认为是安全的。有些食品添加剂在一种条件下使用时是 GRAS，在另一种条件下使用就不是 GRAS。一种添加剂在一定剂量范围内是 GRAS，超过这一剂量范围就不是 GRAS。另外，当出现新的科学证据时，针对某些添加剂的安全性评价可能会被修正。因此，某种添加剂是否为 GRAS，可能会被随时更新。

1958 年 12 月，FDA 首次发布 GRAS 目录，其中包括了食盐在内的数百种食品添加剂。由于时间紧迫，当时制定的目录并不全面，也没有对所列物质进行系统评估。1969 年，FDA 成立了 GRAS 物质筛选委员会（Select Committee on GRAS Substances, SCOGS），专门对所列 GRAS 的安全性进行全面评估。SCOGS 耗时 10 年，最终完成了对 235 种 GRAS 物质安全性的评估，食盐就是这些受评添加剂中的一种。

1979 年，SCOGS 向 FDA 递交了最终安全审查报告，对所有添加剂是否符合 GRAS 标准进行了总结。SCOGS 针对食盐安全性得出的结论是："根据现有证据，针对氯化钠（食盐）目前的使用水平和使用方法，不能排除其对公众健康会造成危害的可能。"根据这一结论，食盐本应被移出 GRAS 目录，但 FDA 考虑到食品加盐的普遍性和悠久历史，也可能考虑到 FDA 的工作量，当时并没有这么做。

1978 年，在 SCOGS 发布安全报告之前，曾特别提出申请，要求 FDA 将食盐从 GRAS 目录中移除，并将食盐纳入添加剂管制范围。如果这一申请获批，就意味着给食品中加盐时，必须通过

FDA 的安全审查。另外，这一申请还依据《营养标签与教育法》，敦促 FDA 在高盐食品和食盐包装上标示健康警告。

作为对 SCOGS 报告和申请的回应，FDA 于 1982 年发布了专项政策通告，声明 FDA 暂不采取行动以改变食盐的 GRAS 状态。出于对高盐饮食诱发高血压的担忧，FDA 号召企业自觉降低食品含盐量。另外，为了加强公众教育，FDA 提倡扩展食品标签上有关钠含量的信息。FDA 进一步声明：如果加工食品含盐量没有实质性降低，如果食品标签上钠含量信息没有改进，FDA 将考虑出台新法规，包括改变食盐 GRAS 状态。

2005 年，美国众议院拨款委员会通过议案，要求卫生部、农业部、FDA 出台法规，以降低加工食品和餐馆食品含盐量。在该委员会递交给 FDA 的敦促信中，还附加了其他要求：1）将食盐从 GRAS 目录中移除；2）对有关食盐用量的法规进行修订；3）敦促企业降低加工食品含盐量；4）在食盐包装上标示健康警示；5）将每日钠推荐摄入量由 2 400 毫克降低到 1 500 毫克。作为回应，FDA 于 2007 年 11 月举行了听证会，并于 2008 年 8 月完成了意见采集。但由于更改食盐 GRAS 状态涉及的利益攸关方实在太多，到目前为止，FDA 并未采取进一步行动。

目前，针对食盐的 GRAS 状态有三种意见，其一是继续维持食盐作为 GRAS 的现状，即对食品中使用食盐不设置任何限制；其二是去除食盐的 GRAS 状态，要求凡是加盐食品均应在上市前进行安全评估和审批；其三是在维持食盐 GRAS 状态的同时，设置一定限制，即规定在某些条件下或某一剂量范围内添加食盐是安全的，若超出范围或剂量时，必须进行安全评估和审批。有关这三种策略，目前在美国学术界和民间正在展开激烈讨论。

盐污染

环境污染可分为大气污染、水污染和土壤污染。大气污染（雾霾）已成为全球关注的公共健康问题。为了治理大气污染，中国投入了大量人力和物力，近年来取得了突出成效。水污染和土壤污染相对隐蔽，尤其是可溶性盐引起的污染，完全是一种看不见的污染。盐污染会增加地下水、地表水和土壤中的盐分，不仅导致植被破坏、庄稼减产、土壤荒漠化，还会影响饮水质量，引发多种疾病。因此，盐污染同样值得全社会高度重视。

盐污染的主要途径包括生活污水排放、除雪、城市自来水处理、工农业生产等。在沿海地区，地下水超采和江河径流量减少引起海水倒灌，也会增加地下水和地表水中的盐分。由于地下水和地表水是居民饮水的主要来源，盐污染会增加居民吃盐量，进而增加高血压的患病风险。

2014年，中国原盐总产量7 050万吨，食盐总产量超过1 000万吨，烧碱（氢氧化钠）总产量3 064万吨，纯碱（碳酸钠）总产量 2 526 万吨，农用化肥总产量 6 877 万吨（化肥施用量为 5 995 万吨），农药总产量为 374 万吨。这些化合物或其衍生物最终都会排放到环境中，从而造成盐污染。

原盐是化学工业的基本原料。盐酸、烧碱、纯碱、氯化铵、氯气、有机物等主要化工产品的生产离不开原盐；肥皂、陶瓷、玻璃等日用品生产也需要原盐；石油钻探、化工、建筑、造纸、制革、纺织、冶金等行业大量使用原盐。中国每年工业废水排放量超过 500 亿吨，是地下水和地表水盐污染的重要来源。

现代社会每天产生大量生活污水。生活污水主要包括洗浴废水、厨房废水和粪尿。城市居民每人每天平均产生污水 200 升，农村居民每人每天平均产生污水 100 升。污水排放量与生活水平有关，生活水平越高，污水排放量越大，因此中国生活污水排放量逐年增加。2015 年，中国生活污水排放总量为 735 亿吨，其中城市生活污水占大部分。生活污水含较高水平无机盐和有机物，其中无机盐以钠、钾、钙、镁为主，生活污水是盐污染的重要来源。

2000 年，中国城市污水只有 20％经过集中处理，农村和小城市污水大多未经处理就直接排入河流或地下。即使经处理的污水，也只是去除悬浮物和有机物等。要去除污水中的盐，不仅工艺复杂，而且费用高昂，在目前条件下，根本无法实现大规模污水脱盐。在 2002 年国家环境保护总局颁布的《城镇污水处理厂污染物排放标准》（GB18918－2002）中，制定了 12 项基本控制排放指标和 43 项选择控制排放指标，其中并没有针对氯和钠含量的指标。

在中国北方降雪较多地区，传统采用人工和机械除雪。随着公路、铁路、航空、航运、城市的快速发展，除雪的工作量越来越大，人工和机械除雪已难满足需求，很多地方开始使用融雪剂。

融雪剂包括氯化钠、氯化钙、氯化镁、氯化钾等。用量最多的是氯化钠，也就是原盐。相对于其他融雪剂，原盐价格低廉。原盐作为除雪剂还具有便于喷撒、易于储存等优点。美国每年除雪使用原盐高达 1 700 万吨，加拿大也有 500 万吨。随着高速公路里程延长，中国用于除雪的原盐正在快速增加。

用原盐除雪有两个作用，其一是盐可直接融雪，其二是使用融雪盐后，便于铲除路面冻结的冰雪。这是因为，盐水熔点明显低于淡水，给冰雪上撒盐，会在冰雪表面形成卤水层，冰雪就会与路面分离，便于清除。

采用原盐除雪会造成环境盐污染，有时会危及野生动物的生存（图 8）。在高速公路除雪时，大约有 40％的融雪盐会渗入地下水，从而增加水盐含量；其余的盐进入河流和湖泊，增加地表水含盐。美国开展的调查发现，在远离高速公路的区域，地下水氯浓度在 10 毫克/升左右；在高速公路附近，地下水氯浓度超过 250 毫克/升。这样的水喝起来已有明显咸味。

盐污染不仅影响地下水，还影响地表水。根据美国地质调查局（CSGS）的报告，地表水（河水和湖水）中的盐有 71％是天然因素所致，29％是人为因素所致。其中，融雪、生活污水与农业灌溉是导致河水和湖水盐度升高的重要原因。水源受到盐污染，不仅影响居民身体健康，还会威胁地区发展。在得克萨斯州的埃尔帕索市（El Paso），传统上居民饮水采自附近的格兰德河（Rio Grande）。20 世纪六七十年代，由于农业生产和沿河地带都市化，格兰德河水盐度逐年升高，已不宜作为饮用水源。当地政府被迫打井汲水，但近年来该市地下水含盐量也逐渐升高，最后

图 8　大角羊舔食汽车上黏附的融雪盐

  在高速公路实施人工融雪后，融雪盐会黏附在行驶的汽车上。这些细微盐末会吸引野生草食动物前来舔食，因为多数草食动物具有嗜盐习性。传统融雪盐为矿盐，有时会加入氯化钙或氯化镁。长期大量施用融雪盐会危及野生动物的生存。融雪盐还会造成地表水和地下水盐污染，危及周围居民饮水安全。

  图片来源：Washington Department of Fish and Wildlife. Living with wildlife: Crossing Paths News Notes. January 2013. http://wdfw. wa. gov/living/crossing _ paths/2013 _ archive. html.

  不得不投巨资建成了世界上最大的内陆咸水淡化厂。由于咸水淡化成本高昂，而且需消耗大量能源，因此，盐污染已影响到当地发展。

  美国地质调查局监测发现，从 1952 到 1998 年，纽约州莫华克河（Mohawk River）氯含量增加了 130％，钠含量增加了 243％，另外，很多沿河地段井水氯含量超标。分析发现，融雪盐和生产生活污水是水盐污染的元凶。因为，这期间沿河地区实施了大规模工业振兴和地产开发计划。

  矿化度又称总溶解固体（total dissolved solid，TDS），是指水

中所含各种离子、分子与化合物的总量，是衡量水盐污染的一个重要指标。根据 21 世纪初开展的监测，世界河流平均矿化度为 97 毫克/升，长江干流河水矿化度为 164～268 毫克/升，黄河干流河水矿化度为 569 毫克/升。长江和黄河水矿化度显著高于世界河流平均水平，而且还有不断升高的趋势。长江的支流岷江，在流经成都附近时，其矿化度升高了 76％，钠离子浓度升高了 3.3 倍，氯离子浓度升高了 4.7 倍，可见工业生产和居民生活对河水盐度的影响相当明显。据推算，长江水中的盐大约有 15％～20％是直接人为所致。

为了应对盐污染，美国已开始采取一些措施，减少道路除雪用盐。例如，在暴风雪来临之前，在道路上撒盐，能防止冰雪在路面冻结，使铲雪更容易，而且也减少了用盐量。在城市融雪时可使用其他融雪剂，美国曾尝试用甜菜汁、甘蔗废渣、残余卤水等来除雪，也曾尝试给盐中加入其他化合物以减少用盐量。

醋酸钙镁盐是一种新型融雪剂，其优点是不含氯和钠，对土壤及植被没有明显危害。不像氯化钠，醋酸钙镁盐能在 4 周内降解，有利于维持土壤稳定。醋酸钙镁盐的缺点是，在 -5℃以下融雪效果不如原盐。氯化钾能在更低温度融雪，但对植被危害更大，对土壤也会产生不良影响。尽管醋酸钙镁盐价格昂贵，但其对环境影响小是一大优势，应鼓励在环境脆弱地区使用。

在华北平原，人口密集与工业集中导致水资源匮乏和水质恶化双重问题，其中盐污染尤其严重。媒体曾报道在河北发现多个巨大渗坑，溶盐会随污水渗入地下，无疑会对当地居民饮水安全构成威胁。由于水位下降和浅层地下水污染，新钻水井越来越深，华北平原地下水形成了漏斗形分布。2006 至 2010 年在华北平原开展的调查发现，在 35 眼 300～831 米深水井中，水源矿化度大多在 1 000 毫克/升以上，水钠含量均在 200 毫克/升以上。

盐污染不仅威胁居民身体健康，还会危及水体生态和地表植被。淡水鱼对水盐浓度耐受范围很窄，湖水和河水盐浓度骤然上升会导致鱼类在短时间大批死亡。其原因是鱼体内钠离子浓度需维持衡定，钠离子浓度升高导致更多水进入体内，鱼最终因组织肿胀而死亡。内陆植被也不能耐受高盐，因为高浓度水氯会阻碍植物养分吸收。水盐含量增高会阻碍湖水和池塘水自身循环，因为盐会增加水密度，使氧气难以抵达水体深层，从而降低水营养负荷，使湖水底部形成生命禁区。

土壤含盐量增高会抑制植物种子萌芽。在国内外很多盐污染地区，已发现耐盐植物更替本土植物的现象。盐会杀灭土壤中的微生物，而这些微生物对维持土壤稳定非常重要。因此，盐分增高会降低土壤稳定性，使土壤更易被侵蚀并发生水土流失，进而加重河流、湖泊和地下水污染。盐分增高会使土壤发生板结，使水和空气难以透过土壤表层，阻碍新生植物生长，最终导致土地荒漠化。

古人也观察到，土壤盐污染会使庄稼减产甚至绝收。为了彻底消灭敌人，古人曾在征服土地上撒盐，使之彻底丧失耕种能力。公元前 146 年，在第三次布匿战争（Third Punic War）中，西庇阿（Publius Cornelius Scipio）统率罗马军团攻灭迦太基（Carthage）。为了防止迦太基恢复元气，罗马人将迦太基城夷为平地，将迦太基港彻底摧毁，据传还在迦太基土地上撒盐。但也有史学家认为，当时盐相当珍贵，撒盐可能只是一种象征仪式，不太可能大规模实施。

中国北方农业灌溉经常采用大水漫灌，灌溉水中含有低浓度盐。大水漫灌后，由于水分蒸发，盐仍保留在土壤中，这就相当于给耕地撒盐。因此，大水漫灌是北方耕地功能退化的重要原因，是国家粮食安全的潜在威胁。灌溉水经蒸发浓缩后渗入地下，会升高地下水盐浓度。从防治盐污染的角度考虑，应积极推行喷灌和滴灌等先进节水技术。

沿海地区海水入侵也会引发盐污染。中国海水入侵主要发生在渤海沿岸和胶东半岛，最严重的是莱州湾地区。位于黄海沿岸的青岛市，曾因海水入侵，导致城市水源地盐污染。海水入侵还造成大批机井报废，耕地丧失灌溉能力，工业产品质量下降，更严重的是危及居民饮水安全。

造成海水入侵的主要原因是，地下水过度开采和河流径流量下降。地下水过度开采导致淡水水位低于海水水位时，就会发生海水倒灌。由于上游用水量激增，中国主要河流入海流量逐年减少，尤其在黄河和海河流域。河流径流量的减少导致沿海地下淡水补充能力下降，容易发生海水倒灌。

海水入侵在沿海国家时有发生，但在南亚和东南亚尤其突出。孟加拉国因人口密集、经济发展迅速、地下水开采量大、海平面上升、河流径流量下降等原因，近年来出现了大范围海水入侵。恒河是南亚次大陆一条主要河流，恒河下游分为多个支流，其中一条主要支流由印度进入孟加拉国，形成帕德玛河（Padma River）。1975 年，印度政府在恒河分支处建造了法拉卡闸堰（Farakka Barrage），将恒河水引入附近的胡格利河（Hooghly River，在印度境内）。法拉卡闸堰的建成大幅改善了胡格利河下游通航条件，使位于该河左岸的加尔各答港成为南亚货运中心；但其代价是流入孟加拉帕德玛河的水量大减，在枯水季流量只有以往的1/4。河水径流量下降导致海水倒灌，最深抵达内陆100千米。在海水入侵严重地区，水盐污染已威胁到当地居民身体健康。在三角洲地区，有些居民饮用水含盐高达8.21克/升，如果每天饮用2升这样的苦咸水，盐摄入就高达16.4克，这还不算因食物摄入的盐。水盐摄入增加导致该地居民高血压盛行，2015年开展的调查发现，达卡地区成人高血压患病率高达23.7%，而且近年来心脑血管病死亡率在持续攀升。海水入侵导致大范围地下水和地表水盐污染，使农业、渔业和工业发展受到严重阻碍，加之无法获得安全饮水，当地居民纷纷逃离家园。

与印度政府多次交涉无果后，1977年孟加拉国将印度告上联合国，要求召开联合国大会谴责其无理行径。在联合国斡旋下，两国开始了马拉松式分水谈判。1996年12月12日，印度和孟加拉国签署《印孟关于在法拉卡分配恒河水的条约》。条约有效期30年，规定每年1到5月的枯水季，当恒河水流量在1 980立方米/秒以上时，孟加拉国可分得不少于990立方米/秒流量；当河水流量低于1 980立方米/秒时，孟加拉国将分得流量一半。这一条约并未规定孟加拉国最低分水量，而根据闸口流量分水，使印度有机会在更上游拦截水源。所以，时至今日两国争端仍未解决，恒河水分配成为阻碍印孟两国关系的一道鸿沟。

反盐浪潮

芬兰的限盐活动

　　早在 1972 年，芬兰就开始了限盐宣传。1979 年，芬兰制定全民减盐计划，使其成为世界上第一个由政府参与控盐的国家。在强调个人自由和生活方式不受干涉的西方社会，推出这一计划所面临的挑战可想而知；然而当时芬兰居民健康状况恶化，迫使政府不得不采取行动。

　　20 世纪 70 年代，芬兰居民冠心病死亡率高达 500/100 000，居世界各国前列，居民高血压患病率也很高。芬兰营养委员会 (National Nutrition Council) 调查后发现，饮食不当是导致居民心脑血管病盛行的主要原因。黄油面包为芬兰人的传统主食，其盐含量、脂肪含量和热量均较高。独特的饮食结构使芬兰居民普遍患高血压和高血脂，从而导致心脑血管病高发。当时芬兰成人每天吃盐约 14 克（与目前中国居民吃盐量相当）。因此，要降低心脑血管病发病率，必须从改变不合理的饮食结构着手，而首先需要改变的就是高盐饮食。

芬兰在推动全民限盐活动时，采取了循序渐进的策略。首先由营养委员会于 1979 年发起限盐宣传，让居民了解吃盐多的危害，告诉居民高盐饮食是心脑血管病的危险因素。1979 年，政府推出北卡累利阿计划（Karelia Project），在北卡累利阿省实施全民限盐。该计划由卫生行政部门主导，医疗机构、研究院所、学校、非政府组织、媒体和食品企业均被邀请参加。其中一项超常措施就是，由研究机构对同类但不同品牌的食品含盐量进行检测，将结果在报刊、广播和电视上公布。民众通过比较后发现，原来同类食品含盐量存在如此巨大的差异，但口味却相差无几。这一举措使高盐食品销量急剧下降，而低盐食品则大行其道，最后迫使企业减少食品用盐。

1982 年，芬兰政府将限盐计划推向全国，并加大了媒体宣传力度。首先由芬兰最大报纸《赫尔辛基日报》（*Helsingin Sanomat*）连续刊载高盐饮食的危害。在主流媒体打响限盐第一枪后，其他报刊、电视、电台纷纷跟进。芬兰卫生部还发布户外广告，分发限盐传单。大规模宣传使民众意识到，不合理饮食不仅影响个人健康，加重家庭负担，而且危及国民身体素质，影响国家长远发展和民族前途命运。

1980 年，芬兰公共卫生研究院（National Public Health Institute）发起全民膳食和健康监测计划——FINRISK。FINRISK 每 5 年开展一次全民膳食营养调查，采用 24 小时尿钠法监测居民吃盐量。FINRISK 还对居民膳食营养结构进行分析，让参与调查的居民记录膳食日志，根据所吃食物类别和数量，分析居民膳食结构是否合理。1980 年开展的调查表明，芬兰居民平均每天吃盐 12 克，所吃盐有 30％是在厨房或餐桌上添加，有 70％来自加工食品或餐馆食品。按食物分类来看，芬兰人吃盐的最大来源是肉食和面包，两者合计超过 40%。

考虑到居民吃盐来源以加工食品和餐馆食品为主，芬兰卫生部组织专家对餐馆、学校食堂、快餐店、政府和企业食堂的厨师及管理人员进行专门培训，使他们认识到高盐饮食的危害，教会他们减少烹调用盐的方法，为消费者准备更多低盐食品，并鼓励他们使用低钠盐。为了配合限盐活动，芬兰高血压协会开发出泛盐（pansalt，混合盐），这种低钠盐含 56% 氯化钠、28% 氯化钾、12% 硫酸镁和 4% 其他成分。1980 年，餐馆、学校、快餐企业和机构食堂等开始推广低钠盐。跨国快餐企业也响应号召，芬兰境内的麦当劳门店都使用了低钠盐。

1980 年开始，芬兰对食品标准进行更新，逐渐减少面包与肉制品含盐量，推荐用低钠盐代替常规盐。1993 年 6 月 1 日，芬兰工业贸易部和卫生部联合推出《食品盐含量标示法》，要求含盐超标的食品必须标示"高盐"警示。常见高盐食品包括：含盐超过 1.3% 的面包、含盐超过 1.8% 的香肠、含盐超过 1.4% 的奶酪、含盐超过 2.0% 的黄油、含盐超过 1.7% 的早餐麦片等。反之，含盐达标的食品可标注"低盐"。常见低盐食品包括：含盐低于 0.7% 的面包、含盐低于 1.2% 的香肠、含盐低于 0.7% 的奶酪等（表 4）。

表 4　芬兰高盐食品和低盐食品标准（含盐量，克/100 克食品）

食品种类	须标示"高盐食品"	可标示"低盐食品"
面包	＞1.3	≤0.7
香肠	＞1.8	≤1.2
奶酪	＞1.4	≤0.7

食品种类	须标示"高盐食品"	可标示"低盐食品"
黄油	>2.0	≤1.0
早餐谷物	>1.7	≤1.0
脆饼	>1.7	≤1.2
鱼类食品	—	≤1.0
烹制好的菜肴	—	≤0.5
汤和调味汁	—	≤0.5

数据来源：Karppanen H，Mervaala E. Sodium intake and hypertension. Progress in Cardiovascular Diseases. 2006；49（2）：59 - 75.

《食品盐含量标示法》出台后，食品企业都面临一个抉择，要么停产高盐食品，要么改良配方以降低盐含量，因为高盐食品已难在市场存身。《食品盐含量标示法》还规定，加入低钠盐的食品可使用专用标识（pansalt）。由于前期开展了大量宣传，pansalt 早已深入人心，食品标注 pansalt 后往往会销量大增，这一策略有效推动了低钠盐在加工食品中的应用。

2000 年，芬兰心脏协会（Finnish Heart Association, FHA）推出"心的选择（better choice）"标识，旨在帮助消费者选购对心脏有益的低盐低脂食品（图 9）。芬兰心脏协会为每类食品设置了含盐标准，食品含盐达标后，生产商向协会申请使用权，在交纳使用费后就可在相应食品上标注"心的选择"。这种标识使用费每年交纳一次，费率根据食品种类和销售区域决定。芬兰食品安全局和工贸部均声明支持"心的选择"；《芬兰膳食指南》也推荐居民选购有"心的选择"标识的食品。目前，芬兰市场上有 600 多种食品使用了"心的选择"标识。芬兰心脏协会开展的宣传使"心的选择"家喻户晓，超过 80％的居民知道"心的选择"，过半

**图 9　芬兰心脏协会（FHA）推出的
"心的选择"标识**

食品包装上标记"心的选择"图标，表
明该食品已达到芬兰心脏协会制定的低盐和
低脂标准。

居民选购食品时会优先考虑"心的选择"。2008 年，芬兰心脏协
会将"心的选择"推广到快餐和餐馆食品中，使用该标识的条件
是，每餐食品含盐量不超过 2 克。

　　1972 年芬兰开展限盐宣传时，居民人均每天吃盐高达 14 克，
其中男性 15 克、女性 12 克。2002 年，芬兰人均每天吃盐下降到
9 克。2007 年，FINRISK 调查表明，芬兰男性平均每天吃盐
8.3 克，女性平均每天吃盐 7.0 克，35 年间降低了 40%。同期，
芬兰加工食品含盐量降低了 25%。与此对应的是，芬兰居民平均
收缩压和舒张压分别下降了 10 毫米汞柱，脑中风死亡率下降了
80%，冠心病死亡率下降了 65%，国民预期寿命延长了 6 岁。研
究者将芬兰取得的杰出公共卫生成就主要归因于减盐所致的血压
降低；低钠盐（pansalt）增加了钾摄入，为降低心脑血管病死亡
率也做出了贡献。另外，蔬菜水果摄入增加、脂肪摄入减少、戒
烟等也发挥了一定作用。

最新的分析认为，如果芬兰人只选择低盐食品，拒绝高盐食品，那么，男性吃盐量还会降低 1.8 克，女性吃盐量还会降低 1.0 克。因此，芬兰居民吃盐量仍有下降空间。2008 年，芬兰政府颁布的限盐指导文件提出，虽然限盐活动取得了成效，政府应继续推进限盐活动，进一步降低居民吃盐量。

芬兰下一步拟采取的限盐措施包括，以立法形式强制所有制成食品（加工食品、快餐食品和餐馆食品）提供含盐信息；向高盐食品征税，给低盐食品补贴；逐渐将居民吃盐量降低到 5 克以下；1 岁以下婴儿食品不再加盐，1～3 岁婴儿食品减少加盐量，3～12 岁儿童每天吃盐控制在 3 克以下。目前，芬兰政府正在和欧盟其他国家一起，探讨将食盐列为"食品添加剂"的可行性。如果这一计划获得批准，今后向食品中加盐将受到严格管控。

芬兰人口只有 500 多万，但在慢病防治方面取得的骄人成就令世人瞩目。在实施 40 年后，北卡累利阿计划已成为公共卫生领域两大标志性项目之一（另一项目是美国 1948 年发起的弗拉明翰计划，Framingham Study）。北卡累利阿计划成为世界各国构建社区慢病防治体系的典范，为控制全球慢病流行和延长人类寿命做出了巨大贡献。北卡累利阿计划也提升了芬兰的国家声望。

英国的限盐活动

英国是现代公共卫生学起源地。在控制传染病和营养不良性疾病方面，公共卫生学曾发挥巨大作用，使人类寿命大幅延长。由于政府和民间都具有很强的公共卫生意识，英国开展的限盐活动卓有成效。

1994 年，英国医学会（BMA）分析了吃盐量与高血压的关系，提议制定国家限盐指南，可惜这一提议被英国卫生部否决。1996 年，英国 22 个营养学和心血管病专家发起成立了盐与健康行动组织（CASH），该组织自发向民众宣传高盐饮食危害，劝导企业减少食品用盐，说服政府制定限盐政策。2000 至 2001 年开展的膳食营养调查（NDNS）表明，英国居民人均每天吃盐 9.5 克（3 800 毫克钠）。这一结果改变了政府对限盐活动的观望立场。2003 年，英国卫生部医学总监签署《全民限盐指导》，推荐居民将吃盐量控制在 6 克（2 300 毫克钠）以下。2005 年，布莱尔政府发布《公共健康白皮书》，明确提出要把英国居民吃盐量控制在 6

克以下，卫生部责成食品标准局（FSA）制定具体限盐措施。

在开展限盐活动前，英国居民人均每天吃盐约 9.5 克，超出推荐标准 3.5 克。膳食营养调查发现，居民所吃盐的 5%（0.5克）是食物天然含盐，15%（1.4 克）是在厨房或餐桌上添加的，80%（7.6 克）是食品企业和餐馆添加的。为了将盐控制在每天 6克以下，须将吃盐量降低 3.5 克（40%）。因此，企业和餐饮业须将食品含盐降低 40%，使每天经加工食品和餐馆食品摄入的盐由7.6 克降低到 4.6 克，家庭和个人也须将烹调盐和餐桌盐由 1.4 克降低到 0.9 克（降幅 40%）。

为了确保食品业和餐饮业实现减盐目标，在征询居民与企业意见后，英国食品标准局制定了短期和长期减盐计划。英国食品标准局将加工食品分为 80 大类，自 2003 年起为每一大类食品设定分期减盐目标，并将这些目标印制成单行本在全国发行，当然这些目标是指导性而非强制性的。食品标准局对居民吃盐量进行动态监测，同时收集公众和企业对限盐活动的意见和建议，再根据反馈意见和居民吃盐量，每 5 年对各类食品减盐目标进行修订。为制定分类减盐目标，英国食品标准局研发了专用软件系统，这一系统也向公众开放，使居民能合理规划家庭饮食，逐步降低吃盐量。

在制定限盐政策时，英国食品标准局遵循的一个原则就是，循序渐进地降低食品含盐量，一般将同类食品含盐量每 2 年的降幅控制在 10%以内。

英国食品标准局采集了大量加工食品含盐信息，甚至不惜花费重金，从私营企业那里购买了 13 万种食品销量和含盐量数据，建立了庞大的食品营养数据库。利用该数据库，监测居民吃盐量的变化，及时对降盐目标进行修订，并将降盐效果反馈给企业。

根据食品标准局的监测，多数食品企业都能积极响应降盐号召。2003 至 2010 年，各类食品含盐量降低了 20％～40％。

餐馆食品由于种类庞杂，操作流程和用料无法标准化，因此不可能制定统一的减盐目标。考虑到这种情况，英国食品标准局要求所有餐饮企业，包括餐馆、自助餐厅、食堂、快餐店等签署自愿减盐声明，这些声明留存在食品标准局，并且每年更新一次。尽管这些声明没有强制约束力，但它会提醒餐饮从业者，在为顾客准备饭菜时，自己肩负有减盐义务。食品标准局也鼓励餐饮业为消费者提供食品含盐信息。政府也积极参与到限盐活动中，一些政府机构为订购的外卖食品制定了含盐标准，使这些外卖成为低盐食品典范。

英国食品标准局每 2 年召开一次限盐会议，对限盐成效进行总结和评价；听取企业在限盐活动中面临的困难；收集公众对限盐活动的建议；讨论食品改良和食品安全问题；对限盐目标进行修订。2010 年 3 月，英国食品标准局发布公告，强调食品企业、零售商、贸易组织和餐饮业在限盐活动中应承担的义务，表彰了在降盐活动中发挥积极作用的企业和机构。

在制定减盐目标的同时，英国食品标准局还开展了大规模限盐宣传。第一期宣传活动于 2004 年 9 月启动，其目标是让民众了解高盐饮食的危害。在这期宣传中，食品标准局推出了"盐杀懒虫（Sid the Slug）"这一限盐口号。懒虫（slug）是花园中一种类似蜗牛但没有壳的虫子，学名叫蛞蝓。懒虫行动缓慢，身上有黏液，当园丁将盐撒在它们身上，因为脱水很快就会死去。"盐杀懒虫"这一口号既形象又富于震撼力，能号召人们尽快行动起来，避免因吃盐太多而患病早逝。在数月内，英国食品标准局花费

400万英镑，在报刊、网络、电视和户外大量投放公益广告，同时印制了海报和宣传手册分发到全国。一时间，"盐杀懒虫"这一口号响彻英伦。

有趣的是，"盐杀懒虫"这一口号激怒了英国盐业协会（SMA）。盐能杀死懒虫，意味着也能杀死人。英国盐业协会认为，这一口号过于夸张，缺乏科学依据，会让民众误以为盐是一种毒物，导致部分人因极度恐慌而拒绝吃盐，最终危及健康。盐业协会向英国广告管理局（ASA）提出控诉，要求英国政府和食品标准局立即停用这一危言耸听的口号。广告管理局经广泛征询意见后认为，这一略带幽默的口号不太可能会危及公众健康，进而驳回了盐业协会的控诉。

英国食品标准局第二期限盐宣传从2005年10月开始，主要目的是让民众了解合理吃盐量，即每天吃盐不超过6克；同时鼓励居民在餐桌上评估吃盐量。为了宣传合理吃盐量，食品标准局制定了系列影视资料，于2006年夏季在各大电视台播放。在这轮宣传期间，英国居民对合理吃盐量的了解率从3%提升到34%。

第三期限盐宣传从2007年3月开始，主要目的是让民众了解吃盐来源。英国居民吃盐大部分源于加工食品，其中面包、早餐粥、麦片、饼干和蛋糕等谷类食品贡献了大约38%，肉制品贡献了21%，汤、咸菜、调味品、烧烤等贡献了大约13%。了解吃盐来源有助于居民针对性选择低盐食品。

第四期限盐宣传从2009年10月开始，目的是强调个人在限盐活动中应发挥的作用，鼓励并指导居民阅读食品营养标签，比较不同食品含盐量，学会利用营养标签和红绿灯警示系统选购低盐食品。食品标准局通过电视、广播、报刊和网络宣传营养标签和红绿灯警示系统，在网站上推出可测算食品含盐量的软件，使个人和家庭能评估吃盐是否超标。最近，食品标准局与苹果公司达成协议，英国 iPhone 和 iPad 用户可在网站上免费下载吃盐量测算软件，能使用户在购买食品前预估吃盐量。

英国食品标准局推出的一项特别限盐措施，就是引入红绿灯警示系统。在该系统中，红灯、黄灯和绿灯分别代表高盐、中盐和低盐。红绿灯系统也被用于糖、脂肪和饱和脂肪的警示。红绿灯系统引入市场后，受到英国民众的普遍欢迎，因为红灯警示能让消费者一眼就识别高盐食品。警示系统也为企业改良食品配方带来了压力，提供了动力。因为食品一旦被标示红灯，销量往往会下降；而一旦被标示绿灯，销量往往会上升。

为了避免无序标示，食品标准局为红绿灯警示设置了统一标准。食品含盐不超过 0.3 克/100 克应标示绿灯；食品含盐超过 1.5 克/100 克应标示红灯；食品含盐在 0.3～1.5 克/100 克之间应标示黄灯（表5）。英国食品标准局建议，消费者应尽量选购绿灯食品，红灯食品只能偶尔食之。随着民众对高盐饮食危害警惕性的提高，零售商也开始将低盐食品作为一个卖点。2005 年英国 ASDA 超市（沃尔玛子公司）要求，供应商生产的食品必须达到低盐标准方能获得上架资格。

在推出红绿灯警示系统的同时，英国食品标准局还组织专家，对民众如何理解和使用警示系统进行了调查。结果发现，不规范的标签和警示往往会误导消费者。另外还发现，个别消费者对单纯用颜色标示含盐量会产生误解，而采用文字标注辅以红黄绿警示能被多数民众理解。尽管不是强制性的，目前绝大部分英国超市都引入了红绿灯警示系统。鉴于红绿灯警示在英国所发挥的突

表5 英国食品营养素红绿灯警示系统（每100克或100毫升）

食品			
营养素	低含量	中含量	高含量
脂肪	● ≤3克	● 3～17.5克	● >17.5克
饱和脂肪	● ≤1.5克	● 1.5～5克	● >5克
糖	● ≤5克	● 5～22.5克	● >22.5克
盐	● ≤0.3克	● 0.3～1.5克	● >1.5克
饮料			
营养素	低含量	中含量	高含量
脂肪	● ≤1.5克	● 1.5～8.75克	● >8.75克
饱和脂肪	● ≤0.75克	● 0.75～2.5克	● >2.5克
糖	● ≤2.5克	● 2.5～11.25克	● >11.25克
盐	● ≤0.3克	● 0.3～0.75克	● >0.75克

注：● 绿灯 ● 黄灯 ● 红灯

数据来源：Department of Health，the Food Standards Agency. Guide to creating a front of pack（FoP）nutrition label for pre-packed products sold through retail outlets. https://www. gov. uk/government/uploads/system/uploads/attachment _ data/file/ 566251/FoP _ Nutrition _ labelling _ UK _ guidance. pdf.

出作用，法国、德国、芬兰等国也引入了这一系统。

2003年启动全民限盐活动时，英国人均吃盐量为9.5克，2008年人均吃盐量降到8.6克，2011年降到8.1克。单从数值上看，这一降幅似乎微不足道，但应该认识到，在限盐计划推出时，英国居民吃盐量正处于上升阶段。根据估算，实施全民限盐以来，英国因少吃盐每年避免了9 000例过早死，每年节约15亿英镑医疗开支，而限盐花费每年只有500万英镑，效益成本比高达300：

1，而且限盐所产生的社会效益还将陆续显现出来。

英国开展限盐的最初 8 年（2003—2011），人均吃盐量下降了 15%，脑中风死亡率下降了 42%，冠心病死亡率下降了 40%。居民收缩压平均降低了 3.0 毫米汞柱，舒张压平均降低了 1.4 毫米汞柱。分析认为，居民血压降低的主要原因是吃盐减少。

英国限盐获得成功，首先得益于政府、企业、学术组织和居民的广泛重视和积极参与；其次是政府通过征询民间意见，制定了切实可行的限盐政策；最后，英国民众具有较高文化水平和较强公共卫生意识，使各项限盐活动能尽快实施。在限盐方面，英国为其他国家树立了榜样。

日本的限盐活动

20 世纪 50 年代，日本曾是世界上脑中风发病率最高的国家，当时很多地区居民每天吃盐超过 20 克。20 世纪 60 年代，达赫博士在日本、美国和英国开展的调查发现，吃盐多与高血压密切相关。自此，学术界开始认识到，吃盐多是日本脑中风高发的重要原因。

日本东北居民传统上偏爱咸食。20 世纪 60 年代，东北部秋田县居民每天吃盐 20～30 克，是南部居民的两倍（图 10）。秋田县高血压患病率和脑中风发病率在日本高居榜首。1970 年，秋田县男性平均预期寿命为 67.6 岁，女性平均预期寿命为 74.1 岁，在日本各县中分列倒数第一和倒数第二，秋田县因此被称为短命县。

20 世纪 60 年代，达赫博士的研究发表后，日本发起了限盐宣传，政府规划将居民日均吃盐量由 20 克降至 10 克。限盐宣传主要由社区医务人员负责，他们向居民宣讲高盐饮食的危害，推介简易的吃盐量评估方法，帮助居民制定减盐计划，指导居民识别

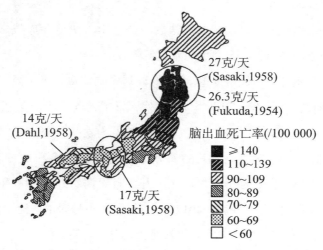

27克/天
(Sasaki,1958)

26.3克/天
(Fukuda,1954)

14克/天
(Dahl,1958)

脑出血死亡率(/100 000)

- ≥140
- 110~139
- 90~109
- 80~89
- 70~79
- 60~69
- <60

17克/天
(Sasaki,1958)

图10 20世纪50年代日本30～59岁男性吃盐量和脑出
血死亡率的地理分布

　　传统上日本东北部居民吃盐较多，当时每人每天吃盐高达
27克，当地居民脑出血发病率和死亡率均高居日本之首。西南
地区居民吃盐较少，每人每天为14克，脑出血死亡率也偏低。
　　数据来源：Takahashi E, et al. The geographic distribution of
cerebral hemorrhage and hypertension in Japan. Hum Biol. 1957；
29：139－66.

高盐食品，鼓励居民减少烹调用盐，建设低盐示范餐厅。

　　根据全民膳食营养调查（NHNSJ），日本居民吃盐的主要来源
包括含盐调味品、泡菜、咸鱼和味噌汤等，通过减少上述食品消
费量，或降低这些食品含盐量，有望降低吃盐量。日本企业积极
引入减盐技术，向市场推出各种低盐食品，如减盐酱油、减盐杂
酱、减盐味噌汤等。企业还致力于开发低钠盐，果盐的钠含量只
有普通盐的一半，果盐中含有多种天然香料，尽管钠含量降低，
等量使用后食物口味依然浓郁。降低腌制食品含盐量的一个方法
就是缩短腌制时间，企业因此研制出"一夜渍"，即在一夜之间完

成蔬菜腌制，第二天就可食用。很多日本美食网站都公布了减盐食谱，有些企业还开发出减盐快餐，通过引入快速冷冻技术，既可保持食品新鲜感，又可维持食品营养性。

在日本开展全民限盐的 50 年间，居民吃盐量逐渐下降。根据日本膳食营养调查，20 世纪 60 年代，日本人均每天吃盐超过 20 克，东北部分地区高达 30 克；1976 年人均吃盐已降至 13.7 克；1987 年降至 11.7 克。之后随着外出就餐次数增多和快餐普及，居民吃盐量下降的趋势有所减缓，甚至有短期回升，2006 年日本人均吃盐量降至 10.6 克。2017 年，采用 24 小时尿钠法检测发现，日本男性每天吃盐 11.8 克，女性每天吃盐 8.9 克。

在启动全民限盐宣传之初，日本居民平均血压处于上升趋势，高血压患病率逐年攀升。开展限盐之后，很快扭转了全民血压上升的趋势。1965 到 1990 年间，50~59 岁人群平均血压下降了 9.1 毫米汞柱，60~69 岁人群平均血压下降了 14.6 毫米汞柱。同期，高血压患病率也明显下降，50~59 岁人群收缩压超过 180 毫米汞柱的比例由 21％降低到 4.2％，60~69 岁人群收缩压超过 180 毫米汞柱的比例由 11％降低到 3.3％。

1960 至 2010 年，日本居民脑中风死亡率下降了 80％，这一巨大公共卫生成就令全球为之惊叹。让人困惑的是，同一时期日本人吸烟、酗酒、肥胖、高血脂和高血糖的比例持续增加，日本人生活方式和饮食结构也逐渐西化，肉食比例增加，体力活动减少，生活节奏加快，心理负担加重。按照慢病发生的生态学理论，这些转变势必引起心脑血管病增加，但脑中风发病率在日本非但没有增加，反而大幅下降，这种现象被学界称为日本怪象（Japan Paradox）。很多学者认为，正是减盐导致了日本脑中风死亡率的大幅下降。

根据世界卫生组织（WHO）2016 年发布的各国预期寿命列表，日本居民预期寿命（84.2 岁）高居全球 193 个国家和地区之首，日本女性预期寿命（87.1 岁）高居榜首，日本男性预期寿命（81.1 岁）以微弱差距仅次于瑞士（81.2 岁）。至此，日本蝉联全球长寿冠军已有 20 年。对于更能代表国民整体健康水平的健康寿命（HeaLY，预期寿命减去患病年限），早在 1990 年日本就荣获男性健康寿命第一、女性健康寿命第一两项殊荣，并将该纪录一直保持到现今。

日本人为什么长寿？日本人为什么健康？这些问题正在成为全球关注的热点，因为追求长寿和健康是人类的终极目标之一。根据日本学者分析，20 世纪 60 年代之后，日本人均预期寿命持续延长的主要原因是慢病死亡率下降，其中脑中风死亡率下降的贡献最大。从 1965 到 1980 年，日本脑中风死亡率的下降导致男性预期寿命延长了 1.1 岁，而女性预期寿命延长了 1.0 岁。20 世纪 80 年代之后，脑中风死亡率下降幅度有所放缓，但依然是日本人预期寿命延长的主要原因。

日本脑中风死亡率之所以大幅下降，并非治疗水平高，而是因为饮食结构优化和高血压控制使慢病发病人数大幅减少。1969 年，日本政府发起了全民预防和控制高血压运动，主要措施包括：强化居民血压监测、及时发现高血压、积极治疗高血压、将抗高血压药物列为医保优先保障范围、通过健康宣教降低居民吃盐量、改变不良生活方式等。为了提升高血压的防治效果，在 1972 年颁行的《职业健康法》和 1982 年颁行的《社区健康法》中，详细规定了医生和卫生从业者在高血压防治中的责任和义务。日本在全球率先将测定吃盐量纳入健康体检范围。这些举措使居民吃盐量逐渐降低，高血压控制率逐年提高，心脑血管病发病率和死亡率大幅降低，居民预期寿命不断延长，最终使日本成为长寿之国和健康之国。

美国的限盐活动

1969 年，时任美国总统尼克松和参议院麦戈文委员会（McGovern Committee，也称营养委员会，20 世纪 60 年代，美国国会为促进国民营养健康而成立的专门委员会）发起白宫大会，主要议题是食品营养与健康。除科研人员外，参加本次大会的还有国会议员、政府官员、企业代表和社区工作者等。尼克松总统亲自担任大会名誉主席并两度发言，为改善国民营养状况规划了 5 项重大任务，其中一项就是控制居民吃盐量。白宫大会标志着美国限盐活动的开端。

在白宫会议 40 年后，2009 年美国卫生部（HHS）和医学研究所（IOM）成立的限盐委员会对限盐活动进行了总结。根据限盐委员会的报告，白宫大会召开以来，学术团体、卫生机构、食品产销企业等在限盐活动中都做出了巨大努力，美国人的饮食结构、就餐地点、食品来源也发生了明显改变，然而居民吃盐量始终没有下降，高盐饮食导致心血管病盛行。限盐委员会据此宣布，美国 40 年的限盐活动以失败告终。

美国国立心肺血液研究所（NHLBI）在限盐活动中发挥了主导作用。该研究所组织实施了全美高血压教育计划（NHBPEP），以预防和控制高血压为目的，对卫生专业人员、患者和社区居民进行宣教，分发限盐手册和传单，为集体餐制定减盐规划，在广播、电视和网络上传播限盐知识，组织专家开展限盐讲座。全美高血压教育计划分别于 1972、1993、1995、1997 和 2003 年发布限盐指南。1994 年开展了居民饮食信息采集专项研究，对美国居民吃盐量进行监测。各州、市也开展了形式多样的限盐活动。在时任市长布隆伯格（Michael Bloomberg）推动下，纽约市出台了多项限盐措施，并要求连锁快餐店在菜单上标示高盐警告。

1979 年美国国会通过决议，每 5 年制定（修订）一次《美国膳食指南》。由专家对相关研究证据进行系统回顾和分析，为居民提供基于循证的饮食指导，目的是改善饮食结构，加强身体锻炼，以降低慢病发病率，最终提高国民身体素质和健康水平。《美国膳食指南》由农业部（USDA）和卫生部共同负责完成。截至 2016 年，已有 8 版《美国膳食指南》发布。从第 1 版到第 8 版，《美国膳食指南》均推荐居民控制吃盐量。《美国膳食指南 2016—2020》推荐，成人每天钠摄入量不应超过 2 300 毫克（6 克盐）。

为了让居民更容易理解并遵循《美国膳食指南》，2005 年，美国农业部推出"我的膳食宝塔（MyPyramid）"，以图片形式将日常食物分为谷物（27％）、蔬菜（23％）、水果（15％）、油脂（2％）、奶制品（23％）、肉和豆制品（10％）6 大类，对每类食物摄入量进行了推荐。这一卡通图片推出后受到民众欢迎，但也招致了一些公共卫生专家的批评。有学者认为，该项目受到肉奶企业雇用的说客影响，使肉制品和奶制品的推荐比例过高。2010和2015年版《美国膳食指南》对"膳食宝塔"进行了修订，并将活动重新命名为"我的餐盘（MyPlate）"（图11）。"我的餐盘"将食物分为四大类——谷物、蔬菜、水果、蛋白质，将奶制品作为饮料，对各类食物摄入量进行了推荐。2011年，时任美国第一夫人米歇尔·奥巴马担任"我的餐盘"代言人，向民众推荐健康饮食模式。

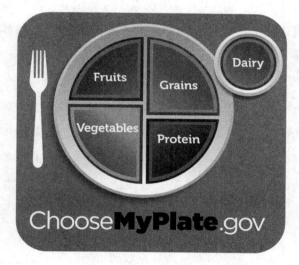

图 11 美国农业部"我的餐盘"项目

　　餐盘中一半食物为蔬菜和水果。水果最好是整体的，而不是果汁或果冻。蔬菜种类应尽量丰富；一半谷类应该是全谷物；选择低脂或无脂奶制品；蛋白质来源要丰富；饮食总量应进行控制。

　　图片来源：US Department of Agriculture（USDA）. MyPlate. https：//www. choosemyplate. gov/MyPlate.

　　2010年，美国农业部在网站上推出膳食追踪器（Food Tracker）。膳食追踪器是一个功能强大的营养分析工具，居民只需输入一天所吃食物的种类和数量，就能了解各种营养素摄入是否达标。最近，美国农业部又推出手机版膳食追踪器（Food Tracker App）。目前膳食追踪器可计算总能量、饱和脂肪酸、添加糖和盐（钠）的摄入量，以及实际摄入量占推荐量的百分比。膳食追踪器包含了美国市场销售的大部分天然食物及加工食品。

儿童时期是口味喜好形成的关键阶段。长期选择高盐食品的儿童，成年后口味重；长期选择低盐食品的儿童，成年后口味淡。因此，控制儿童吃盐尤为重要。1995年，美国农业部在学校餐农产品配给计划中，为10类食品设置了含盐上限。2004年，美国农业部发起健康校园计划和妇幼营养补充计划，其中都有限盐条款。

美国心脏协会（AHA）于1973年开始发起限盐宣传，这一活动一直持续到今天。美国心脏协会在网站上推出了大量科普文章及卡通图片，向公众宣传高盐饮食的危害，分析饮食中盐（钠）的来源，介绍吃盐量的检测方法，指导低盐食品选购，推荐低盐烹饪技巧等。美国心脏协会还出版了低盐饮食专著，定期组织专家制定限盐指南。最近，美国心脏学会推出了中文版网络限盐宣传。

美国早期限盐活动主要针对高血压患者、血压偏高者和老年人等。随着研究证据的积累，限盐活动面对的人群逐渐扩展到普通人。《美国膳食指南2010》推荐成人每天吃盐不超过6克（2300毫克钠），而推荐高血压患者、黑人和50岁以上中老年人每天吃盐不超过3.8克（1500毫克钠）。

在普通人中推行限盐曾在美国招致非议。其中，最强的反对声音来自美国盐业协会（Salt Institute）和各大食品企业。美国盐业协会雇请专家广泛收集限盐的"反面证据"，在报刊和媒体上撰文批评限盐活动，认为吃盐多并无危害，而限盐会导致重大公共健康问题。因为有雄厚的资本在背后运作，这些反对声音干扰了民众对限盐活动的认识，这是 40 年来美国限盐失败的一个重要原因。

20 世纪 60 年代，美国居民饮食以家庭烹饪为主，吃盐主要来源是烹调用盐和餐桌加盐，最初限盐也主要建议家庭主妇减少烹调用盐，鼓励家庭成员减少餐桌加盐。其后的调查发现，这些宣传确实降低了自主用盐量。自主用盐（包括烹饪用盐和餐桌加盐）由 70 年代人均每天 3.5 克（1 376 毫克钠）大幅降低到 90 年代的 1.2 克（476 毫克钠），下降幅度高达 65%。然而采用 24 小时尿钠法检测发现，同期居民吃盐量非但没有下降，反而有所上升。其主要原因是，从 70 到 90 年代，美国居民在外就餐的次数明显增加，加工食品消费量大幅上升，快餐业急剧扩张（中国当前的情况与之类似）。到 90 年代末期，美国居民吃盐有 80% 来源于加工食品和餐馆食品，而自主用盐仅占 10%。饮食结构和就餐地点的转变，使居民自己能控制的盐越来越少，这是美国 40 年来限盐失败的又一原因。

基于居民吃盐主要源于加工食品这一事实，2000 年后，美国限盐重点转向食品生产和销售环节。在食品生产环节，由于缺乏限制用盐的法规，主要措施是号召企业自发降低用盐，尽可能向市场投放低盐食品。早在 1979 年，就有学术组织向政府建议，制定食品含盐限量，以减少居民吃盐量。可惜，当时美国食品药品管理局（FDA）并未重视这一建议，直到 2009 年美国限盐委员会宣布限盐活动失败后，这一建言才被重新提上议事日程。

1990 年，老布什总统签署《食品营养标签和教育法》，所有加工食品必须强制标示钠（盐）含量。最近有专家呼吁，快餐和餐馆食品也应提供盐含量信息。2015年，在时任第一夫人米歇尔·奥巴马推动下，食品药品管理局对营养标签的内容和格式进行了改进，使之更易被民众所理解。

米歇尔在奥巴马总统任期内的主要工作，就是致力于促进居民营养健康，尤其是儿童营养健康。米歇尔组织发起了"让我们行动起来（Let's Move）"活动，以期在美国居民中推行健康饮食理念，其中包括健康校园、健康妈妈（孕妇）、健康家庭、健康社区等项目。2011年1月20日，在第一夫人支持下，大型连锁超市沃尔玛（Walmart）推出限盐活动（仅限美国境内店面），控制高盐食品在该超市的销售比例，给高盐食品标示警告信息，最终使沃尔玛销售的食品含盐量在5年内降低了25％。

根据美国联邦贸易法，食品生产商在保证信息真实和无恶意诱导的前提下，可随意对食品营养价值和保健作用进行广告宣传。因此，最初的限盐活动被食品业视为推销良机，商家将"无盐""低盐"或"减盐"当作卖点，宣称各种低盐食品能降低血压，预防心脏病、胃癌和骨质疏松等。这些标识均出于企业行为，并无统一标准。被标注"无盐""低盐"或"减盐"的食品种类在20世纪90年代达到高峰，但在2000年之后骤然减少。其原因是，经过10多年尝试，消费者已经认识到，"低盐"或"减盐"食品往往口味不佳，因而不愿再选购这类食品。由此可见，缺乏像英国那样的全国统一减盐规划，由企业无序开展减盐，根本不可能降低居民吃盐量，这是美国40年来限盐失败的又一原因。

美国食品药品管理局的最初设想是，鼓励企业自发降低食品用盐就可达到全民减盐目的。然而事与愿违，居民吃盐量在1990

年后非但没有下降，反而有所上升。学术界和民间曾强烈要求食品药品管理局推出更严厉的措施，采用行政手段降低食品含盐量。2005年，这些呼吁以公民联署的形式送达国会，国会也通过了相关拨款法案，要求食品药品管理局组织专家，评估通过立法降低食品含盐量的可行性。食品药品管理局于2007年举行了听证会，收集了立法减盐的各类信息，但由于相关利益方的反对，该提案目前仍为悬案。在制定重大公共卫生决策时，美国政府往往会面临来自利益攸关方的各种羁绊，使政策制定和落实变得遥遥无期，这是美国40年来限盐失败的又一原因。

1971年，在白宫会议召开2年后，美国成年男性每天吃盐7.3克（2 900毫克钠），成年女性每天吃盐4.8克（1 900毫克钠），6～11岁儿童每天吃盐6.0克（2 400毫克钠）；2006年，美国成年男性每天吃盐10.1克（4 050毫克钠），成年女性每天吃盐7.4克（2 950毫克钠），6～11岁儿童每天吃盐7.6克（3 050毫克钠）。各类人群吃盐量均有增加，儿童吃盐量增长尤其明显。

随着居民吃盐量的增加，美国高血压患病率也在逐年升高。1988年，美国膳食健康状况调查（NHANES）发现，成年男性高血压患病率为26%，成年女性高血压患病率为24%；2006年的调查表明，成年男性高血压患病率为32%，成年女性高血压患病率为30%。另外，有1/3的美国人处于高血压前期。庞大的高血压患者群体，产生了惊人的治疗费用，据美国疾病控制中心（CDC）估计，2010年美国高血压治疗费用高达506亿美元。

美国冠心病发病率由1970年的250/100 000上升到2010年的450/100 000，冠心病死亡率由1970年的150/100 000上升到2010

年的 350/100 000。尽管在这期间，脑中风发病率和死亡率有所下降，但心脑血管病总发病率仍在不断攀升。以心脑血管病为代表的慢病患者大幅增加，使美国医疗卫生系统不堪重负。1990 年，美国疾病负担（以每 10 万人 DALY 计算）在 19 个西方发达国家中排名第二（仅次于葡萄牙），2010 年，更是被葡萄牙甩在后面，成为疾病负担最沉重的发达国家。

慢病负担的增加，使美国人长久以来引以为豪的医疗卫生体系陷入困境。这一问题在里根和老布什政府时期开始显现，在克林顿和小布什政府时期逐渐恶化，到奥巴马和特朗普政府时期全面爆发。医疗卫生问题已成为美国政府的头号财务难题和无人敢碰的执政陷阱，联邦政府甚至被拖累到停摆的窘境，医保改革成为奥巴马和特朗普两届政府交恶的根源。近 25 年来，美国医疗卫生支出节节攀升，由 1990 年占 GDP 的 12％上升到 2010 年的18％，2010 年美国人均医疗花费超过 8 000 美元，超过当年中国人均 GDP，人均医疗费用长期高居全球首位。庞大的医疗负担传递给企业，使美国制造在全球毫无竞争力，特朗普政府却妄想通过贸易战提振制造业，实在是缘木求鱼。

多年来美国斥巨资建立了庞大而复杂的医疗体系，拥有全球最好的医学院，培养了大量顶尖医学人才，梅奥诊所（Mayo Clinic）、麻省总医院（Mass General）、克利夫兰诊所（Cliffland Clinic）成为各国医生的朝圣之地，美国国立卫生研究所（NIH）支配的科研经费比全球其他国家医学科研经费之和还多，美国各大公司引领着全球新药和医疗器材研发。可笑的是，在世界各国医疗体系效率排名中，美国在各发达国家中垫底。2016 年，美国居民预期健康寿命为 68.5 岁，不仅远低于领头羊日本的 74.8 岁，甚至低于身居发展中国家的中国（68.7 岁）。美国医疗系统失败的根本原因在于，利益纠葛使控盐这种公共卫生措施根本无法实施，进而导致慢病盛行。

对比美国和日本的医疗体制不难看出，日本的成功源于将资源优先投放到公共卫生和疾病预防领域。相反，美国将医疗卫生系统推向市场，在利益驱使下，医疗资源优先集中于心脑血管病、肿瘤、慢性肾病等慢病的治疗，这些慢病和大病大多无法治愈，需要长期维持治疗，投资者因此能获得丰厚利润。在慢病预防等公共卫生领域，尽管少量投入就能获得巨大的远期社会效益，但无法让投资者在短期内得到经济回报，这种现实使私人投资者对公共卫生领域根本就没有兴趣。因此，尽管美国建立了世界上最庞大的医疗体系，拥有全球最领先的医疗水平，在医疗卫生领域投入的资金密度比其他国家高几倍甚至十几倍，却无法换来国民的健康和长寿。

世界卫生组织的限盐活动

世界卫生组织（World Health Organization，WHO）是联合国下属的专门机构，成立于 1948 年 4 月 7 日，总部位于瑞士日内瓦，是国际最大的卫生组织，目前共有 194 个成员。世界卫生组织的宗旨是，使全球居民获得尽可能高的健康水平。世界卫生组织现任总干事是埃塞俄比亚人谭德塞博士，前任总干事是中国人陈冯富珍博士。

世界卫生组织高度重视公共卫生，曾长期致力于限盐活动，以降低全球居高不下的慢病死亡率。2002 年，世界卫生组织发布《世界健康报告》（*World Health Report 2002*），认为减少吃盐是预防心脑血管病最有效的方法之一，也是促进人群健康最划算的策略之一。2003 年，世界卫生组织和联合国粮农组织（UNFAO）联合发布指南，推荐成人每天吃盐不超过 5 克（2 000 毫克钠）。

2004 年，世界卫生大会（WHA）通过《饮食、身体活动与健康全球战略》呼吁成员方政府、国际组织、私营企业和民间团体在全球采取行动，促进饮食健康，加强身体活动。其中，减少吃盐是促进饮食健康的关键一环。

2006 年，世界卫生组织在巴黎召开限盐大会，商讨如何在人群中降低吃盐量。会后发布公告强调，吃盐多会导致多种慢病；政府干预能有效降低居民吃盐量；使用低钠盐和替代品可减少居民吃盐量；只有多方参与才能确保限盐获得成功。

2010 年，世界卫生大会通过《关于向儿童推销食品和非酒精饮料的建议》（WHA63.14）。《建议》敦促成员方制定卫生法规，规范儿童食品和饮料的生产销售，减少食品和饮料对儿童健康的威胁，《建议》要求控制儿童食品含盐量。

2011 年 9 月 19 至 21 日，联合国（UN）召开大会，专门商讨全球非传染性疾病（慢病）防控。会后各国领导人签署《关于预防和控制非传染性疾病问题峰会的政治宣言》，承诺推动饮食健康，降低食品含盐量，减少居民吃盐量，解除慢病对人类健康的严重威胁。

2012 年，世界卫生组织发布《成人和儿童钠摄入指南》，建议 16 岁以上人群每天吃盐不超过 5 克（2 000 毫克钠）。2～15 岁儿童应根据热量摄入控制吃盐。该建议既适用于高血压患者，也适用于血压正常者，还适用于孕妇和乳母。不适用于低钠血症、心力衰竭和 I 型糖尿病患者，也不适用于 2 岁以下婴幼儿。世界卫生组织强调，食用盐应加碘，强化碘盐有利于婴幼儿脑发育，也有利于提高人群智商。

2013 年，世界卫生大会探讨了防控非传染性疾病（慢病）的全球对策，制定了《世界卫生组织非传染性疾病全球行动计划2013—2020》（WHA 66.10）。该计划的总体目标是，到 2025 年将慢病死亡人数减少 25％。为了在全球实施这一宏大愿景，该计划制定了 9 个具体目标，其中包括，2025 年将全球人均吃盐量在 2013 年的基础上降低 30％。参照《2014 年全球非传染性疾病现状报告》发布的基线数据，各国分别确立了各自减盐目标。2018 年，联合国大会针对非传染性疾病召开第三次领导人峰会，评估世界各国为实现 2025 年全球防控目标所取得的进展。

在通过限盐预防非传染性疾病方面，世界卫生组织不仅推出了钠、钾摄入指南，制定限盐计划，倡导成员方开展限盐活动，还规划限盐行动方案。2016 年，世界卫生组织与乔治全球健康研究所（George Institute for Global Health）合作，针对如何实施和监测限盐制定了一揽子建议，将其命名为 SHAKE。SHAKE 所提建议均来自成员方的成功经验。

SHAKE 5 大限盐建议分别为：（1）监测，对居民吃盐量进行监测；（2）控制企业用盐，号召企业通过配方改良和技术革新降低加工食品含盐量；（3）规范食品标识和销售模式，规范食品营养标签内容和格式，为消费者选购健康食品提供参考信息；（4）宣教，通过宣教使居民了解高盐饮食的危害，最终自觉减少吃盐；（5）环境改善，改善饮食环境，使居民能够降低吃盐量，从而建立健康的饮食模式。这 5 大建议英文首字母缩写就是 SHAKE。SHAKE 也意味着抛弃不良饮食习惯，以降低吃盐量。

根据 SHAKE 策略，开展全民限盐活动，首先要掌握居民吃盐的基本信息，包括人群吃盐水平、吃盐主要来源、居民对盐相关知识的掌握、影响吃盐量的习惯和观念，这些信息均可通过调查获取。人群调查可采用世界卫生组织制定的逐步调查法，也可采用美国卫生部制定的人口和健康调查法。开展全民限盐活动还须掌握食品含盐信息，这些信息可通过两条渠道获取，其一是对餐馆食品和加工食品进行调查（标示含量和声称含量），其二是采用化学分析对食品含盐量进行检测。另外，要评估限盐效果还须动态监测居民吃盐量，了解企业降盐的落实情况，及时发现限盐活动中出现的问题。

在监测居民吃盐量方面，世界卫生组织表扬了蒙古国。蒙古国卫生部于 2011 年开展了居民吃盐调查，该国居民平均每天吃盐 11.1 克，居民吃盐主要来源是酥油茶、腊肠、熏肉、泡菜和锅巴等。有 87.5％的人知道高盐饮食的危害，有半数居民喜欢加盐酥油茶，1/3 的居民对吃盐没有任何限制，1/5 的居民不清楚哪些是高盐食品。这些监测数据为蒙古国制定限盐政策提供了依据。世界卫生组织也表扬了英国在监测居民吃盐量时所取得的成就。

世界卫生组织强调，在大部分发达国家和部分发展中国家，加工食品和餐馆食品已成为居民吃盐的主要来源。根据 SHAKE 策略，限盐活动应取得企业与餐饮业的支持和配合，逐步而温和地降低食品含盐量，为消费者适应低盐口味赢得时间，同时考虑减盐对食品安全的影响，必要时使用替代盐。世界卫生组织表扬了科威特在降低面包含盐量方面取得的成就。科威特居民吃盐最大的来源是复合食品（29.4％），其次是面包（28.0％）。在科威特，市场销售的面包有 80％由科威特面粉面包公司（Kuwait Flour Mills and Bakeries Company）生产。科威特卫生部与该公司达成协议，将其生产的面包含盐量降低 10％。仅此一项就让科威特居民平均吃盐量降低了 2.3％。

在引导消费者选购低盐食品方面，食品营养标签发挥着关键作用。SHAKE 策略强调，食品营养标签形式和内容应简明易懂。

研究表明，消费者做出购买决定前，注意力集中在食品标签上的时间只有 0.025～0.1 秒，因此食品营养标签的主要内容必须一目了然。世界卫生组织表扬了英国红绿灯警示系统和芬兰高盐警示系统。

SHAKE 策略强调，应通过宣传和教育，让居民认识到高盐饮食的危害，了解自己吃盐的主要来源，并通过改变饮食习惯最终减少吃盐（图 12）。最近，越南采用整合营销策略 COMBI 在富寿省（Phu Tho Province）开展了限盐活动，所采取的措施包括：行政动员和公众宣传、社区宣教、面对面交谈、针对性服务等。在开展该项活动后，当地居民人均吃盐量由每天 15.5 克降低到 13.3克。澳大利亚也采用 COMBI 策略在居民中开展了限盐活动。

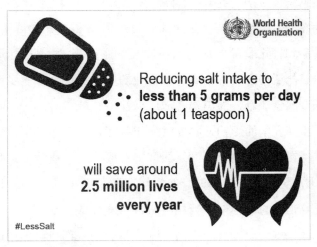

图 12　世界卫生组织投放的限盐传单

图中英文说明：将吃盐量降到每天 5 克以下（大约 1 茶匙），每年将拯救 250 万条生命。

图片来源：World Health Organization（WHO）. http://www. who. int/mediacentre/infographic/salt-reduction/en/.

根据 SHAKE 策略，开展限盐活动的环境包括生活、工作和娱乐等场所。最适于减盐的环境是学校、工作单位和医院，这些地方能对人群饮食进行集中管理。SHAKE 策略同样能在社区开展，在这一方面，世界卫生组织表扬了中国山东省和卫生部开展的 SMASH 活动。SMASH 由卫生工作者在家庭和学校环境中展开宣教，以减少居民烹调用盐。2011 至 2013 年，SMASH 使山东居民人均烹调用盐由每天 12.5 克降低到 11.6 克。另外，世界卫生组织也表扬了英国在学校限盐中所取得的突出成就。

世界卫生组织能站在全球高度，掌握全球疾病流行病学信息，汇集世界各国限盐经验，制定纲领性限盐指南，调动成员方积极性，为限盐活动提供政策建议和技术支持，在全球限盐活动中发挥着强大引领作用。

全球反盐浪潮

慢病也称非传染性疾病，是全球第一杀手，其所致死亡比其他原因所致死亡人数之和还多。2008 年，世界卫生组织（WHO）发起"新千年"计划（NMG），为控制慢病制定了九大战略目标。其中之一就是，到 2025 年将全球居民吃盐量降低 30％。在这一计划号召下，更多国家加入限盐行列中。

加拿大

2004 年，加拿大居民平均每天吃盐 8.5 克，在全球居中下水平。加拿大成人高血压患病率为 20％，高血压是第一就诊原因。加拿大心血管学会（CCS）估计，如果居民吃盐量降至指南推荐水平，高血压患病人数将减少 30％。2007 年，加拿大政府成立了限盐工作组（SWG）。2010 年，工作组制定了膳食指南，推荐居民每天吃盐不超过 6 克（2 300 毫克钠）。加拿大限盐工作组开展的活动包括：号召企业和餐饮业减少用盐、监测并公布居民吃盐来源、宣传高盐饮食的危害、鼓励学术界开展食盐相关研究、支持企业开发低盐食品技术等。2012年，加拿大政府公布减盐计划，为15大类94小类463种食品制定了含盐限量，敦促企业在2016年12月31日之前，将食品含盐控制在限量以下。

德国

德国联邦政府的施政纲领是，让德国公民健康地生活，让德国儿童健康地成长，使德国公民具备强健体质和卓越智力，从而在求学、就业、创新等竞争领域处于优势地位。1990年，联邦政府推出膳食营养和体育运动促进计划（IN FORM）。该计划的总体目标是，到2020年使居民普遍拥有健康的生活方式、平衡的膳食结构和合理的体育锻炼。IN FORM计划由农业部和卫生部联合实施，两部门制定了100多个具体措施，其中全民限盐是重要一环。2011年间，德国成年男性平均每天吃盐10.0克，成年女性平均每天吃盐8.4克，75％的男性和70％的女性每天吃盐量超过6克。高盐、肥胖、缺乏运动导致高血压盛行，51％的成年男性和44％的成年女性患高血压。德国居民吃盐的主要来源是加工食品，包括面包、肉制品和奶酪等。大幅降低这些食品消费量并不现实，只有逐步降低其含盐量才能到达减盐目的。德国政府采取的另一措施就是鼓励使用替代盐和低钠盐。

法国

2001 年，法国启动国民营养与健康计划（PNNS），每 5 年修订一次。该计划的宗旨是，通过宣教使居民能识别健康食品；改善食品环境使居民有机会选择健康食品。当时法国成人每天吃盐约 10 克，国民营养与健康计划制定了九大目标，其中之一就是将居民每天吃盐量降至 8 克以下。法国限盐活动主要由食品安全管理局（AFSSA）组织实施，所开展活动包括：宣传盐与健康知识；制定膳食指南；鼓励企业推出低盐食品，同时降低现有食品含盐量；指导居民选购低盐食品等。食品安全管理局还更新了食品营养标签系统，要求包装食品在标示每 100 克食品含盐量的同时，标注每份食品含盐量，便于消费者了解每餐吃盐量；鼓励企业在食品外包装上标注"该食品含有足量盐，食用前无须额外加盐"。2002 年起，法国食品安全管理局开始对居民吃盐量进行动态监测。

爱尔兰

爱尔兰居民人均每天吃盐约 10 克，其中 65％～70％源于加工食品和餐馆食品。肉制品大约贡献了 30％吃盐量；面包贡献了 26％吃盐量；餐桌用盐贡献了 20％吃盐量。爱尔兰 50 岁以上居民高血压患病率超过 50％。2016 年，爱尔兰食品安全局（FSAI）更新膳食指南，建议居民将每天吃盐控制在 6 克以下。该指南还强调，对于 97.5％的人，每天 4 克盐就已足够。爱尔兰食品安全局开展的限盐活动还包括：号召居民减少烹调用盐和餐桌加盐、鼓励餐馆和家庭使用低钠盐、敦促企业自发降盐、为部分包装食品设定含盐限值、规范食品营养标签等。

意大利

2012年，意大利居民平均每天吃盐9.0克。意大利各地居民吃盐量存在明显差异，卡拉布里亚（Calabria）居民每天吃盐11.3克；瓦莱达奥斯塔（Valle d'Aosta）居民每天吃盐8.1克。在各发达国家，意大利居民吃盐偏多，脑中风发病率也较高。2007年，意大利政府成立了限盐工作组（GIRCSI）。工作组开展的限盐活动包括：宣传世界卫生组织和欧盟的限盐指南、根据各地饮食习惯制定减盐方案、鼓励低收入者参与限盐、研究限盐对其他疾病（如甲状腺疾病）的影响、鼓励企业自发降盐。2009年，限盐工作组召集面包生产企业签署协议，倡议在2年内将面包含盐量降低15%，并在其后逐步降低肉制品、奶酪和罐装食品的含盐量。

瑞士

2004年，瑞士成年男性平均每天吃盐10.6克，成年女性平均每天吃盐8.1克。居民所吃盐17%源于面包，11%源于奶酪，8%源于肉制品。瑞士成人高血压患病率为26%，60岁以上人群高血压患病率超过50%。2008年，瑞士联邦公共卫生办公室（Federal Office of Public Health）推出食盐战略，确立的近期目标是将居民吃盐量降低到8克以下，远期目标是将居民吃盐量降低到5克以下。联邦公共卫生办公室开展的限盐活动包括：号召企业自发减少用盐、向居民宣传高盐饮食的危害、改进食品标签内容便于居民选购低盐食品、研发食盐替代品和低盐食品。2013年雀巢公司宣布，在3年内将所有食品含盐量降低10％。根据2017年的最新报告，雀巢公司在4年间减少食品用盐2700吨，相当于将所生产食品含盐量降低了10.5％。瑞士属缺碘缺氟地区，多年前就实施了食盐加碘和加氟。在开展全民限盐活动中，瑞士充分考虑到限盐对补碘和补氟的影响。随着居民吃盐减少，适时增加了食盐碘化和氟化强度。

韩国

2011年，韩国成人平均每天吃盐12.2克。30岁以上韩国人高血压患病率为28.5％，其中男性为32.9％，女性为23.7％。高血压、脑中风和冠心病花费占韩国医疗总支出的15.1％。韩国食品药品安全部（MFDS）提出，在2017年前使居民吃盐量由12.2克降到9.9克，在2020年前使居民人均吃盐量进一步降到8.9克。食品药品安全部开展的限盐活动包括：推荐大型超市设立低盐食品专区、鼓励学术界开展限盐宣传、投放限盐公益广告、开展减盐辩论赛、举办低盐烹饪大赛、组织低盐烹饪培训、鼓励企业研发低盐腌制技术以降低泡菜含盐、在餐饮业推行"低盐服务周"。2015年，韩国食品药品安全部发起低盐餐饮倡议（Samsam），鼓励餐馆和食堂每天至少提供一餐低盐饮食，如一份午餐含盐量应低于3.3克。食品药品安全部还推出了低盐示范餐馆，组织营养专家为学生设计低盐校餐，教育和科技部为学生与家长开设了限盐课程。

阿根廷

阿根廷居民平均每天吃盐约 12 克，其中面包贡献的吃盐量超过 4 克。2010 年，阿根廷卫生部推出"吃盐少，寿命长"（Menos Sal Más Vida, Less Salt, More Life）宣传活动。2011 年，卫生部邀请 41 家企业签署协议，规划在 4 年内将肉制品、奶酪和汤料含盐量降低 5％～18％，将面包含盐量降低 25％。2013 年，阿根廷国会通过立法，为面包、肉制品和汤料等 18 类食品设置了含盐限值。其中规定，汉堡包含盐不得超过 850 毫克/100 克，汤类含盐不得超过 352 毫克/100 毫升，包装食品每份含盐不得超过 1.3 克（500 毫克钠），违反规定的企业将被罚款 100 万比索（约 35 万元人民币），并吊销营业执照 5 年。同时还规定，餐饮业的营业菜单上必须标注"吃盐多有害健康"这一警示语。

智利

2006 年，智利居民每天吃盐约 10 克。成年居民高血压患病率为 33.7％；45～64 岁人群高血压患病率高达 53.7％。智利卫生部制定的膳食指南推荐，成人每天吃盐应少于 5 克。2012 年，智利卫生部推出"选择健康生活"（Elije Vivir Sano, Choose Living Healthy）宣传活动，强调吃盐多是居民健康的一大威胁。在督导企业实施减盐时，智利卫生部将重点放在面包和肉制品上。卫生部先与中小企业签订协议，鼓励他们降低食品含盐，再将限盐活动推广到大企业。智利卫生部特别重视儿童限盐，推荐 18 岁以下儿童每天吃盐 3.0～3.8 克，根据年龄和热量摄入水平而定。智利法律规定，禁止在学校销售高盐食品，禁止企业向儿童赠送高盐食品。在贫困学生食品补助计划（JUNAEB）中，企业提供的食品含盐量不得超过限定标准。

南非

2005 年，南非非裔居民每天平均吃盐 7.8 克，欧裔居民每天平均吃盐 9.5 克，混血居民平均每天吃盐 8.5 克。面包贡献了 40%～50%的吃盐量，这表明南非面包含盐量很高。其他对吃盐量贡献较大的食品包括肉制品、饼类、黄油、汤类等。2013 年 3 月 18 日，南非卫生部长莫措阿莱迪（Aaron Motsoaledi）签署法令，全面限制加工食品含盐量。这一举措使南非成为全球第一个用法律手段强制降低食品含盐量的国家。该法律涉及的食品包括面包、肉制品、谷类早餐、人造黄油、薯片、零食、汤料、方便面等，这些食品含盐量必须在 2016 年 6 月之前达到预设标准，南非卫生部将在 2019 年 6 月再次调降食品含盐量标准。2016 年 6 月之前，面包含盐量须降至 1.0 克/100 克以下；2019 年 6 月之前，进一步降至 0.97 克/100 克以下。2016 年 6 月之前，每份方便面（100 克，包括调料包）含盐量须降至 3.8 克以下；2019 年 6 月之前进一步降至 2.0 克以下。该法令对如何检测食品含盐量也进行了详细规定。

澳大利亚

2005 年，盐与健康行动组织（AWASH）的成立标志着澳大利亚限盐活动的开端。2007 年，AWASH 发起澳大利亚第一个限盐活动——少用盐（Drop the Salt!）。"少用盐"活动包括：游说政府制定减盐政策、确立减盐目标、鼓励企业参与限盐活动、引导居民建立健康的饮食习惯、推动食品标签改革、建立吃盐量监测系统、向居民宣传高盐饮食的危害。2010 年，乔治全球健康研究所与保柏集团澳大利亚公司（BUPA Australia）合作，启动了食品营养信息智能手机应用系统（FoodSwitch smartphone application）。这一手机 APP 纳入了澳大利亚市场销售的 1 万种食品营养素含量信息，并进行动态更新；该数据库还接受众包（公众输入）信息。安装了 FoodSwitch 的手机，只需扫描食品包装上的条形码，立刻就能获知该食品含盐量等营养信息，该系统还会将各营养素含量转换为红绿灯标识，使消费者能清晰了解盐含量是否超标，同时提供比该食品更健康的类似食品选项（图 13）。截至 2016 年，已有超过 150 万消费者下载了 FoodSwitch。

欧盟

欧洲联盟，简称欧盟，总部位于比利时布鲁塞尔，有 28 个成员国，总面积 242 万平方千米，总人口 3.5 亿。2016 年，英国经全民公投退出欧盟。欧盟各成员国居民吃盐量差异很大，大部分成员国居民每天吃盐量在 8～12 克之间。2008 年，塞浦路斯报告的居民吃盐量为 5 克，而匈牙利报告的男性吃盐量为 17.5 克，女性为 12.1 克。欧盟国家居民吃盐量有 75％源于加工食品，其中面包、肉制品和奶酪是最主要来源。在世界卫生组织的倡议下，欧盟成立了限盐行动联络组织（ESAN），其任务包括：1）联络各成

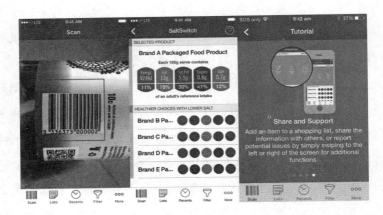

图 13　食先知手机应用

　　FoodSwitch 智能手机应用由乔治全球健康研究所开发，其主要用途是帮助消费者选购健康食品。消费者用智能手机扫描食品包装上的条形码，就能获得该食品的各种营养信息，同时将盐、糖、总脂肪、饱和脂肪酸转换为红绿灯警示，使消费者能轻易发现高盐、高糖、高脂食品，同时还给消费者推荐比该食品更好的选项。消费者也可借助该系统，将自己购买食品的经历与他人分享。另外，该 APP 可接受消费者输入的信息（图片和文字），增加扫描食品的种类。目前该 APP 已在澳大利亚、新西兰、印度、南非、英国、美国、中国等国家投入使用。FoodSwitch 的中文名称为食先知，其中有食先知、盐先知、能先知三个模块，分别评估膳食模式、盐含量和热量。iOS（苹果）和 Android（安卓）手机用户可免费从乔治全球健康研究所网站下载中文版 APP。

员国开展跨国限盐活动；2）发布限盐政策，提供限盐信息，交流限盐经验；3）研发降盐新技术；4）为成员国提供限盐技术支持，如设立限盐目标、评估居民吃盐量、检测食品含盐量、开展公众对话等。2012 年欧盟发布的减盐工作框架表明，限盐在各国开展得并不顺利。其主要原因在于，在降低加工食品含盐量方面，欧盟各国都采用了比较温和的政策，即与食品企业和餐饮业协商，签订不具约束力的协议：号召企业自发降低食品含盐量。这种做法往往收效甚微。因此，葡萄牙等国家正在考虑采用立法形式，强制降低加工食品和餐馆食品的含盐量。

WASH

世界盐与健康行动组织（WASH）成立于 2005 年。WASH 的目标是，降低加工食品含盐量，减少餐桌盐，使全球居民平均吃盐量降至每天 5 克以下。WASH 开展的活动包括：号召跨国公司降低食品含盐量、支持世界各国政府开展减盐活动。目前，来自全球 95 个国家的 585 家组织和机构支持 WASH 活动。WASH 的网站（http：//www. worldactiononsalt. com）不定期发布限盐报告，分析世界各国在限盐活动中取得的成就和面临的困难。从 2008 年起，WASH 在每年三月初都开展"低盐宣传周（World Salt Awareness Week）"，每年提出一个低盐宣传主题。2017 年的低盐宣传主题是"盐——被遗忘的杀手（Salt：The Forgotten Killer）"。

国民健康是国家发展的保障，国民智慧是国家创新的源泉。秉持这种治国理念的西方国家，始终将促进国民身心健康放在国家发展的优先方向。目前，全球正式开展限盐的国家已超过 80 个，荷兰、丹麦、挪威、冰岛、科威特等国开展的限盐活动也卓有成效。但是，还有很多国家，尤其是广大发展中国家，并没有启动限盐活动，这些国家的居民往往深受高盐饮食的危害。

中国的限盐活动

在五千年的文明发展史中，中华民族形成了丰富多彩的饮食文化和博大精深的养生哲学。饮食文化作为中华文明的重要组成部分，推动了民族进步和国家富强。自古以来，不论是达官显贵还是布衣百姓都重视饮食，"民以食为天"就是对中国饮食思想的高度概括。

祖国医学认识到高盐饮食危害已有 5000 多年历史。《黄帝内经》中记载："多食咸，则脉凝泣而变色。"吃盐多会导致血液黏稠和血流缓慢，面色也会因之改变。这一描述说明，在上古时期，沿海产盐区居民吃盐已相当多了，否则不会引起血液和面色改变。有关吃盐多是否有害，中医曾长期存在争论。

对中国居民吃盐状况的了解始于 INTERSALT 这一大型跨国研究。1985 年，INTERSALT 采用 24 小时尿钠法，对全球 32 个国家居民吃盐量进行了检测。在中国选择南宁、天津和北京三地征集受试者。令人惊讶的是，在参与 INTERSALT 研究的 32 个国家 52 个地区中，中国天津居民吃盐量（每天 14.1 克盐）高居榜首，天津居民吃盐量是巴西亚诺玛米人的 300 多倍。1998 年开展的 INTERMAP 研究再次验证了中国居民的高盐状态，在参与研究的 4 个国家 17 个人群中，北京居民吃盐量（每天 15.9 克盐）高居榜首。北京居民人均吃盐量接近英国居民（8.3 克盐）的 2 倍。INTERMAP 还发现，中国北方居民血压明显高于南方居民，其原因与北方居民吃盐多有关。

1989 年，中国营养学会发布《中国居民膳食指南》，并于 1997、2007 和 2016 年进行了 3 次修订。《中国居民膳食指南 2016》再次建议成人每天吃盐不超过 6 克。值得重视的是，《中国居民膳食指南》所推荐的吃盐量仅指烹调用盐，而国际通行的标准是将膳食中所有钠换算为盐当量。

2004 年 5 月，第 57 届世界卫生大会（World Health Assembly，WHA）通过《饮食、身体活动与健康全球战略》（WHA57.17）。世界卫生组织（WHO）呼吁各成员方政府、国际组织、私营企业和民间团体在全球采取行动，促进饮食健康，加强体育锻炼。其中减少吃盐是推动饮食健康的重要一环。中国卫生部响应号召，在部分地区发起了限盐活动。

2007 年北京市政府推出"健康奥运，健康北京"活动，向市民免费发放限盐勺，让居民对烹调用盐进行量化。2008 年上海市政府推出"健康世博，健康上海"活动，通过邮局和社区向 600 万家庭免费发放限盐勺，倡导市民养成"每人每天 6 克盐"的习惯。2010 年，广州市推出"健康亚运，健康广州"活动，为 250 万家庭发放限盐勺，宣传控油限盐在慢病预防中的作用。2010 年北京市启动低钠盐推广活动，鼓励家庭、餐馆和集体食堂使用低钠盐，以预防和控制高血压。

　　2011 年，卫生部与山东省人民政府联合启动减盐防控高血压项目（SMASH）。山东省政府下发了《山东省减盐防控高血压项目实施方案》。该项目确立的限盐目标是，到 2015 年使山东居民人均每天烹调用盐降低到 10 克以下。根据 2002 年开展的全国居民营养调查，中国居民人均每天烹调用盐为 11.9 克，山东省居民人均每天烹调用盐为 12.6 克。为了实现减盐目标，山东省开展了丰富的限盐活动，推出了专用宣传图标（图 14）。

图 14　山东省减盐防控高血压
项目（SMASH）标志

　　2014 年，澳大利亚乔治全球健康研究所在中国启动低钠盐与脑卒中关系研究（China Salt Substitute and Stroke Study，SSaSS）。这是在中国第一次开展大规模食盐干预，项目首席研究者是北京大学武阳丰教授和悉尼大学布鲁斯·尼尔教授（Bruce Neal）。SSaSS计划在北方 5 省 10 县选取 600 个行政村，采用整群随机对照法，将入选村庄分为两组，一组通过健康宣教、饮食指导、使用低钠盐等措施降低居民吃盐量；另一组不进行干预。每个村庄预计会有 35

名受试者，参加人数高达 21 000 人。5 年后，比较两组村庄脑中风发病率和死亡率。该项目旨在评估低钠高钾盐预防脑中风的效果，目前已在山西省长治市启动。

为了增强限盐效果，SSaSS 研究将儿童也列为干预对象。研究人员希望利用这些"小皇帝""小公主"在家庭的影响力，让小学生把在学校获得的限盐知识带回家，向父母宣传吃盐多的危害，并向他们传授减盐方法。这一策略产生了超乎预想的效果，有的学生回家后将盐罐隐藏起来，有的则直接将盐罐打碎，采用这种策略使家庭烹饪用盐减少了 1/4。这一全新举措也引起了国际媒体广泛关注。

根据 1992 年开展的全国营养调查，西藏居民人均每天钠摄入高达 13 037 毫克（相当于 33.1 克盐），其中烹调用盐 31.9 克，藏族同胞吃盐明显超过指南推荐标准，高居全国各省市自治区之首，当时全国城乡居民人均每天烹调用盐 14.7 克。同期开展的高血压抽样调查发现，西藏男性居民高血压患病率为 19.5%，居全国各省市自治区之首，当时全国高血压患病率为 11.3%。藏族同胞高盐饮食可能与高原环境有关，居民蔬菜水果摄入少，腌制食品和发酵食品摄入多。高盐饮食导致西藏居民高血压和心脑血管病发病率均较高。2013 年开展的卒中地域性研究中，西藏脑卒中发病率居各省市自治区之首。为了探索低钠高钾盐在西藏居民中防控高血压的可行性，乔治全球健康研究所发起了中国替代盐研究（China Salt Substitute Study，CSSS），以期降低西藏居民心脑血管病发病率。

根据膳食营养调查，中国居民每天烹调用盐（包括食盐和酱油含盐）由 1992 年的 14.7 克降到 2002 年的 11.9 克，2012 年进一步降至 10.6 克。用烹调用盐代表整体吃盐，是因为以往膳食盐绝大部分源于烹调用盐。然而，20 年间中国居民膳食结构、就餐地点和饮食习惯已发生显著改变，膳食盐来源正在多元化，非烹调用盐比例逐渐增加。1990 年之前，居民吃盐有 84% 源于烹调用盐，其中食盐占 77.5%，酱油含盐占 6.5%。按食物钠含量计算，2012 年中国居民人均吃盐 14.5 克（5707 毫克钠），其中烹调用盐占 72.4%，这一比例在城市居民中更低。可见，烹调用盐已难以代表居民整体吃盐量了。

2013 年，中国食盐销量达 1014 万吨；酱油销量达 500 万吨（每 100 克酱油平均含钠 5.757 克，相当于 78.8 万吨盐）；味精销量达 230 万吨（每 100 克味精钠 8.16 克，相当于 47.7 万吨盐）。3 项合计换算为盐当量 1141 万吨。当年全国人口 13.6 亿，平均每人每年用盐 8.38 千克，相当于每人每天用盐 23.0 克。

2013 年的调查表明，中国有近 3 亿高血压患者。根据美国和加拿大的经验，要在人群中将高血压控制率提升到 60% 以上，每位高血压患者平均使用的降压药物为 2.5 种。目前一线高血压药物每月费用约 100 元，每位高血压患者平均每月支出药费为 250元，加上就诊、化验和检查等费用，每月直接医疗花费在 300 元左右。全国 3 亿高血压患者每年直接医疗费将高达 10 800 亿元。2013 年中国各级政府卫生总支出为 9 546 亿元，因此，在中国即使将全部卫生支出都用于高血压治疗，也难以保障所需的巨额费用。

2011 年，中国有 671 万人次因心脏病住院，有 619 万人次因脑中风住院。在江苏南京，心脏病每次住院花费约 3 万元，脑中风每次住院花费约 2.5 万元，若全国以南京水平计，每年因心脑血管病住院的直接费用将高达 3 559 亿元。中国目前有 1 300 万脑中风和 TIA（短暂脑缺血发作）幸存者，有 700 万心脏病幸存者。一位心脑血管患者每月维持治疗费用大约需要 1 000 元，全国心脑血管病患者维持治疗费用每年需 2 400 亿元。据此估算，仅心脑血管病每年产生的潜在医疗费用就高达 6 000 亿元。

令人担忧的是，在人口老龄化、都市化、饮食模式西化等诸多因素助推下，中国居民高血压患病率仍在持续攀升。根据现在的趋势估算，2025 年中国将有 4 亿高血压患者，2035 年将有 5 亿高血压患者。脑中风、冠心病和慢性肾病的患病人数也将大幅增加。若不尽早采取应对措施，庞大的患者群体将给社会经济发展带来灾难性后果。

吃盐标准

盐是人体内钠离子和氯离子的主要来源。钠离子参与神经传导、心脏跳动和肌肉收缩；氯离子参与血液酸碱度调节和胃酸合成；钠离子和氯离子共同维持血容量和血浆渗透压稳定。人体没有储存钠和氯的功能，每天吃一点盐才能补偿钠和氯的流失。

吃盐太少可能会引起体内钠缺乏，进而危及健康，但这种情况极其罕见。因为日常食物都含钠，即使不加盐，食物天然含钠也基本能满足人体需求，就像原始人类那样。一般认为，成人每天钠生理需要约为 200 毫克（0.5 克盐），WHO 指南推荐成人每天钠摄入不超过 2 000 毫克（5 克盐）。每天吃盐 5～10 克为高盐摄入，每天吃盐 10～15 克为超高盐摄入，每天吃盐 15 克以上为极高盐摄入。

合理吃盐量应包括下限和上限，下限能满足生理需要，上限不增加慢病风险。美国医学研究所（IOM）用平均需要量（estimated average requirement，EAR）代表吃盐量下限；用可耐受的最高摄入量（tolerable upper intake level, UL）代表吃盐量上限。由于食盐中钠的健康效应处于主导地位，氯的健康效应处于次要地位，在决定合理吃盐范围时，一般以钠摄入为依据。

研究原始部落饮食能为确定合理吃盐量提供依据。在全球范围，目前仍能找到生活在原始状态的人群，这些人吃盐极少。巴西亚马孙河谷的亚诺玛米部落，长年生活在与世隔绝的雨林中，没有机会获得盐，他们每天从天然食物中摄取钠约 23 毫克（0.1克盐）。生活在所罗门群岛上的艾塔（Aita）部落，每天摄入钠230～690 毫克（0.6～1.8 克盐）。在进入农业社会之初，人类每天摄入钠 200～800 毫克（0.5～2.0 克盐）。大猩猩在野外环境中每天摄入钠 46～575 毫克（0.1～1.5 克盐）。这些低盐部落和群体都能健康生存，说明人体每天钠需求不超过 200 毫克（0.5 克盐）。在现代饮食环境中，健康人钠摄入不可能低于这一水平。基于这一考虑，世界各国膳食指南都没有设定吃盐下限。《美国膳食指南 2015—2020》推荐，14 岁以上居民每天钠摄入应少于 2 300毫克（6 克盐），《中国居民膳食指南 2016》推荐，11～64 岁居民每天吃盐不超过 6 克。曾有人质问，难道吃盐量可以降到 0 吗？其实，只要正常吃饭，吃盐量就不可能降到 0.5 克这一生理需求水平之下。

在全球范围，同样能找到吃盐量极高的人群。20 世纪 50 年代，日本秋田居民平均每天吃盐高达 26.2 克，部分居民每天吃盐超过 30 克。秋田地区高血压患病率和脑中风发病率高居日本各县之首，死亡率也居日本各县之首。在一些临床研究中，曾让受试者每天吃 30 克以上的盐，结果发现高盐饮食会升高血压；INTERSALT 研究也发现，吃盐越多，血压越高。

高盐饮食的主要健康危害是血压升高，进而增加心脑血管病等慢病风险。因此，要确定吃盐量的合理上限，需要对人群进行长期跟踪，分析不同吃盐量对心脑血管病的影响。遗憾的是，因难度太大，这样的研究目前还非常少，无法依据盐对慢病的影响推算上限；作为折中，目前吃盐量上限是依据盐对血压的影响而确定的。

探索盐与血压关系的研究发现，每天吃盐量在 0.6 到 34.5 克之间时，血压都会随吃盐量增加而升高；也就是说，盐的升压作用并没有明显临界值。在不同人群中，盐升高血压的幅度也有所不同。在高血压患者、糖尿病患者、慢性肾病患者、老年人、有色人种中，盐的升压作用更加明显。

减少吃盐可降低血压，增加吃盐可升高血压。依据这种关系，有望为吃盐量设立上限。但是，由于吃盐量和血压之间的关系是连续的，并没有发现明显临界值，这就很难设定吃盐上限。从理论上看，最高摄入量应高于合理摄入量。美国医学研究所设定钠的合理摄入量为 1 500 毫克（相当于 3.8 克盐），在这一水平之上，大量研究评估了每天 2 300 毫克钠对血压的影响，美国医学研究所据此将 14 岁及以上人群钠最高摄入量设定为 2 300 毫克，约相当于 6 克盐（表 6）。可见，每天 6 克盐其实是人为设定的一个大致标准。

表 6　钠摄入参考值（毫克/日）

年龄段*	中国		美国	
	AI	PI-NCD	AI	UL
0～6 个月	170	–	120	–
7～12 个月	350	–	370	–

年龄段*	中国		美国	
1～3 岁	700	–	1 000	1 500（3.8 克盐）
4～6 岁	900	1 200（3.0 克盐）	1 200	1 900（4.8 克盐）
7～10 岁	1 200	1 500（3.8 克盐）	1 500	1 900（4.8 克盐）
11～13 岁	1 400	1 900（4.8 克盐）	1 500	2 200（5.6 克盐）
14～17 岁	1 600	2 200（5.6 克盐）#	1 500	2 300（5.8 克盐）†
18～49 岁	1 500	2 000（5.1 克盐）	1 500	2 300（5.8 克盐）
50～64 岁	1 400	1 900（4.8 克盐）	1 300	2 300（5.8 克盐）
65～79 岁	1 400	1 800（4.6 克盐）	1 200	2 300（5.8 克盐）
≥80 岁	1 300	1 700（4.3 克盐）	1 200	2 300（5.8 克盐）
孕妇‡	＋0	＋0	＋0	＋0
乳母‡	＋0	＋0	＋0	＋0

① *为了便于对照，美国参考值年龄段做了稍微调整。

② #《中国居民膳食指南》取该值整数值，推荐成人每天吃盐不超过6克。

③ †《美国膳食指南》取该值整数值，推荐居民每天吃盐不超过6克。

④ ‡在同年龄段人群参考值基础上的增加量。

⑤ AI：适宜摄入量（Adequate Intake）。

⑥ PI－NCD：预防慢病的建议摄入量（proposed intake for preventing non-communicable chronic diseases），中国钠摄入 PI－NCD 值相当于美国钠摄入 UL 值。

⑦ UL：可耐受最高摄入量（tolerable upper intake level）。

⑧ 中国数据来源：中国营养学会.《中国居民膳食营养素参考摄入量》，2013版. 北京：科学出版社，2014。

⑨ 美国数据来源：Institute of Medicine（IOM）. Dietary Reference Intakes：Water, Potassium, Sodium, Chloride, and Sulfate. Washington DC：National Academies Press，2005.

美国医学研究所还为不同年龄人群制定了钠的适宜摄入量（adequate intake, AI）。适宜摄入量是在上限和下限之间，人群应达到的平均水平。根据美国医学研究所的标准，18～50岁人群每天钠适宜摄入量为1 500毫克（相当于3.8克盐），50到70岁人群为1 300毫克（相当于3.3克盐），70岁以上人群为1 200毫克（相当于3.0克盐，表6）。青年人钠适宜摄入量稍高，是因为青年人运动量大，出汗多，体内钠流失也较多。老年人钠适宜摄入量稍低，是因为老年人热量摄入较少，体内钠流失也较少。另外，竞技运动员和高温作业者（炼钢工人和消防员）钠适宜摄入量高于普通人。

氯的适宜摄入量是依据钠的适宜摄入量和食盐（氯化钠）中氯含量计算而得。这是因为，饮食中氯主要以盐的形式存在。因此，18～50岁人群每天盐适宜摄入量为3.8克，对应氯适宜摄入量为每天2.3克；50到70岁人群每天盐适宜摄入量为3.3克，对应氯适宜摄入量为2.0克；70岁以上人群每天盐适宜摄入量为3.0克，对应每天氯适宜摄入量为1.8克。

曾有学者认为，限盐应针对高血压、心脑血管病患者和老年人。大量研究表明，限盐不仅有益于高血压患者，也有益于普通人。大部分人血压会随年龄增长而升高，吃盐多可加速血压随年龄升高的趋势；也就是说，吃盐多会让高血压来得更早。吃盐多的习惯往往在儿童期养成，而高血压多在成年后出现，因此，如果只针对高血压人群限盐，就难以达到预防或延迟高血压发生的目的。

还有学者认为，限盐应针对盐敏感的人，因为盐抵抗的人即使吃盐多，血压变化也不明显，因此没有必要限盐。这种观点的错误之处在于，将盐敏感和盐抵抗当成截然相反的两个概念。其实，盐敏感和盐抵抗是相对概念，两者间没有清晰界限，大部分人属于中间型，只是为了研究需要，人为将人群分为盐敏感和盐抵抗。目前也缺少能准确诊断盐敏感的方法。另外，盐敏感性还受年龄、肾功能、钾摄入量、遗传等因素影响。在一定情况下，盐抵抗可转变为盐敏感，盐敏感也可转变为盐抵抗。因此，世界各国指南都不支持将盐敏感的人找出来，再开展限盐活动。

美国心脏协会（AHA）认为，对于高危人群，如高血压患者、心脑血管病患者、慢性肾病患者、老年人、有色人种等，吃盐量应进一步降低，因为这些人更容易因高盐罹患疾病。在炎热环境中从事重体力活动的人，由于出汗多，吃盐量应适当增加。《美国膳食指南 2010》推荐高血压患者、黑种人、中老年人每天钠摄入不超过 1 500 毫克（3.8 克盐）。《美国膳食指南 2015—2020》缩小了高危人群的范围，仅推荐高血压前期（高血压前期指收缩压在 120～139 毫米汞柱之间或舒张压在 80～89 毫米汞柱之间）和高血压患者将每天钠摄入控制在 1 500 毫克（3.8 克盐）以下。

需要强调的是，盐对血压的影响不仅具有短期效应，还具有长期效应。长期高盐饮食可导致血管损伤、动脉硬化、血管阻力增加、肾功能受损、心室肥厚等，这些改变会进一步升高血压，增加心脑血管病和慢性肾病的风险。从高盐饮食到高血压可能需要多年累积作用。所以说，限盐开始得越早越好。

很多人认为动脉粥样硬化只会出现在老年人中，其实很多动脉粥样硬化在年轻时就已开始，甚至在血压偏高的儿童中就有所表现。对猝死儿童进行尸检发现，在 8 岁儿童中就发现了动脉粥样硬化斑块，斑块大小与高血压有关。超声检查发现，血压高的儿童动脉内中膜明显增厚，而内中膜增厚是动脉粥样硬化发生的前奏，往往预示着成年后会发生心脑血管病。减少吃盐能降低血压，延迟甚至预防动脉粥样硬化的发生。因此，儿童与青少年限盐同样重要。

《美国膳食指南 2015—2020》提出，两岁以上儿童、青少年和成人都应控盐。制定这一推荐的另一个理由是，儿童期吃盐多少会影响成年后血压。味觉发育大约在 2 岁完成，而向饮食中大量加盐也开始于 2 岁，膳食盐会影响儿童的盐喜好，进而影响成年后吃盐量。因此，儿童限盐也有利于养成低盐饮食习惯。

成人血压低于 90/60 毫米汞柱为低血压。根据持续时间长短，低血压可分为急性和慢性。急性低血压往往是失血、感染、呕吐、腹泻等原因所致，经补充血容量后很快就会恢复。慢性低血压又可分为原发性和继发性。继发性低血压的常见病因包括脊髓空洞症、心脏瓣膜病、缩窄性心包炎、肥厚性心肌病、营养不良等。原发性低血压没有明确病因，多见于体弱、苗条、运动少的年轻女性。低血压会影响心脏和脑供血，会引起头晕、心慌、乏力等症状。低血压患者也容易发生体位性晕厥。原发性低血压患者可适量增加吃盐，尤其对于平常吃盐少的人。

《中国居民膳食指南 2016》推荐，11～64 岁居民每天吃盐应少于 6 克，65 岁及以上居民每天吃盐应少于 5 克。2012 年，中国居民人均吃盐高达 14.5 克（5 703 毫克钠），其中烹调用盐 10.5 克。可见，绝大多数中国人吃盐超过推荐标准。根据西方国家的经验，将全民吃盐量从高位降到合理水平，需要一个缓慢而长期的努力过程。考虑到中国慢病流行的现状，以及其对未来社会经济发展的潜在威胁，全民限盐不应再被忽视。

孕妇、儿童与老年人

　　孕妇、乳母对膳食营养具有额外需求；婴幼儿和儿童处于快速生长期，营养需求变化快；老年人活动量减少，热量需求下降。这些特殊人群吃盐应适当调整。

孕妇

　　早孕反应是指在妊娠 4～12 周，孕妇出现食欲不振、喜酸、厌油、恶心、晨起呕吐等现象。早孕反应发生的机制尚未完全阐明，一般认为与体内激素变化有关。怀孕后卵巢分泌黄体酮（孕酮）增多，黄体酮可舒缓子宫平滑肌，有利于早期胚胎发育；但黄体酮对胃肠蠕动有抑制作用，从而导致早孕反应。另外，怀孕早期胎盘会分泌人绒毛膜促性腺激素（HCG），HCG 可减少胃酸分泌，延长胃排空时间，从而加重早孕反应。

　　轻度早孕反应无须治疗，随着孕周增加会逐渐消失。重度早孕反应（妊娠剧吐）会导致电解质大量流失，使孕妇出现低钠血症、低钾血症和低氯血症。孕妇发生低钠血症可影响胎儿味觉发育，改变成年后的口味。美国华盛顿大学心理学家克莉斯多（Susan Crystal）发现，早孕反应严重的准妈妈，其宝宝成年后盐喜好明显增强。因此，孕妇若出现严重妊娠剧吐，应在医生指导下进行必要治疗。

孕妇的饮食除了提供自身所需，还为胎儿生长发育提供营养。因此，各国膳食指南都推荐，孕妇应适当增加热量、蛋白质、维生素、钙、镁摄入；但并不推荐增加盐（钠）摄入。其原因在于，目前推荐的吃盐量明显超过人体生理需求。孕妇吃盐只需参照同龄人标准，完全能满足母体和胎儿需求。

哺乳妇女

哺乳妈妈的饮食除了提供自身所需，还通过乳汁为宝宝提供营养。大部分营养素都能经过乳汁输送给宝宝。根据指南，哺乳妇女应适当增加热量、蛋白质、维生素、钙、镁摄入，但没有必要增加盐（钠）摄入。

婴幼儿

6 月龄以内宝宝若完全采用母乳喂养，每天吃奶约 750 毫升，母乳含钠量平均为 230 毫克/升，每天摄入钠 173 毫克，相当于 0.44 克盐。这种天然吃盐量为决定婴儿奶粉含盐量提供了依据。

随着哺乳时间推移，母乳中主要营养素含量会逐渐下降。蛋白质含量由初乳时的 2.12 克/100 毫升降到 4 月时的 1.03 克/100 毫升，钠含量由初乳时的 34.1 毫克/100 毫升降到 4 月时的 13.6 毫克/100 毫升。尽管哺乳量随宝宝月龄逐渐增加，但 4 月后母乳中主要营养素含量明显降低。《中国婴儿喂养指南》建议，4 到 6 月宝宝应开始尝试辅食。辅食的另一个重要作用是，让宝宝逐渐适应母乳以外的食物，为断奶做好准备。

中国宝宝平均断奶时间为 10.1 月龄，4 月龄前开始添加辅食的宝宝占 57.2％，6 月龄前开始添加辅食的宝宝占 77.9％，9 月龄前开始添加辅食的宝宝占 87.1％，12 月龄前开始添加辅食的宝宝占 91.9％，开始接触餐桌食物后盐摄入迅速增加。中国营养学会推荐 7 到 12 月宝宝每天钠适宜摄入量为 350 毫克（相当于 0.9 克盐）；1 到 3 岁宝宝每天钠适宜摄入量为 700 毫克（相当于 1.8 克盐）。

婴幼儿时期吃盐多少往往会影响成年后口味，并对血压产生长远影响。曾有荟萃分析评估了母乳和非母乳喂养宝宝成年后血压的差别。结果表明，非母乳喂养的宝宝成年后血压明显高于母乳喂养者。在 20 世纪 80 年代以前，配方奶粉含盐普遍较高，因此非母乳喂养宝宝吃盐高于母乳喂养者，这是其成年后血压偏高的重要原因。

儿童

2012 年，世界卫生组织（WHO）颁布成人和儿童钠（盐）摄入量指南，推荐 16 岁及以上人群每天钠摄入不超过 2 000 毫克（约相当于 5 克盐），推荐 2 到 15 岁儿童依据热量摄入水平推算钠摄入。《美国膳食指南 2016—2020》推荐，14 岁及以上人群每天钠摄入量不超过 2 300 毫克（约相当于 6 克盐），推荐 2 到 13 岁儿童依据热量摄入推算钠摄入。

根据 2002 年中国居民营养与健康状况调查，2～3 岁儿童每天钠摄入为 3 213 毫克（相当于 8.2 克盐），4～6 岁儿童每天钠摄入为 4 013 毫克（相当于 10.2 克盐），7～10 岁儿童每天钠摄入为 4 821 毫克（相当于 12.2 克盐），14～17 岁青少年每天钠摄入为 6 271 毫克（相当于 15.9 克盐）。可见，儿童与青少年吃盐量明显超过推荐标准。2011 年，北京大学在苏州、广州、郑州、成都、兰州、沈阳、北京等 7 个城市及河北邢台的 2 个乡村，各抽取 1 所幼儿园和 1 所小学，对 1 774 名 3 到 12 岁儿童膳食进行调查。结果发现，农村幼儿园小班儿童平均每天吃盐 10.0 克，小学生平均每天吃盐 13.0 克；城市幼儿园小班儿童平均每天吃盐 6.5 克，小学生平均每天吃盐 9.0 克。可见，各年龄段在校学生吃盐也远超指南推荐标准。

最近开展的一项荟萃分析发现，儿童减盐也能降低血压。将吃盐量减少 42%，4 周后收缩压降低 1.2 毫米汞柱，舒张压降低 1.3 毫米汞柱。不应忽视儿童血压偏高的危害，儿童期血压越高，成年后血压也越高。从儿童期开始限盐，能从很大程度上缓解血压随年龄增加的趋势，延迟甚至预防成人高血压，从而降低心脑血管病风险。

老年人

一般来说，随着年龄增长，血压会逐渐升高，老年人高血压发病率明显高于年轻人。吃盐多会进一步升高血压，因此，老年人更应限盐。随着年龄增长，盐敏感性会逐渐增强。也就是说，老年人血压更易受吃盐多少影响。根据荟萃分析，50～60岁正血压者，吃盐量每增加6克（2300毫克钠），收缩压会平均升高3.7毫米汞柱；60～78岁正血压者，吃盐量每增加6克，收缩压会平均升高8.3毫米汞柱。

盐的一个重要作用就是产生美味，咸味的产生有赖于舌尖上的味蕾。随着年龄增长，味蕾首先对酸味和苦味的感知能力下降，其次是鲜味，咸味和甜味的钝化出现较晚。尽管如此，老年人咸味阈值仍然是年轻人的2倍。也就是说，要产生同等咸味，老年人需要的盐量是年轻人的2倍。

老年人味觉敏感性降低的原因很多。随着年龄增长，舌尖上味蕾减少；味蕾上味觉细胞也减少，这是年长者味觉不敏感的主要原因。老年人容易出现口腔卫生恶化和口腔疾病，同时唾液分泌减少。固体食物中的盐只有先溶解到唾液中，才能被味蕾感知。因此，唾液分泌减少会减弱咸味。另外，唾液减少，舌尖上的味蕾就得不到有效清洗，厚重的舌苔会阻碍盐和味蕾接触，从而减弱咸味。用软毛刷定期清洗舌部，可恢复味蕾的敏感性，有利于维持正常味觉，从而减少吃盐。

除了口腔疾病，糖尿病、咽喉炎、干燥综合征、肿瘤等也会降低味觉敏感性。通过味觉电生理测量技术（electrogustometry）发现，长期吸烟的人对盐的感知变得相当迟钝。因此，从限盐角度考虑，应积极治疗这些疾病，并尽早戒烟。

一些老年疾病和常用药物也会降低味觉敏感性。味觉敏感性下降不一定直接导致吃盐增加，但至少有一部分年长者会因味觉迟钝，改变食物选择，从而间接增加吃盐。

在老年人中，牙齿脱落很常见。牙齿脱落后，即使安装假牙（义齿）也会影响咀嚼功能，加之经常伴发牙周病，老年人食物选择会受到很大限制。咀嚼困难和牙龈疼痛迫使他们选择柔软的面食和深加工食物；少选择富含纤维素的蔬菜和水果。饮食结构的改变会增加盐（钠）摄入，减少钾摄入。在印度开展的调查表明，与牙齿健全的同龄人比较，牙齿脱落者高血压患病风险增加62%。

老年人体力活动量下降，能量消耗降低，食量也随之减少。因此，老年人对盐的生理需求也会降低。中国营养学会推荐，18～49岁人（中等活动度，下同）每天应摄入热量2600千卡，50～64岁人每天应摄入热量2450千卡，65～79岁人每天应摄入热量2350千卡，80岁及以上的人每天应摄入热量2200千卡。由于钠（盐）与人体能量代谢密切相关，随着年龄增长，逐渐减少吃盐是合理的。

老年人体内含水量明显减少，30岁人体内含水约60%，75岁人体内含水只有50%。体内含水减少使老年人水盐平衡更易受各种因素影响。老年人口渴反射迟钝，肾脏对抗利尿激素（ADH）的敏感性下降，肾小球滤过率降低，肾脏排出多余水钠的能力下降。这些改变加上其他疾病和药物影响，使老年人既容易发生水钠潴留，又容易发生低钠血症。为了防止高钠血症和低钠血症，老年人应定期检测血液电解质浓度，并对吃盐量有所了解，同时制定限盐计划。

美国心脏协会（AHA）推荐，成人每天吃盐不超过6克，而对于50岁以上的人建议每天吃盐不超过3.8克。从预防高血压等慢病角度出发，中国营养学会推荐，14～17 岁的人每天吃盐不超过 5.6 克，18～49 岁的人每天吃盐不超过 5.1 克，50～64 岁的人每天吃盐不超过 4.8 克，65～79 岁的人每天吃盐不超过 4.6 克，80 岁及以上的人每天吃盐不超过 4.3 克。

2015 年，中国 60 岁以上老年人已达 2.22 亿，占总人口的 16.1%，预计 2025 年将突破 3 亿。其中，70% 以上的老年人患有慢病，失能和半失能老人有 4000 万。在发展中国家出现如此高比例的老年人口，社会经济发展将面临巨大挑战。因此，促进老年人的健康不仅事关全民医保这一大政方针能否维持，更涉及社会发展的可持续性。只有未雨绸缪，从基本预防做起，才能使人口老龄化对社会发展的冲击程度降到最低。

　　在人的一生中，吃盐量会随年龄而变。食量大的人吃盐多，而食量与日常体力活动、体重和代谢率等因素有关。膳食结构、饮食习惯、就餐地点、生活环境、经济条件和职业等都会影响吃盐量。在极度落后地区，吃盐量还可能受食盐供给和价格影响，随着社会经济发展，这种现象已非常少见了。

年龄

　　刚出生到半岁的宝宝以母乳喂养为主，基本不添加辅食。半岁内宝宝平均每天从母乳获取 0.44 克盐。半岁到两岁的宝宝，饮食模式由母乳逐渐过渡到餐桌食物，吃盐量会迅速增加。儿童与青少年时期，吃盐量随年龄增长进一步增加（图 15）。美国婴幼儿饮食研究（FITS）发现，4 到 5 月龄婴儿平均每天钠摄入量为 188 毫克（相当于 0.48 克盐）；6 到 11 个月幼儿平均每天钠摄入量为 493 毫克（相当于 1.25 克盐）；12 到 24 个月幼儿平均每天钠摄入量为 1 638 毫克（相当于 4.16 克盐）。2 岁以后，食物来源渐趋丰富，食量持续增加，吃盐量随之增加，大约在 19 岁时达到高峰，并维持到 30 岁左右，之后开始缓慢下降。70 岁以上老年人吃盐量明显下降，主要原因是食量减少。

性别

在婴幼儿和学龄前儿童中，男女吃盐量没有明显差别。从学龄儿童开始，男童吃盐量逐渐超过女童。在成人中，男性吃盐量高于女性，到老年期这种差异更明显（图 15）。男女吃盐量不同的主要原因是男性饭量大。INTERSALT 调查的中国三地居民

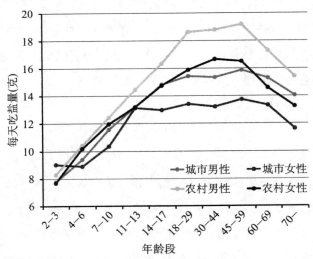

图 15　不同年龄人群吃盐量变化趋势

数据来源：翟凤英、杨晓光，《中国居民营养与健康状况调查报告之二．2002 膳食与营养素摄入状况》，北京：人民卫生出版社，2005。

吃盐量，男性每天吃盐 14.0 克，女性每天吃盐 12.5 克，男女吃盐相差 1.5 克。

食量

食量（饭量）大的人吃盐也多，而食量往往代表着热量摄入水平。根据美国膳食营养调查，热量摄入与吃盐量明显相关，即热量摄入多的人吃盐也多。因此，个体间吃盐量的差异很大程度上是因食量不同所致。为了排除食量对吃盐量的影响，有研究者提出了钠（盐）摄入密度这一概念。

钠摄入密度是指摄入 1 千卡（kcal）热量食物的同时摄入的钠量。钠摄入密度的计算方法是，以每日钠摄入量（毫克）除以每日热量摄入值（千卡）。钠摄入密度排除了食量不同对吃盐量的影响，因此，能够更客观地反映个体间吃盐量的差异。例如，前述老年人吃盐量明显降低，但计算发现老年人钠摄入密度并不比青年人低，说明其吃盐量的下降是由于食量减少所致。

种族

在全球范围，东亚人（黄种人）吃盐最多，其次是白种人，黑种人吃盐最少。在美国观察到一个有趣现象，2 到 8 岁黑人儿童吃盐高于白人儿童，但到 9～13 岁这种差异就消失了，到成年后黑人吃盐反而少于白人。2002 年中国居民营养与健康调查发现，各民族吃盐最多的是维吾尔族，人均每天吃盐 22.0 克，其次是哈萨克族，人均每天吃盐 20.9 克。值得一提的是，与我国新疆毗邻的哈萨克斯坦吃盐量在世界各国名列前茅，2010 年该国居民平均每天吃盐 15.2 克。另外，藏族居民吃盐也较多，人均每天 15.7 克。藏族居民喜食酥油茶或咸奶茶，可能是居民吃盐偏高的原因。壮族人均每天吃盐 10.0 克、彝族 9.6 克、布依族 10.8 克。西南少数民族聚居区历史上食盐供销渠道不畅，当地形成了喜酸的传统饮食文化，加之食物以天然为主，居民吃盐偏低。种族和民族间吃盐量差异更多是由于饮食环境和饮食习惯所致，而非遗传所致。

居住地

2002 年中国居民营养与健康调查发现，中国城市居民平均每天钠摄入为 6 008 毫克（相当于 15.3 克盐），农村居民平均每天钠摄入为 6 369 毫克（相当于 16.2 克盐），农村居民每天吃盐较城市居民多 0.9 克。城市居民人均每天烹调用盐为 10.9 克，农村居民为 12.4 克，农村居民烹调用盐较城市居民多 1.5 克。农村居民体力活动强度高于城市居民，因此能量消耗大，食量大，热量摄入水平高，吃盐也多（图 15）。2002 年城市居民人均每天热量摄入为 2 134 千卡，农村居民人均每天热量摄入为 2 296 千卡，也就是说，农村居民食量比城市居民平均高 7.6%。城市居民钠摄入密度为 2.82，农村居民钠摄入密度为 2.77，城市居民钠摄入密度反而高于农村居民，这一结果也证实农村居民吃盐多是由于食量大所致。

城市生活节奏快，女性就业比例高，家庭成员花在烹饪上的时间少，家庭外就餐频次高。2002 年，城市居民一天至少一餐在外的比例为 26.1%，而农村居民为 8.7%。餐馆或食堂餐含盐比家庭餐高 50% 以上。城市居民加工食品消费量也较高，而加工食品含盐普遍偏高。城市居民即使在家就餐，烹饪时也更多使用含盐较高的半加工食材。这些特征决定了城市居民钠摄入密度高于农村居民。对于新移居城市的农村居民，由于在农村形成了食量大的习惯，而城市生活热量消耗少，更容易出现热量过剩，导致肥胖和吃盐过多，增加高血压和糖尿病的风险。2014 年我国城市化率已超过 55%，而且还在以每年大约 1% 的速率增加，每年新增城市人口超过 1 000 万。在快速都市化背景下，饮食结构和生活模式转变会推动高血压、糖尿病、肥胖、心脑血管病等慢病盛行。

经济状况

2002 年中国居民营养与健康调查将农村分为四类，一类农村（长江三角洲、环渤海和南部沿海地区）居民平均每天钠摄入量为 6 840 毫克（相当于 17.4 克盐）；二类农村（华北平原、四川盆地、东南丘陵和鄂豫皖赣长江中下游地区）为 6 036 毫克（相当于 15.3 克盐）；三类农村（汾渭谷地、太行山、大别山地区）为 7 035 毫克（相当于 17.9 克盐）；四类农村（湘鄂山区、西南山区、秦岭大巴山区和黄土高原地区）为 6 389 毫克（相当于 16.2 克盐）。这样看来，经济发展水平较低的三类和四类农村吃盐量普遍偏高。2002 年，一类农村居民人均热量摄入为每天 2 298 千卡，二类农村为 2 288 千卡，三类农村为 2 304 千卡，四类农村为 2 312 千卡。因此一类、二类、三类和四类农村钠摄入密度分别为 2.98、2.64、3.05 和 2.76。其中，地处汾渭谷地、太行山、大别山等地的三类农村钠摄入密度最高，也就是饮食最咸。英国和意大利的调查也表明，家庭收入偏低的人，吃盐量偏高。但在极不发达地区，社会经济尚处于原始状态，如南太平洋上的一些岛屿，巴西亚马孙丛林中的原始部落，居民饮食以天然食物为主，这些人吃盐反而很少。

地域

根据 INTERSALT 研究，南方（以南宁为代表）居民平均每天吃盐 11.0 克，北方居民平均每天吃盐 14.6 克，北方居民吃盐明显高于南方居民。中国南方主产稻米，肉食以鱼类为主，一年四季大部分时间有鲜菜、鲜果、鲜肉和鲜活水产。北方主产小麦和玉米，肉食以猪、牛、羊肉为主，冬春季缺乏鲜菜、鲜果和鲜肉，腌制蔬菜是家庭越冬的主要辅食，这些饮食特征是北方居民吃盐多的主要原因。另外，北方居民以面食为主，制作面食时往往要加入盐和含钠发酵剂，烹饪和进食时还要添加盐和其他含钠调味品。

职业

从事重体力劳动或高强度训练的人出汗多，从汗液丢失的水和钠也较多。高温作业、野外作业、高原作业等都会增加显性和隐性出汗，增加身体对水和钠的需求量，加之能量消耗多，食量也大，从事这些职业的人往往吃盐较多。在 20 世纪 50 年代大炼钢铁期间，在轧钢工人中开展的调查表明，由于工作强度大、环境温度高、出汗量大，导致一线轧钢工人吃盐量明显高于其他行业工人。

饮食文化

由于气候、物产、文化不同，各地饮食存在很大差异。根据赵荣光先生的理论，在漫长的农牧社会发展过程中，中国形成了11个饮食文化圈。以东北饮食文化圈为例，该地区自古就是少数民族杂居之地，居民以打猎为生，形成了喜好肉食的习惯，加之气温偏低，能量消耗大，食物中脂肪和盐的含量均偏高。青藏高原饮食文化圈的形成与当地独特的地理环境有关。高原气候和土壤条件不太适宜种植蔬菜和水果，藏民以糌粑、牛羊肉和酥油茶为主食。其中，酥油茶含盐高达1.5％，藏民每天要喝30碗酥油茶。若每碗按50毫升计，仅酥油茶摄入的盐就高达22.5克。因此，饮用酥油茶成为藏民高血压多发的重要原因。从全球来看，东亚国家（中国、日本、韩国等）居民尤其注重美食，而盐是改善口味的重要调味品，这是东亚国家吃盐多的重要原因。

饮食环境

基于延长保质期和改善口味等考虑，餐馆和食堂餐含盐显著高于家庭餐。2002年中国居民营养与健康调查发现，城市居民早餐在外就餐的比例为14.4％，农村居民为5.1％；城市居民午餐在外就餐的比例为17.0％，农村居民为5.4％；城市居民晚餐在外就餐的比例为4.0％，农村居民为2.3％。2012年在北京地区开展的调查表明，在外就餐每餐吃盐高达 7.1 克。2010 年在广州、上海、北京三地开展的调查表明，餐馆食品每 100 克含盐高达 1.5 克。在外就餐平均每人每天吃盐 19.4 克，在家就餐平均每人每天吃盐 11.8 克，在外就餐比在家就餐每天多吃盐 7.6 克。

饮食结构

近年来西式快餐在中国发展迅速。很多快餐食品都具有高热量、高脂肪和高盐等特点。一份汉堡加薯条含盐约 3.1 克（1 240 毫克钠），一份意大利面含盐约 3.0 克（1 200 毫克钠），一份咖喱饭加一碗 Mee 汤含盐 10.7 克（4 209 毫克钠）。多数天然食品含钠都很低，食品加工过程中钠含量会增加几倍甚至上百倍。

除上述因素外，个人习惯、家庭环境、饮水、季节、气候特征等都会影响吃盐量。分析影响吃盐量的因素，有利于了解个人和家庭吃盐多的原因，为制定针对性的限盐措施提供参考依据。

吃盐量测定

　　学术界开展食盐与健康研究已有百年历史，其间建立了多种吃盐量测定方法。若从准确性、可操作性、方便性、经济性等方面考虑，目前还没有一种完美的方法。24 小时尿钠法准确性高，目前被认为是测定吃盐量的金标准。

盐阈法

　　盐阈法通过测定舌尖对不同浓度盐水的感知，从而间接判断吃盐量。将浓度分别为 0.1%、0.2%、0.3%、0.4%、0.5%、0.6%、0.7%、0.8%、0.9%、1.0%的盐水，依次滴在受试者舌前 1/3 处，每一浓度 2 滴，能感觉出咸味的最低浓度即为盐阈。盐阈法通过测定咸味敏感度，从而间接反映吃盐量。研究证实，盐阈值与吃盐量密切相关。盐阈值越高，吃盐越多。盐阈法的优点是简单易行，适于对大批人群进行检测；缺点是无法获知吃盐量的具体值，也无法知道膳食中盐的来源。因此，盐阈值只能反映吃盐大致状况，不适于用作个人或家庭减盐的依据。

最佳咸度法

最佳咸度法是让受试者品尝盐含量由低到高的某种食物（如爆米花），选出自认口味最好的一种，即为最佳咸度，也称美味点。最佳咸度法通过测定盐喜好度，间接反映吃盐量。研究证实，最佳咸度与吃盐量密切相关。最佳咸度越高，吃盐越多。最佳咸度法的优点是简单易行，适于对大批人群进行检测。但无法获知吃盐量的具体值，也无法知道膳食中盐的来源。另外，舌部味蕾对盐的感知受情绪、温度、口腔疾病、最近是否吃过刺激性食物或高盐食物等因素影响。因此，最佳咸度只能反映吃盐大致状况，不适于用作个人或家庭减盐的依据。

计盐法

计盐法通过记录家庭或个人一定时期食盐消费量，进而计算吃盐量。例如，一个三口之家一月消费一袋盐（500 克），其中约1/3 时间在外就餐，可知每人每天吃盐 8.3 克。计盐法的优点是简单易行；缺点是只计算了烹调用盐，没有计算加工食品、含钠调味品和食物天然含盐，会明显低估吃盐量。另一方面，计盐法没有考虑盐的其他用途，在居家生活中，食盐会用于清洗蔬菜水果和腌制食品，还有部分盐随残剩饭菜被丢弃。因此，计盐法只能了解吃盐的大致状况和变化趋势，不适于用作制定减盐计划的依据。

食物称重法

食物称重法通过称取一定时间（一般为 1 到 3 天）家庭消费的所有食物和调味品的重量，再根据不同食物含钠量计算吃盐量。食物称重法的优点是可了解饮食盐的来源，缺点是工作量很大。例如，西北居民喜欢吃的臊子面，其主料和配料高达几十种，有的配料用量又非常少（如盐、醋、酱油、植物油、味精、辣椒、料酒、花椒、黄花、木耳等），除了称量各种烹饪用料，还要称量进餐后的残剩量。中国传统饮食种类庞杂，食物成分繁多，这给称重法带来极大挑战。有些预先烹制的食物（如自制的肉臊子、泡菜、豆瓣酱等）含钠量可能无从获知，也会影响称重法的准确性。中国居民营养与健康状况调查曾采用食物称重法评估。

化学分析法

让待测者将所有食物都作双份准备，一份食用，一份留作化验分析。集中一天或数天所备份的食物，混合匀浆后测定钠含量，进而计算吃盐量。化学分析法的优点是结果比较准确；缺点是工作量大，成本较高，也无法获知吃盐来源。

膳食日志法

膳食日志法由受试者记录一段时间内（1 天到 4 周）所吃食物的种类、食用量、成分等。根据摄入量和钠含量计算吃盐量。膳食日志法的优点是简单易行，适合在人群中开展大规模调查，而且能了解吃盐来源。膳食日志法在评估吃盐量的同时，还能获知氨基酸、脂肪、糖、维生素、矿物质、微量元素和热量等其他营养素的摄入。膳食日志法的缺点是食物消费量由受试者估计，具有较大主观性。另外，部分食物尤其是家庭自制食物，因无法获知钠含量而影响其准确性。英国、日本等国家在开展全民营养调查时，曾采用膳食日志法。

膳食回忆法

膳食回忆法由受试者回忆过去 24 小时内所有饮食的内容和数量，根据食用量和钠含量计算吃盐量。膳食回忆法和膳食日志法非常类似，只不过日志法是前瞻性的，而回忆法是回顾性的。回忆法相对于日志法工作量小，但回忆法会出现记忆错误和遗漏，影响结果的准确性。美国膳食营养调查采用 24 小时膳食回忆法对多种营养素摄入进行评估。比较研究发现，膳食回忆法会低估吃盐量。由多个家庭成员背靠背地回忆前一天共同进餐的内容，可以对回忆错误进行修正，有利于减少偏差。

膳食问卷法

膳食问卷法是针对常见食物种类，由受试者回答各种食物的进食频率和日常食用量，再根据食用频率、食用量和钠含量计算吃盐量。膳食问卷也称食物频率问卷（FFQ），是研究营养素摄入最常用的工具。相对于日志法和回忆法，问卷法能在更长时段

（往往是 1 年）评估营养素摄入情况，更能反映长期饮食习惯，克服其他方法无法掌握饮食随季节变化的缺点。但由于膳食问卷中所列食物不可能面面俱到，导致某些少见食物会被遗漏。另一方面，膳食问卷所列食物过多会增加测验工作量。在美国营养与健康调查研发的膳食问卷中，所涉食物条目多达 139 种，每一食物要回答食用频率、食用量、烹饪和食用方法、食入量随季节变化等，完成这样一个大型问卷要花费数小时，烦冗的问卷内容降低了检测的可操作性。因此，有研究者开发出简化版膳食问卷，哈佛大学研制的食物频率问卷仅包含食物频率。简化版问卷减少了调查内容，缩短了调查时间，但也降低了调查的全面性和准确性。膳食问卷法可评估吃盐量，还可了解吃盐来源。

24 小时尿钠法

采集完整的 24 小时尿样，测定尿钠浓度，乘以总尿量即为 24 小时尿钠排出量。用 24 小时尿钠排出量乘以 1.1 即为 24 小时钠摄入量，有时也直接用 24 小时尿钠排出量代表一日钠摄入量，即吃盐量。采用 24 小时尿钠法计算吃盐量的原理在于，在日常活动情况下，人体摄入的钠在 24 小时内会有 90％经尿液排出，其余 10％经粪便、汗液、泪液、精液、月经等排出。在高温天气和强体力劳动时，经其他途径排钠的比例稍高。24 小时尿钠法因准确性高而被认为是测量吃盐量的"金标准"。利用 24 小时尿样，还可测定尿钾排出量，进而获知钾摄入量。国际上的大型研究多采用 24 小时尿钠法。24 小时尿钠法的缺点是难度高，工作量大，检测尿钠浓度要到医院或研究机构方能完成。为了判断 24 小时尿液

采集是否完整，可以给受测者服用对氨基苯甲酸（PABA），由于
PABA 服用后短时间内完全经尿排出，通过测定尿液 PABA 总量
就可判断尿样采集是否完整。一般认为尿中 PABA 量低于服用量
85％时，就认为尿样采集不完整。英国膳食营养调查曾采用
PABA 法评估 24 小时尿液完整性。24 小时尿钠法的另一缺点是，
无法获知吃盐来源。

夜尿钠法

采集完整的 24 小时尿样有一定难度，为了克服这一问题，推
出了相对简便的夜尿钠法。采集 8 小时夜尿和测量尿钠浓度，计
算出夜尿中的钠含量，再根据夜尿钠含量推算 24 小时尿钠排出量
和吃盐量。决定夜尿钠法准确性的关键在于，确定夜尿量占全天
尿量的比例。不同的人夜尿量占全天尿量的比例差异较大。另外，
夜间尿液中钠量低于白天尿液。这种差异也降低了夜尿钠法的准
确性。

点尿钠法

点尿钠法是通过测量单次尿样中钠和肌酐浓度，进而推算 24
小时尿钠量的方法。点尿钠法的原理在于，通过尿肌酐浓度，结
合年龄、身高和体重，可计算出 24 小时总尿量，再结合尿钠浓度
计算 24 小时尿钠量和吃盐量。相对于 24 小时尿钠法，点尿钠法
明显提高了测量的可操作性；但由于不同时间尿液中钠浓度会有
较大波动，而尿肌酐又会受膳食蛋白影响，这些都会降低测量的

准确性。目前，由尿肌酐浓度推算 24 小时总尿量的方法有多种，但还没有一种方法得到广泛认可。点尿钠法也无法获知吃盐来源。

　　总之，目前尚没有一种完美方法能简便而准确地测定吃盐量和吃盐来源。在实际应用中，往往将多种方法结合起来使用，以发挥各自优势。例如采用 24 小时尿钠法测定吃盐量，再采用膳食日志法评估吃盐来源。通过这两项检查，就能完整地了解一个人或一个家庭的吃盐状况。

吃盐来源

　　方便食品也称即食食品，是以米、面、杂粮等为原料加工而成的包装食品，其特点是无须烹煮或简单烹煮后即可食用，常见方便食品有方便面、方便米线、饼干、早餐麦片、辣条、干吃面等。由于含盐高、销量大，方便食品已成为中国城乡居民吃盐的重要来源。

　　20世纪80年代中国开始大规模引入方便面生产技术，产量逐年升高。2014年中国方便面总销量达451亿份，接近全球销量一半。若以一半人口为常规消费者计算，人均每年消费方便面68份。若按每份方便面（约100克）平均含盐5克（相当于钠1 144毫克）计算，人均因方便面每天吃盐接近1克。可见，方便面是名副其实的高盐食品。

　　根据生产工艺，方便面分油炸和非油炸两大类。油炸方便面采用高温油脂煎炸，对面条进行脱水；非油炸方便面采用速冻、微波照射、真空抽吸和热风吹袭等方法，对面条实施脱水。不论哪种处理方式，方便面生产时均需加入1.5％～2％的食盐。给方便面中加盐的原因是多方面的（表7）。

表7　方便面中盐（钠）的作用

盐可改善面条口味
盐可降低水活性，使香味物质容易挥发出来，使香味更浓郁
盐可增加面条适口性，吃起来滑爽筋道
盐可增加面条弹性和韧性，使面条在浸泡或煮沸时不易断裂
盐会使面条吸水迅速而均匀，热水浸泡后很快就能食用
盐可抑制面条发生脂质氧化和酸败反应，延长方便面保鲜期
盐能抑制生物酶活性，防止微生物滋生，延长方便面的保质期
盐能掩盖方便面中的金属味和化学异味
盐能使面饼长时间维持鲜亮外观
碳酸钠（苏打）会使面条吃起来松软可口
方便面中会其他含钠防腐剂

食用前，还要给方便面加入调味料。调味料中也含有大量盐，除了改善口味和口感，还可防止调味料腐败变质。另外，方便面和调味料中还会加入其他含钠防腐剂和添加剂，这些含钠化合物进一步增加了方便面的含盐（钠）量。由于方便面含盐普遍较高，不宜经常吃方便面，更不应以方便面为主食。食用方便面时也应采取必要的减盐措施。

英国食品标准局（FSA）规定，每100克食品含盐量超过1.5克为高盐食品；每100克食品含盐超过3克为极高盐食品。根据这一标准，中国市场销售的方便面几乎都是高盐食品，而且大部分是极高盐食品（表8）。中国和《美国膳食指南》均推荐成人每天吃盐不超过6克，可是，很多方便面一份含盐就超过6克。所以经常吃方便面的人吃盐量不可能达标。方便面调味包中的盐尤其高，即使只添加半量，一份方便面总体含盐也会超过3克。

表 8 部分方便面含盐量

品牌和名称	面饼含钠，毫克/100 克	每份面饼重量，克	每份面饼含钠，毫克	调料包含钠，毫克*	每份含盐量，克
今麦郎一袋半葱香排骨面	2 316	145	3 358		8.5
统一老坛泡椒牛肉面	2 850	110	3 135		8.0
康师傅黑胡椒牛排面	855	82.5	705	2 266	7.5
五谷道场剁椒鱼头面	2 157	117	2 524		6.4
华丰三鲜伊面	2 522	93	2 345		6.0
白象大骨面	860	85	731	1 623	6.0
日清出前一丁红烧牛肉面	2 300	100	2 300		5.8
农心辛拉面辣白菜拉面	1 908	120	2 290		5.8
白家陈记重庆酸辣粉	2 607	85	2 216		5.6
香港公仔面清炖排骨面	1 871	116	2 170		5.5
三养超辣鸡味面（韩国产）	1 280	140	1 792		4.6
阿宽红油面皮	1 365	105	1 433		3.6
南街村北京牌方便面	1 510	65	982		2.5

① *有些方便面营养素含量表中未将面饼和调料包含钠量分别列出，在这种情况下，调料包重量和含钠量被一并计算在面饼内。

② 部分方便面在包装上建议消费者根据口味调整调味料用量。如果能减少调味料用量，实际吃盐量会低于表中所列含盐量。

③ 同一品牌方便面钠含量在不同生产批次可能会有所改变。

④ 钠含量来自预包装食品营养标签。

⑤ 信息采集日期：2017 年 10 月 6—16 日。

为了控制居民吃盐量，2013 年南非出台法律，规定在 2016 年 6 月之前，每份方便面（以 100 克计算，包括调料包）含盐必须降至 3.8 克（1 500 毫克钠）以下；2019 年 6 月之前进一步降至 2.0 克（800 毫克钠）以下。含盐超标的方便面和其他加工食品不得上市销售。若根据这些标准，中国方便面无一能在南非市场销售。

除了高盐含量，方便面还具有高热量和低营养素密度等缺点。另外，米面类食物经高温油炸后会产生丙烯酰胺（acrylamide）和其他化学衍生物。1994 年，世界卫生组织（WHO）下属的国际癌症研究机构（IARC）将丙烯酰胺列为 2A 级致癌物。2002 年，厄立特里亚女科学家塔里克（Eden Tareke）在油炸食品中检测到丙烯酰胺，油炸食品的致癌作用迅速成为全球关注的食品安全问题。尽管目前食品中丙烯酰胺的致癌强度和致癌剂量尚无定论，世界卫生组织（WHO）、美国食品药品管理局（FDA）、美国国立肿瘤研究所（NCI）均建议，居民应注重食物多样性和营养均衡性，以降低丙烯酰胺摄入量。因此，不论从限盐还是防癌角度考虑，均不宜经常食用方便面。

腌制品是采用盐腌渍制成的食品。腌制的主要目的是防止食品腐败变质，延长食品保存时间，同时使食品具备独特的风味。中国北方冬季寒冷漫长，腌制品曾是居民越冬的主要辅食。由于含盐高，腌制品是北方居民吃盐的重要来源。因此，要减少吃盐必须控制腌制品中的盐（表9）。

表9　腌制品减盐降硝方法

宜选用新鲜成熟菜株制作腌菜
宜选用未施化肥的有机蔬菜制作腌菜
宜选用无添加高纯度盐制作腌菜
宜彻底清洗、消毒腌制容器和用具
宜给腌制器皿加盖、密封、保温
宜加入适量抗坏血酸和异抗坏血酸
宜在食用前用清水浸泡或漂洗腌制品
宜在切块或切丝后再漂洗腌制品

宜采用梯级盐水漂洗火腿
宜采用炖煮法烹制腌制品，并将汤汁弃掉
不宜用未长成菜株或腐烂菜株制作腌菜
不宜用原盐、工业盐或私制土盐制作腌制品
不宜用低钠盐腌制蔬菜
不宜用加碘盐腌制蔬菜
不宜打开未完成腌制的容器
不宜食用亚硝酸盐超标的腌制品
不宜食用未完全发酵的半成品腌制品
不宜将腌制卤水用于烹调或再次用于腌制
不宜长期或大量食用腌制品

　　中国古籍对腌制品的记载至少可追溯到周代。《周礼·天官》中说："祭祀共大羹、铏羹。"郑众注："大羹，不致五味也。铏羹加盐菜矣。"可见，周代祭祀既要有不加调料的肉汤，也要有加盐的腌菜，这可能是为了满足受飨者不同的口味。《诗经》中有诗歌专门描写周人在郊外祭扫祖先墓地的场景："中田有庐，疆场有瓜，是剥是菹，献之皇祖，曾孙寿考，受天之祜。"敬献给祖先的祭品就包括"菹"。许慎在《说文解字》中解释："菹，酢菜也。"段玉裁认为，酢就是后来的醋，而菹就是后来的酸菜（腌菜）。菹有时也泛指用盐、酱等调料腌渍并发酵的食品，包括菜菹和肉菹。当时皇室和贵族常用各种青铜器腌制和分盛菜菹和肉菹，《诗经》记载"卬盛于豆"，《毛诗故训传》解释："豆，荐菹醢也。"也就是说，豆是专门用于腌制咸菜和肉酱的青铜器。平民则可能用木桶或陶豆腌制蔬菜。

　　古代没有冰箱，也未掌握温室技术，加之长途运输困难，寒冷季节无法获得鲜菜、鲜果、鲜肉和鲜活水产。在五千年发展史中，中国先民曾创造出各种腌制品和酱，以度过漫长的冬季。根据食材腌制品可分为腌菜、腌肉两大类。

传统腌菜包括咸菜、酸菜、泡菜、酱菜、榨菜等。中国很多地方都有驰名腌菜品种，如天津冬菜、扬州酱菜、重庆榨菜、贵州盐酸菜等。腌制蔬菜涉及腌渍和发酵两种作用，加盐多少可控制这两种作用。加盐多时，腌渍作用占优势；加盐少时，发酵作用占优势。发酵过程中产生的乳酸会赋予腌菜独特的风味；盐渗入内部会降低蔬菜水活性，使腌菜具有鲜脆感。盐能选择性抑制微生物繁殖，控制发酵速度，防止变质，使腌菜长时间保存而不坏。

蔬菜腌制包括干腌法、湿腌法和混合腌法。不论何种腌法，其核心环节在于用盐构建高渗环境，防止蔬菜腐败变质。另外，在工业化腌制过程中，还会加入含钠防腐剂（苯甲酸钠、脱氢醋酸钠等），进一步增加腌菜含钠量。因此，不论家庭制作还是工业加工，腌菜基本都是高盐食品。

蔬菜腌制过程中会产生亚硝酸盐，这是近年来民众关心的一个食品安全问题。蔬菜本身就含有硝酸盐和亚硝酸盐，硝酸盐可被还原为亚硝酸盐。近年来，农业生产中大量施用氮肥，导致蔬菜硝酸盐含量明显增加。在蔬菜腌制早期，杂菌产生的还原酶会将硝酸盐转化为亚硝酸盐。随着发酵体系中氧气逐渐减少，杂菌繁殖受到抑制甚至死亡；乳酸菌繁殖生长加快，最终演变为优势菌群，乳酸生成增加导致发酵体酸度明显升高。亚硝酸盐会经酶解和酸解两种作用分解，发酵结束时腌菜中亚硝酸盐含量已显著降低。从整个腌制过程来看，其间会出现一个亚硝峰。因此，为了减少亚硝酸盐对人体的危害，应严禁食用未完全发酵的半成品腌菜。

腌制蔬菜亚硝酸盐含量高于新鲜蔬菜。亚硝酸盐在体外或体内能与胺类物质反应生成亚硝胺，而亚硝胺是一种强致癌物。1993年，世界卫生组织（WHO）下属的国际癌症研究机构（IARC）将亚洲传统腌菜（泡菜、酸菜、榨菜、咸菜等）列为2B类致癌物。同时鼓励多吃新鲜蔬菜，尽量少吃腌菜。中国《酱腌菜卫生标准》（GB2714－2003）规定，腌菜中亚硝酸盐含量不得超过20毫克/千克。

腌制肉食包括腌肉、咸肉、咸鱼、腊肉、火腿等。其中火腿是最具代表性的腌制肉食。中国具有悠久的火腿制作历史，唐开元年间编纂的《本草拾遗》曾记载："火朘（火腿），产金华者佳。"可见，金华火腿在唐代就已名动天下。中国著名火腿还有云南宣威火腿、云南诺邓火腿、江苏如皋火腿等。火腿腌制时，多次向猪腿肉上撒盐，使盐浸入内部。经过晾晒、洗涤和发酵，成品火腿含盐可高达10％以上。在全球反盐浪潮中，西方发达国家开始研究火腿等肉制品的减盐技术，其中一个有效方法就是研发食盐替代品，使用氯化钾、氯化钙和氯化镁代替食盐以发挥腌制作用，使用乳酸钾代替食盐以发挥抗菌作用。

为了减少吃盐，尽管火腿味道鲜美也不宜大量食用。采用炖或煮能溶解火腿中的盐，进餐时只吃肉不喝汤就能减少盐摄入。烹制火腿前可用漂洗法退盐，直接用清水漂洗往往达不到退盐目的，可采用由高到低的梯级盐水依次漂洗，最后再用清水漂洗。一般来说，经3到4个梯度盐水漂洗可使火腿含盐显著减少。

　　各种鲜肉都含钠（盐），但含量普遍较低。在肉制品加工过程中，盐具有改善口味、增加香味、延长保质期等作用，因此加工肉制品含盐量会大幅增加。重构肉制品（或称重组肉制品）是采用机械法和化学法提取肌肉纤维中的基质蛋白，加入黏合剂使肉颗粒或肉块重新组合，经预热或冷冻处理后制备的肉制品。香肠是一种典型重构肉制品。

　　制作香肠的主要原料是瘦肉，而瘦肉中含有丰富肌纤蛋白。肌纤蛋白很难溶于水，盐能帮助肌纤蛋白溶解析出，形成盐溶蛋白。盐溶蛋白在香肠重构和脂肪乳化过程中发挥着至关重要的作用，这是香肠中加盐较多的主要原因。在香肠制作过程中，切碎的小肉块和其他成分混合后，加入盐能使盐溶蛋白析出到肉块表面。在香肠加热冷却过程中，这种盐溶蛋白在香肠内形成胶质网，将小肉块紧密黏合在一起，最终形成富于弹性的可口肉食。

　　盐溶蛋白的另一作用是包裹肉末中的脂肪颗粒，使脂肪充分乳化，避免脂肪和瘦肉分离。在香肠制作过程中，如果不加盐或加盐不足，脂肪颗粒不能充分乳化，加热后脂肪溶解，因浮力作用上升到香肠顶部形成脂肪帽。有脂肪帽的香肠不好看，也不好吃，很难销售出去。另外，盐能明显改善肉食的口味和口感，降低水活性，抑制微生物生长繁殖，延长肉制品的保质期。这些作用决定了香肠是高盐食品。

尽管香肠含盐较高，但吃起来并不太咸。这主要是因为，香肠中的盐存在于胶冻之中，即使在口腔中反复咀嚼，也较少溶解到唾液中，钠离子难以与舌尖上的味蕾接触，就不会产生明显的咸味。

除了盐以外，工业生产的肉制品还会加入含钠添加剂，如亚硝酸钠、抗坏血酸钠等。亚硝酸钠与食盐联用，能显著抑制肉毒杆菌生长。如果真空包装或加压包装的肉制品不加盐和亚硝酸钠，很容易发生肉毒杆菌爆发。因此，盐和亚硝酸钠可延长肉制品的保质期，提高肉制品的安全性。

亚硝酸钠分解后产生的一氧化氮，能与瘦肉中的肌球蛋白反应，生成一氧化氮肌球蛋白。在加热过程中，一氧化氮肌球蛋白会转变为粉红色的亚硝基肌红蛋白。因此，加入亚硝酸钠会使肉质变为诱人的粉红色，也会使肉食口感更细嫩。基于上述原因，加工肉制品中一般会加入亚硝酸钠。

长期或过量食用亚硝酸盐（亚硝酸钠、亚硝酸钾等）可能会对人体造成危害。亚硝酸盐可与血液中的血红蛋白结合形成高铁血红蛋白，而高铁血红蛋白不能运输氧，因此，一次食用过量亚硝酸盐，有时会出现缺氧症状，表现为口唇和指甲发绀，皮肤出现紫斑等。婴幼儿对亚硝酸盐非常敏感，少量食用就会引发缺氧中毒症状，这就是蓝婴综合征（Blue Baby Syndrome）。蓝婴综合征若不及时救治，会危及宝宝生命。因此，中国国家标准严禁在婴幼儿食品中添加亚硝酸盐。另外，饮用水硝酸盐污染有时会导致蓝婴综合征爆发。随着农业生产中大量施用氮肥，水体硝酸盐污染正在成为公众健康的一个潜在威胁。

亚硝酸盐可透过胎盘产生致畸作用，孕妇不宜食用含亚硝酸盐高的食品。亚硝酸盐受热或在人体胃部酸性环境中，可与肉制品中的胺反应生成亚硝胺，而亚硝胺是一种强致癌物。中国《食品添加剂使用标准》（GB-2760）规定，企业生产香肠时亚硝酸钠用量不得超过150毫克/千克，生产西式火腿时亚硝酸钠用量不得超过500毫克/千克；上述肉制品中亚硝酸钠残余量不得超过30毫克/千克。生产肉制品时加入的亚硝酸钠大部分会在加工过程中分解。

因餐饮业将亚硝酸盐误作食盐添加到饭菜中，导致消费者亚硝酸盐中毒时有发生。2012年5月28日，国家卫生部和国家食品药品监督管理局联合发出紧急公告，禁止餐饮服务单位采购、贮存、使用亚硝酸盐（亚硝酸钠、亚硝酸钾），但并未禁止企业在加工食品中使用亚硝酸盐。这主要是因为，目前亚硝酸盐在食品安全方面具有不可替代的作用。

加工肉制品还会加入保鲜剂（抗氧化剂），常用保鲜剂包括抗坏血酸钠（维生素C钠）和异抗坏血酸钠，两者均能使肉色变得鲜艳诱人。其原因在于，抗坏血酸钠和异抗坏血酸钠能促进亚硝酸盐分解为一氧化氮，进而将肌球蛋白中的铁转换为鲜艳的化合物。抗坏血酸钠和异抗坏血酸钠还能抑制亚硝胺的形成，降低食品中亚硝酸盐的致癌性。因此，在改善食品色泽和防止食品变质方面，联用亚硝酸盐和抗坏血酸钠效果更好。

冷藏或冷冻肉制品往往会加入酱油或卤汁，除了提升口味，酱油或卤汁还能掩盖肉制品重新加热时产生的异味。肉制品中的脂肪在储运过程中会缓慢发生脂质氧化，产生陈腐味。加入味道浓郁的酱油和盐可掩盖这种不良气味。在包装时加入酱汁，还能使肉制品与空气隔绝，抑制脂质氧化，但这些酱汁含盐量一般都较高。

2015 年，中国肉类总产量为 8 625 万吨，其中加工肉制品 1 000 万吨。人均肉类占有量 62.7 千克，人均每天消费 172 克；人均占有加工肉制品 7.27 千克，人均每天消费 20 克。若鲜肉含钠以 59 毫克/100 克（未注水的猪肉平均含钠量）计算，加工肉制品含钠以 2 309 毫克/100 克（香肠的平均含钠量）计算，中国居民平均每天经肉制品摄入钠 551 毫克，相当于 1.4 克盐。可见，肉制品是名副其实的高盐食品。

英国食品标准局规定，每 100 克食品含盐超过 1.5 克为高盐；每 100 克食品含盐量超过 3.0 克为极高盐。根据这一标准，中国市场销售的加工肉制品绝大多数是高盐食品，相当一部分是极高盐食品。

加工肉制品中的盐已溶解到食品中，在烹饪和食用时很难将盐去除。因此，从限盐角度考虑，应控制加工肉制品的食用量。2015 年 10 月 26 日，国际癌症研究机构（IARC）发布报告，将加工肉制品列为 I 类致癌物。这一决定在国际上曾引发轩然大波，但国际癌症研究机构经系统评估后认为，加工肉制品的致癌作用确凿无疑，每天多吃 50 克（1 两）加工肉制品，患大肠癌的风险就会增加 18%。

中国居民传统主食种类繁多，包括米饭、面条、馒头、包子、饺子、粥等。南方以米食为主，北方以面食为主。面食含盐高于米食，这是北方吃盐高于南方的一个原因。

水稻原产中国，7000 年前长江流域就已开始种植水稻。水稻所结子实是稻谷，稻谷脱去包壳就是糙米，糙米碾去米糠就是大米，大米加水蒸熟就是米饭。大米按品种分为粳米、籼米和糯米等。大米中含碳水化合物 70％～80％、蛋白质 6％～12％、脂肪 1％～4％，还含有丰富的 B 族维生素等。大米中蛋白质含量高于玉米、小麦、大麦、小米等，氨基酸构成比也优于其他粮食。每 100 克粳米含钠 2.4 毫克，每 100 克籼米含钠 2.7 毫克。在蒸煮米饭时，一般不会加入调味品。若每餐进食 4 两（200 克）米饭，摄入钠约 5 毫克（相当于 0.013 克盐）。可见，米饭中的盐基本可忽略不计。

炒米饭是南方居民喜爱的主食。其做法是将白米饭与各种蔬菜、肉食、鸡蛋等一起煎炒，同时加入植物油、盐、味精、酱油等调味品。相对于白米饭，炒米饭含盐大幅增加。一份（2两）炒米饭含钠约960毫克（相当于2.44克盐）。炒米饭比白米饭含盐增加了380倍。

大米的另一种常见吃法是米粥。在煮粥时，为了让米粒更易熟透变软，往往会加入苏打（碳酸钠）或小苏打（碳酸氢钠）。苏打有助于淀粉、脂肪、蛋白质等大分子裂解，加入苏打使米粥香味更浓郁，味道更可口。但苏打和小苏打都会增加米粥钠含量。另外，苏打为碱性物质，很多维生素为酸性物质，苏打会破坏部分维生素。因此，煮粥时不宜加入太多苏打。市场销售的包装八宝粥每100毫升含钠52毫克，含盐量也很低。

大米还可加工成各类甜食，如粽子、醪糟、糍粑、米糕等。制作这些甜食时一般不加盐或加盐很少。市场销售的醪糟钠含量多标注为0（当实测钠含量低于0.5毫克/100毫升时，可标注为0），每100克豆沙粽含钠6毫克。大米也可加工成米粉、米线、米皮、米面、年糕等，这些食品在二次烹饪或食用前会加入各种调味品，会使含盐量大幅增加。

家庭米食含盐很低，但如果烹制不当，或加入太多调味料，就会增加吃盐。米食含盐低于面食，总体营养价值高于面食，但也不能提供人体所需的全部营养素。因此主食应实现多样化和多源化。一般来说，米食加工越精细，营养素流失就越多，含盐量也就越高。因此，不宜经常吃加工米食。

面食是多数中国居民的主食。面食在制作时往往会加入食盐和小苏打等。由于食用量大，即使含盐（钠）量不太高，面食也会成为钠摄入的重要来源。因此，控制面食中的盐很重要。

面条

尽管阿拉伯国家和意大利都声称面条是他们发明的，但更多考古证据和文献记载证实，面条最早起源于中国。2005 年，中国科学院地质与地球物理研究所吕厚远教授在《自然》（*Nature*）杂志撰文，报道在青海省喇家遗址齐家文化层出土了粟类面条，认为面条出现于 4000 年前的新石器时代晚期。但这一观点遭到部分西方学者的质疑。

面条是用谷物或豆类面粉加水揉成面团，通过碾、压、擀、搓、拉、捏、抻、挤、切、削、剪等方法制成条状、索状、片状或块状食物。面条烹制可采用煮、炒、烩、炸、蒸等方式，面皮包馅后还可制成饺子、包子、馄饨等。中国有极其丰富的地方特色面食，其中以山西面食种类最多，制作最为精致。

面粉中含钠很低，每 100 克面粉含钠约 3.1 毫克。在制作面条或其他面食时，为了增加黏性和筋道，使面团易于操作，往往会加入盐、苏打（碳酸钠）或小苏打（碳酸氢钠）。苏打还能促进面食发酵，中和发酵时产生的酸性物质。

传统面食制作多为家庭自制，现在越来越多的家庭购买加工面食。工业化加工的面食含盐量明显高于家庭面食。其主要原因在于，加盐后面食不易腐败变质，煮食过程中不易断裂，口味也更筋道，盐可延长面食保质期，盐会增加面食重量。面条煮熟后呈胶冻样，其中的盐不会溶解在唾液中。因此，即使面条本身含盐很高，也不会感觉到明显咸味。当食盐价格低于面粉价格时，给面条中多加盐就成为一种提高利润率的潜在策略。这些因素决定了加工面食往往是高盐食品。市场销售的挂面每 100 克含钠可高达 1 200 毫克，相当于 3 克盐（表 10）。这种高盐挂面，每天只吃 4 两白面条，吃盐量就已超过 6 克推荐标准，更不要说还需添加含盐更高的各种卤汁和调料。

表 10　部分市售面食含盐量

种类	品牌和名称	每 100 克含钠量，毫克	每 100 克含盐量，克
挂面	张爷爷空心手工挂面	1 627	4.1
挂面	陈克明鸡蛋龙须挂面	1 200	3.0
挂面	春丝面条经典挂面	1 200	3.0
挂面	金龙鱼荞麦面挂面	1 080	2.7

种类	品牌和名称	每 100 克含钠量，毫克	每 100 克含盐量，克
挂面	想念原味挂面	800	2.0
挂面	今麦郎手打原味挂面	786	2.0
挂面	望乡鲜拉面挂面	720	1.8
挂面	金沙河原味鸡蛋挂面	650	1.7
挂面	中裕清水挂面	643	1.6
挂面	中鹤好麦滋刀削面挂面	526	1.3
挂面	寿桃台式刀削面挂面	502	1.3
挂面	塞北雪精装龙须挂面	500	1.3
挂面	中粮香雪鸡蛋面挂面	450	1.1
挂面	顶味蛋清拉面挂面	440	1.1
挂面	发达贡面坊挂面	437	1.1
挂面	蔡林记热干面手工挂面	366	0.9
挂面	川香厨房重庆小面	192	0.5
挂面	豫花珍品高筋麦芯挂面	110	0.3
挂面	诚实人麦芯鸡蛋挂面	110	0.3
意大利面	丽歌意面（广东肇庆）	124	0.3
意大利面	莫利意面（意大利）	15	0
意大利面	麦嘉乐意面（意大利）	10	0
意大利面	公鸡牌意面（西班牙）	10	0
意大利面	麦丽莎意面（希腊）	10	0
意大利面	Now Foods 意面（美国）	5	0
意大利面	辣西西里意面（意大利）	0	0
意大利面	百钻意面（意大利）	0	0
意大利面	乐芙娜意面（意大利）	0	0
意大利面	百味来意面（意大利）	0	0
意大利面	卡派纳意面（意大利）	0	0

种类	品牌和名称	每100克含钠量, 毫克	每100克含盐量, 克
意大利面	安尼斯意面（意大利）	0	0
意大利面	佛卡诺意面（日本）	0	0
意大利面	Tinkyada意面（美国）	0	0
意大利面	马克发番茄意面（俄罗斯）	0	0
意大利面	绿星人意面（保加利亚）	0	0
意大利面	Rapunzel意面（德国）	0	0

① 所列面食含钠量和含盐量均不包括调味料。
② 参考英国食品标准局（FSA）的标准。
③ 同一品牌面食含钠量在不同生产批次可能会有所改变。
④ 钠含量来自预包装食品营养标签。

意粉

　　意大利面（pasta）也称意粉。意大利面常制成各种形状，除了面条样的直身粉，还有螺丝形、弯管形、蝴蝶形、贝壳形、空心形等，空心型意面也称通心粉。制作意大利面的最好原料是杜兰小麦（durum）加工的面粉，这种面粉特称为 semolina，具有高蛋白和高筋度等特点。用 semolina 制成的意大利面通体呈黄色，耐煮，口感极佳。最喜欢吃意面的还是意大利人，平均每人每年消费意面60磅（27千克），美国人平均每人每年消费意面20磅（9千克）。

　　用传统方法制作意大利面时，一般不加盐或加盐很少。在目前欧美各国普遍开展限盐活动的背景下，意面含盐量进一步下降，平均每100克意面含钠1毫克。相对于中式面条超过1 000毫克的含钠量，意面中的钠基本可忽略不计（表10）。由于意大利面含盐极低，在煮面条时，往往需要在水沸腾后先加入一勺盐再下面条，这样面条吃起来才有味道。由于意面是一种致密胶冻体，盐往往只能渗入面条表层，所以即使在盐水中煮熟，意面整体含盐量仍很低。由于在煮熟过程中吸收的盐主要分布于面条表面，尽管意面含盐量不高，吃起来并不感觉特别淡。相反，中式面条在制作过程中加入大量食盐，煮熟过程中面条表面的高盐会部分溶解到水中。因此，尽管中式面条含盐很高，但由于面条煮熟后盐主要分布于面条内部，吃起来咸味并不明显。

面包

面包是以面粉为基本原料，加入水、盐、酵母等和成面团，经发酵和烘烤制成条状或块状食品。用传统方法制作面包时，加盐的主要目的是改善口味；另外，盐可控制面团发酵程度，改善面包口感。盐控制酵母菌活性的机制在于，盐能降低面团水活性并破坏酵母菌细胞膜。因此，加盐多可抑制发酵，导致面团发酵不足。反之，加盐少或不加盐可促进发酵，导致面团发酵过度。发酵过度会产生大量酸性物质，在面团内形成过多蜂窝状气室，影响面包的口味和口感。发酵不足和发酵过度都是面包生产的大忌，而其秘诀就在于控制用盐。

快速烤制面包一般采用化学发酵。化学发酵能短时间在面团内形成大量蜂窝样小气室。化学发酵剂一般都含钠，包括苏打和发酵粉（碳酸氢钠、酒石酸氢钾、硫酸铝钠、酸式焦磷酸钠和酸式磷酸钙的混合物）。加之面包中本身会加入一定量盐，其总体含盐量往往较高。市售面包还含有其他含钠添加剂。

因含有丰富的糖和脂肪，烤制面包容易滋生杆菌和霉菌。杆菌生长后，面包内会形成丝状结构，并产生异味；霉菌生长后，面包表面会出现霉点，这些现象都会影响面包的销售。盐能抑制霉菌和杆菌生长，延长烤制食品的保质期。这是面包多加盐的一个重要原因。

面包是西方人的基本主食。因消费量大，即使面包含盐不太高，也会成为吃盐的重要来源。因此，西方国家高度重视面包减盐，很多国家针对面包含盐设定了强制或推荐标准。面包并非中国居民的基本主食，国家也未对面包含盐设定上限，这导致市售面包含盐量普遍较高。随着西方饮食文化的传入，近年来开始有居民以面包为主食，在面包基础上制作的汉堡和三明治成为儿童及青少年喜爱的食品。因此，有必要控制面包中的盐。

馒头

馒头又称馍、蒸馍，一般以小麦面粉为原料，经发酵和汽蒸而制成半球状食品。

在制作馒头、饼、包子、锅盔等面食时，会加入苏打（碳酸钠）或小苏打（碳酸氢钠），其作用是中和面团发酵过程中产生的酸，酸碱反应后产生的二氧化碳在面团内形成蜂窝状小气室，使蒸熟的面食松软可口。为了使面团易于操作，使蒸好的馒头更暄白，有时在和面时也会加入少量盐。馒头在北方居民中消费量很大，其中的钠会增加吃盐量。因此有必要控制这些面食中的盐。

速冻食品是指以米、面、杂粮等为主要原料，以肉类、蔬菜等为辅料制成的各类生熟食品，采用快速冷冻技术使食品在短时间内冻结，并在低温条件下运输、储存和销售。常见的速冻食品有速冻包子、速冻水饺等。为了防止细菌滋生，速冻食品都会加入一定量的盐。

对中国居民而言，面食是盐摄入的重要来源，尤其在北方地区。近年来，随着生活节奏的加快，很多家庭妇女成为职业女性，家庭烹饪花费的时间越来越少，加工面食消费量逐年上升，经面食摄入的盐进一步增加。因此，有必要控制面食中的盐。

（1）家庭制作面条时应少加盐或不加盐，同时控制苏打用量。

（2）不吃软面条。

（3）吃面不喝汤。

（4）卤汁或汤汁不宜太浓、太黏。

（5）面条煮好后，应在临吃前再加卤汁。

（6）做炒面和烩面时，应在最后时刻加酱油和盐，或在餐桌上加盐。

（7）最好使用无钠发酵粉（如碳酸钾等）。

（8）少吃加工面食。

（9）尽量选购低盐面食。

零食

零食，通常指三餐之外所吃食物，食用量一般少于正餐。零食种类繁多，包括加工零食和家庭零食。茶、咖啡、果汁、奶制品和各种包装饮料也多在三餐之外饮用，但一般认为这些饮品不属于零食。

人类有吃零食的冲动，只是因环境或条件所限，很多人克制了这种冲动。在漫长的原始社会，人类过着狩猎和采摘生活，进餐时间和食量均无法保证。由于大部分时间都处于饥饿或半饥饿状态，在丛林里找到食物后往往会随时吃掉，因此原始社会不存在一日三餐，原始生存环境使人类养成了喜欢零食的习性。

进入农业社会，人类开始种植粮食和饲养动物。食物有了稳定来源后，才有条件维持一日三餐或一日两餐，固定进餐时间也有利于提高生产效率。无须烹饪的天然食物最可能在三餐之外食用，能够生吃的蔬菜、水果和坚果无疑是人类第一批零食。这些天然零食含盐极低，不会明显增加吃盐量。

进入工业社会后，食品加工技术日益发达，零食种类和销量大幅增加。现代食品技术可以改善零食口味，延长零食保质期，优化零食包装，进而满足各类人群的零食需求，而发挥这些技术优势往往需要加盐。

儿童胃容量小，消化快，代谢率高，容易形成吃零食的习惯。在低龄儿童中，当饮食由奶品向餐桌食物过渡时，往往需要添加辅食。添加辅食的做法很容易发展为吃零食的习惯。

很多加工零食都是高盐食品，经常吃零食势必会增加吃盐量。儿童时期是盐喜好的形成阶段，儿童期吃盐多，成年后吃盐也多。吃盐多会升高血压，使儿童过早罹患高血压病。长期吃零食还会导致儿童肥胖，进一步增加高血压的患病风险。儿童吃盐多还会增加成年后患心脏病、脑中风的风险。

一些都市白领将办公室零食作为缓解压力、沟通关系甚至激发灵感的辅助食品，因此在都市白领中零食消费量也较大。多数白领缺乏运动，经常吃高盐和高糖零食，无疑会增加高血压和糖尿病的风险。一些退休老年人将吃零食作为消磨时间的一种方法，导致近年来中老年人零食消费量显著增加。很多老年人都是高血压患者，经常吃高盐零食无疑会增加血压控制的难度。

常见加工零食包括：坚果、干果、肉干、鱼干、果冻、蜜饯、糖果、豆制品、膨化食品、油炸食品、糕点、海产品等。零食均来源于天然食材，但在加工过程中加入食盐和含钠添加剂后，含盐量会大幅增加。从控盐角度考虑，应多吃天然零食，少吃加工零食，规避高盐零食。

坚果是坚硬的果壳包裹着一粒或多粒种子。源自木本植物的坚果称为树坚果，常见的树坚果有核桃、杏仁、腰果、松子、板栗、巴旦木、碧根果等。源自草本植物的坚果称为种子坚果，常见的种子坚果有葵花子、南瓜子、西瓜子、花生等。坚果含有丰富的蛋白质和维生素，还含有较高水平不饱和脂肪酸和欧米伽-3。这些营养素特征使坚果具有一定降脂和降糖作用，进而能发挥预防心脑血管病的功效。美国开展的研究表明，经常吃坚果会将寿命延长2到3岁。

天然坚果含盐很低，为了改善口味、增强香味、延长保质期，炒制坚果时一般都会加盐。每100克盐焗腰果含钠420毫克（百草味盐焗腰果），相当于1.07克盐。每100克炒葵花子含钠618毫克（洽洽香瓜子），相当于1.57克盐。每100克开心果含钠498毫克（良品铺子开心果），相当于1.26克盐。可见，坚果经加工后往往成为高盐食品。在选购坚果时，应特别留意其含钠量，尽量选择低盐炒制坚果。

以面粉为原料制作的各种零食深受儿童与青少年喜爱。锅巴、椒盐卷、辣条、膨化食品等含盐都很高。这些零食中的盐可改善口味和口感。很多趣味零食加盐后色泽更鲜艳，因此能吸引儿童注意。在给零食添加微量成分时，也常将色素等与盐混合，有利于均匀地喷撒或涂布在零食表面。

膨化食品是一种新兴加工食品，是以谷类、薯类、豆类等为原料，经加压、加热处理后使食材体积膨胀，内部结构发生重构而制成的方便零食。膨化食品也称挤压食品或喷爆食品，具有口感松脆、口味诱人、香味浓郁等特点，因此深受儿童与青少年喜爱。

根据加工工艺不同，膨化食品可分为焙烤型、油炸型、挤压型。膨化食品之所以口味诱人，是因为具有特殊的酥脆感。盐能增强淀粉分子间的排斥力，从而增强面食的膨化度；盐能降低食品水活性，使膨化食品口味更鲜美，香味更浓郁；盐能抑制脂质氧化和黄变反应，维持零食的新鲜外观，掩盖金属异味，延长保质期和保鲜期。因此，膨化食品大多含盐较高。在膨化食品加工过程中，可溶性维生素和矿物质会大量流失，部分维生素因高温高压作用被降解。有些小作坊和街头摊点生产的膨化食品，因设备简陋落后，其中还含有较高水平的铅。有些生产商为了提高膨化度使用含铝膨松剂，这样会明显升高其中的铝含量。高铅、高铝食品都会危及儿童健康。

薯片、锅巴和爆米花是最常见的膨化食品。每100克薯片含钠可高达654毫克，一盒（104克）含盐1.73克。每100克番茄酱含钠可高达1 010毫克，相当于2.56克盐。薯片蘸番茄酱是很多小朋友的最爱，但含盐量相当高。每100克锅巴含钠可高达490毫克，相当于1.24克盐。每100克小酥饼含钠850毫克，相当于2.16克盐。每100克饼干含钠580毫克，相当于1.47克盐。

麻辣零食也是高盐食品。有的辣条每100克含钠2 736毫克，相当于6.95克盐；有的面筋每100克含钠2 745毫克，相当于6.97克盐。小朋友吃2两这样的零食，吃盐量就会超过指南推荐成人1天的摄入标准。高盐零食在超市和小卖部随处可见，有些含盐量之高令人触目惊心。

一些趣味小零食也含有较多盐，每份（3克）海苔含钠74毫克，相当于0.19克盐。每100克荷兰豆含钠178毫克，相当于0.45克盐。每100克巧脆卷含钠243毫克，相当于0.62克盐。每100克炒年糕条含钠357毫克，相当于0.91克盐。

硬糖果一般含盐量较低。一些糖果会使用少量发酵剂或增味剂，其中含有少量钠（盐）。以奶制品为基质的软糖果也含有少量盐，这主要是由于天然奶中存在钠。一般的巧克力也含有少量盐，其目的是为了改善口味，增强口感。为了增强甜味，甜食中也可能加入少量盐，尤其是含填充料的果酱、果冻或果胶软糖。

天然牛奶含钠约 40 毫克/100 毫升，低脂奶和脱脂奶含钠与全奶基本相当。奶酪含钠明显高于鲜奶，平均约 585 毫克/100 毫升。奶酪中的盐可增强口味和香味，延长保质期，减少奶酪凝块中的水分。另外，盐能控制各种发酵菌生长，使奶酪获得良好口感和适宜酸碱度。盐还能促进鲜奶表面形成奶皮（蒙古语称"乌日沫"或"珠黑"），加盐的奶皮味道更鲜美。因此奶制品中往往含有一定量的盐。

儿童与青少年喜欢吃零食，这无疑会增加吃盐。2008 年，在广州、上海、济南和哈尔滨 4 个城市开展的调查表明，幼儿园和中小学生经常吃零食的比例超过 98％。其中，经常吃油炸食品的学生占 49％，经常吃膨化食品的学生占 40％。广受儿童喜爱的薯条、薯片、锅巴、辣条、豆腐干、海苔、坚果、干吃面、椒盐饼干等无一不是高盐食品。中国对儿童食品含盐并无特殊规定，对于在校内和学校周边设立自动售货机和食品小卖部也没有限制，这些高盐食品因口味诱人，往往在学校里大行其道。随着城乡居民生活水平提高，家长给孩子的零花钱越来越多。学生零花钱很大一部分用于购买零食，零食进一步增加了学生吃盐量。电视广告和网络推销食品中有大量零食，儿童更容易被广告所诱惑，从而养成吃零食的习惯。零食消费的大幅增加，使其成为儿童吃盐的重要来源。

鸡蛋

禽蛋在东西方饮食中均占重要地位，常见禽蛋包括鸡蛋、鸭蛋、鹅蛋、鹌鹑蛋、鸵鸟蛋、鸽子蛋等。2016 年，中国禽蛋总产量 3 095 万吨，人均消费量 22.5 千克，其中大部分为鸡蛋。

鸡蛋外有一层硬质蛋壳，其内有卵白、蛋黄和气室。鸡蛋含有丰富的蛋白质、卵磷脂、多种维生素和矿物质。一个鸡蛋重约 50 克（1 两），含蛋白质可高达 7 克。鸡蛋中蛋白质、各种氨基酸比例与人体需求高度符合，食用后利用率很高。

1961 年，美国心脏协会（AHA）建议，控制膳食胆固醇摄入以预防心脑血管病。其后制定的《美国膳食指南》也推荐，成人每天胆固醇摄入不宜超过 300 毫克。鸡蛋因含胆固醇较高，一时成为众矢之的，全美鸡蛋销量在短时间减少了 1/3，养鸡者损失惨重。然而，经过 50 年的研究，目前学术界认为膳食胆固醇并不增加心脑血管病风险。2016 年新修订的《美国膳食指南》取消了胆固醇摄入限量。

很多人错误地认为鸡蛋中没有盐，其实，鸡蛋和其他禽蛋不仅含盐，而且含量并不低。一枚重 50 克的鸡蛋，含钠约 65 毫克，相当于 0.17 克盐。因此，烹饪鸡蛋时即使不加盐，味道同样鲜美。

鸡蛋或鸭蛋采用不同方法烹饪或加工后，其含盐量可能会明显增加。比较一个鸡蛋的不同吃法，可了解各种烹饪和加工方法对含盐量的影响。

生鸡蛋

关于鸡蛋能不能生吃，曾经存在很多争论。有些人认为，天然食物一经烹饪，营养就会破坏，所以生吃鸡蛋营养价值更高。其实，蛋白质、脂肪和多糖等大分子物质并不能被人体直接吸收，必须在胃肠经物理和化学消化，降解为氨基酸、短链脂肪酸、甘油三酯、胆固醇、单糖等小分子物质，才能被人体吸收。如果胃肠疾病导致消化功能降低，或食物中大分子太难消化，就会出现腹泻。禽蛋和肉类食物在加热烹制过程中，蛋白质等大分子会发生变性断裂，从而发挥食物预消化作用，减少胃肠负担，提高营养素吸收率。因此，只要不过度加热，烹制鸡蛋非但不降低营养价值，反而增加其营养价值。在加热烹制过程中，随着大分子裂解，会产生多种芳香物质，使鸡蛋变得美味可口，香气诱人。

尽管鸡蛋是天然密封食物，有些鸡蛋可能含有细菌、病毒和寄生虫，最常见的是沙门氏菌（salmonella）。中国出产的禽蛋因品种、饲养方式、产地和储存方法不同，沙门氏菌检出率差异很大，一般在 4%～40% 之间。可见，鸡蛋中的细菌不容忽视。近年来因食用禽蛋导致沙门氏菌感染的病例时有发生。沙门氏菌耐寒，冷冻不能杀灭沙门氏菌。沙门氏菌不耐热，在60℃下15分钟可灭活，在75℃下10分钟可灭活，100℃下3分钟即可灭活。因此，为了预防微生物感染，美国农业部（USDA）建议居民不要吃生鸡蛋或未熟鸡蛋。

抗生物素蛋白（avidin）是一种碱性糖蛋白，能与生物素（biotin）结合使其难以被人体吸收。每个鸡蛋大约含180微克抗生物素蛋白。因此，生吃鸡蛋会阻碍其他食物中生物素的吸收。人体缺乏生物素容易出现皮肤病变、指甲损伤、白发和脱发。由此可见，那些希望通过生吃鸡蛋实现养颜美容的人，结果可能适得其反。动物肝脏、豆类和坚果含有丰富的生物素，这些食物更不宜和生鸡蛋同时食用。鸡蛋加热超过85℃，大部分抗生物素就会降解，鸡蛋煮沸4分钟，抗生物素会被完全灭活。因此，为了保证生物素吸收，最好不要生吃鸡蛋。

加热烹饪是人类智力大爆发的进化原因，反对烹饪、迷信生食并没有科学依据。生吃鸡蛋有多种危害，没有必要因为一些毫无根据的"健康忠告"而涉险尝试。每个鸡蛋天然含盐（0.17克），生吃鸡蛋不会改变其中的含盐量。

煮鸡蛋

水煮是最简单的鸡蛋烹饪方法。用开水将鸡蛋煮熟，也就是蛋清和蛋黄都完全固化，煮好的鸡蛋能保持完整结构。因此，鸡蛋中的营养成分不会流失，水中的成分也很少进入鸡蛋内，煮蛋过程还可杀灭沙门氏菌，灭活抗生物素蛋白。除本身含盐外，煮鸡蛋没有额外加盐。

煮荷包蛋

清水荷包蛋是将去壳鸡蛋用开水煮熟，或上笼屉蒸熟。一般不加盐，有人喜欢加少许白砂糖。除鸡蛋本身含盐（0.17 克），没有额外加盐。

煎荷包蛋

用少量食用油将鸡蛋煎熟，就成为色香味俱佳的煎荷包蛋。荷包蛋的特点是白色蛋清围绕着金黄色蛋黄，外形酷似荷包而得名。荷包蛋做法简单、造型美观，是很多人喜爱的早餐美食。加入少许椒盐会使荷包蛋香味更浓郁。每个鸡蛋约加入 0.2 克盐，一个煎荷包蛋含盐约 0.37 克。

鸡蛋羹

蒸鸡蛋羹时，要向鸡蛋中加入 1 到 3 倍水，鸡蛋本身含盐被稀释，为了改善口味，往往要加入少量盐或酱油，每个鸡蛋约加入 0.5 克盐，总含盐 0.67 克。

炒鸡蛋

鸡蛋若与其他蔬菜同炒，多少会加入些盐。西红柿炒鸡蛋做法简单,色泽鲜艳,口感酸爽,是家庭餐中的常备菜肴。北方居民常将西红柿炒鸡蛋做成卤汁,加入各种面条食用。在炒鸡蛋时,每个鸡蛋约加入 0.35 克盐,随一个鸡蛋摄入的盐约为 0.52 克。

蛋花汤

蛋花汤是家常食品。一般采用的配料包括:鸡蛋 2 只,番茄 100 克,盐 1 克,姜末少量,香油少量。一只鸡蛋量的蛋花汤大约加入 0.5 克盐,随一个鸡蛋摄入的盐约为 0.67 克。

卤鸡蛋 (五香鸡蛋)

卤鸡蛋是用盐、酱油、姜、花椒等配制的卤汁煮熟并腌制鸡蛋。卤水中会加入较多盐,既能增加卤鸡蛋的香味,又能延长保质期。卤鸡蛋是一种方便零食,常在旅游点和人流量大的街边销售。每个卤鸡蛋含钠约 375 毫克,相当于 0.95 克盐。

茶叶蛋

茶叶蛋与卤鸡蛋做法类似,只是在卤水中添加了茶叶和其他调味料,使鸡蛋味道更浓郁,色彩更诱人。为了使调味品更多渗入鸡蛋,增强口味,煮熟后可将鸡蛋敲打出裂缝在卤汁中浸泡。因此,茶叶蛋不仅包括水煮过程,还包括腌制过程。经这些处理,一个茶叶蛋含钠约 290 毫克,相当于 0.73 克盐。另外,茶叶蛋的含盐量与煮泡时间、蛋壳破裂程度和茶水中盐浓度等因素有关。

活珠子

活珠子是南京特色食品。活珠子其实就是鸡蛋孵化过程中的胚胎，因正在发育的囊胚在透视下形如活动的珍珠，故称活珠子。小鸡完全孵化出壳需 21 天，活珠子一般为孵化 11～12 天的鸡蛋。活珠子含有丰富氨基酸和多种维生素。民间认为活珠子具有养颜美容、保健补血等功效，加之味道鲜美，是南京市民喜爱的美味。活珠子的食用方法是，用凉水小火煮开以后，再煮 5 分钟左右即可食用。活珠子并不改变鸡蛋含盐量，但进食时蘸上椒盐味道更鲜美，这样使吃盐量增加大约一倍，达到 0.34 克。

松花蛋

松花蛋（皮蛋）的制作原理是，用熟石灰（氢氧化钙）腌制鸡蛋，腌料中的碱性物质透过蛋壳渗入到蛋清和蛋黄中，使蛋白质变性凝固。碱性物质进一步与蛋白质降解产生的氨基酸发生中和反应，生成的氨基酸盐结晶即为"松花"。反应中产生的硫化氢与鸡蛋中的矿物质发生二次反应，生成硫化物，使蛋黄呈墨绿色，蛋清呈半透明茶色。传统方法腌制的松花蛋含少量铅，可能会危及人体健康。新式腌制技术能完全控制松花蛋中的铅含量。在制作松花蛋时加入盐可改善口感，并起防腐作用，延长保质期。一个松花蛋含钠约 375 毫克，相当于 0.95 克盐。

咸鸭蛋

　　咸鸭蛋的制作原理是通过高渗盐水使蛋白质变性凝固。咸鸭蛋因色香味俱佳，深受城乡居民喜爱。一个咸鸭蛋（约50克）含钠高达1 380毫克，相当于3.51克盐，因此，每日吃两个咸鸭蛋，吃盐量就明显超标了。从限盐角度考虑，不宜经常大量食用咸鸭蛋。高血压患者更应远离这种超高盐食品。

　　通过分析不难发现，采用不同方法烹制或加工的蛋类食品，含盐量差异很大。

八大菜系

清初，鲁菜、淮扬菜、粤菜、川菜成为最具影响力的地方菜，被称为"四大菜系"；清末，浙菜、闽菜、湘菜、徽菜等地方菜系也完成分化。《清稗类钞》记载："肴馔之各有特色者，如京师、山东、四川、广东、福建、江宁、苏州、镇江、扬州、淮安。"至此，广为后世称道的"八大菜系"初步形成。

鲁菜

鲁菜也称山东菜，起源于春秋时的齐国和鲁国。

齐桓公时期，齐相管仲主张发展经济，实现富国强兵。管仲认为，国家富裕，天下人才就会归附；政治开明，本国人民就不致远走他乡；丰衣足食，才能培养出高尚的道德情操。因此，管仲非常重视饮食："人君寿以政年，百姓不夭厉，六畜遮育，五谷遮熟，然后民力可得用。邻国之君俱不贤，然后得王。"管仲的这些治国理念推动了齐国饮食文化的发展。

齐桓公的御用厨师易牙创建了系统的烹饪技法。东汉思想家王充曾评论："狄牙之调味也，酸则沃之以水，淡则加之以咸。水火相变易，故膳无咸淡之使也。"易牙能烹制出诱人的美食，其诀窍就在于善用盐和汤。易牙"善和五味，淄渑水合，尝而知之"（《临淄县志》）。由于易牙对齐鲁菜发展具有开拓性贡献，他被后世厨师尊为祖师，而烹饪书籍也常借易牙大名。明代韩奕撰写的烹饪书，就题名为《易牙遗意》。

北魏贾思勰撰写的《齐民要术》对齐鲁饮食文化作了全面总结，书中详细描述了当时流行的烹饪技艺，记载了酒、醋、酱等发酵食品的酿制流程，收录了近百种菜谱。《齐民要术》对鲁菜体系的定型起到了决定性作用。

随着历史上几次人口大迁徙，鲁菜于宋元之际走出山东，向东北、华北、西北和南方传播，在鲁菜基础上衍生出其他菜系。在明清之际，鲁菜曾风靡京城内外，成为达官显贵和庶民百姓都喜爱的菜肴。如今，鲁菜主要流行于北方，尤以山东、河北、北京、天津和东三省为最。

鲁菜讲究以盐提鲜，以汤壮鲜，形成了汤浓味重、鲜咸脆嫩的特色。多年来习惯了传统鲁菜口味的北方居民，吃盐量普遍偏高。

川菜

扬雄《蜀都赋》记载："调夫五味，甘甜之和，芍药之羹，江东鲐鲍，陇西牛羊。"可见，汉代巴蜀饮食文化已高度发达。晋代

《华阳国志》将当时巴蜀饮食的特点概括为"尚滋味，好辛香"。

明末清初的长期战乱使川中人口锐减，民生凋敝，巴蜀饮食文化遭到毁灭性打击。清初统治者为了巩固政权，提振四川经济，鼓励移民入川，开启了规模空前的"湖广填四川"移民运动。康熙朝后期移民数量达到高峰，四川经济逐渐复兴，川菜作为一个菜系开始形成。四川人李化楠和其子李调元编纂的烹饪典籍《醒园录》，收录整理了各种江浙菜的烹调方法，但也多有川化的改造。该书记载菜肴 39 种、酿造品 24 种、糕点小吃 24 种、加工食品 25 种、饮料 4 种、食品保藏方法 5 种。《醒园录》涉猎广泛，记述详尽，对川菜发展和定型产生了重大影响。

大面积种植辣椒并将其用于烹饪，是川菜形成的一个重要标志。辣椒和盐合用能改善口感，增加香味，因此，辣椒食品往往是高盐食品。长期进食重辣食物，会损伤感觉细胞，使味觉敏感度下降，口味逐渐变重。因此，在中国家庭饮食环境中，喜食辣椒的习惯往往代代相承，成为喜辣地区居民吃盐多的一个重要原因。

川菜注重用盐，而且强调用当地产的井盐。四川泡菜能独树一帜，与井盐密不可分。蔬菜经盐水泡渍和简单发酵，就可制成泡菜。泡菜除直接食用外，还能作为烹饪佐料。川菜另一常用调味料就是豆瓣酱。豆瓣酱以辣椒、蚕豆、面粉、黄豆为原料，经天然发酵制成。制作豆瓣酱时需加入大量食盐以控制发酵，盐还能防止发酵食品腐败变质。豆瓣酱也称胡豆瓣，以郫县所产最为著名。郫县豆瓣具有"色红褐、油润、酱酯香、味鲜辣"的特色，深受川人喜爱，是烹制川菜的调味佳品，被称为"川菜之魂"。除了豆瓣酱，川菜佐料还使用其他腌制和发酵食品，这些食品大多都是高盐食品。《成都通览》记录了 50 种咸菜，其中的鱼辣子、泡大海椒、泡姜、鲊海椒、辣子酱、胡豆瓣、豆豉等都是烹制川菜不可或缺的调味料。

按照起源，川菜分三大流派：成都上河帮、重庆下河帮和自贡小河帮。

粤菜

粤菜，也称广东菜，发源于岭南，包括广州菜、潮州菜、东江菜三大风味菜肴。粤菜作为一个菜系形成较晚，但影响深远，在海外尤其享有盛誉，成为中国菜在国际上的典型代表。粤菜用料精细，配料多巧，装饰美艳，菜肴和小吃品种繁多。粤菜注重保持食材的天然品质，口味比较清淡。在粤菜流行的广东和海南，居民平均每天吃盐量分别为 11.0 克和 10.8 克，在全国属较低水平。

苏菜

苏菜即江苏菜，由淮扬菜、苏锡菜、徐海菜三大地方风味组成，其中以淮扬菜为主体。淮扬菜指以古代扬州府和淮安府为中心的区域性菜系。明清时期，两淮盐业兴旺，扬州成为盐业贸易的南北要冲，由于工商业的繁荣，餐饮业高度发达。独特的地理环境和物产特征，使淮扬菜形成了口味清鲜平和、咸甜浓淡适中、南北皆宜的特征。

徽菜

　　徽菜起源于古徽州府，并不等于安徽菜。徽菜原是当地山区的地方风味菜肴，随着南宋以后徽商崛起，逐渐进入城市，流行于长江中下游地区。清乾隆五十五年（1790），徽班晋京，徽菜随之北上，开始在北方盛行。现行徽菜包括皖南菜、皖江菜、合肥菜、淮南菜、皖北菜五大风味。徽菜的特点是：重色，重油，重火功。徽菜的原料包括火腿、熏肉、熏鱼、酱菜、豆腐乳等，这些高盐食品明显增加了徽菜含盐量。1992 年开展的中国居民营养与健康调查表明，安徽居民平均每天吃盐 17.4 克，仅次于江西和吉林，位居全国第三。

闽菜

　　西晋永嘉之乱后，衣冠南渡，促进了闽越地区社会经济发展，也为当地带来了中原饮食文化的先进要素。唐朝徐坚的《初学记》记载："瓜州红曲，参糅相半，软滑膏润，入口流散。"这种红色酒糟由中原移民带入福建，成为闽菜烹饪的重要调味料和调色料，也成为闽菜烹饪的一大特色。

　　闽菜起源于福州闽县，在后来的发展中形成了福州菜、闽南菜、闽西菜三种流派。福州菜淡爽清鲜，甜而不腻，酸而不峻，淡而不薄，擅长烹制山珍海味；闽南菜注重作料调味，强调鲜香味美；闽西菜偏重咸辣，食材多选山珍。1992 年开展的中国居民营养与健康调查表明，福建省居民平均每天吃盐 11.0 克，在全国属较低水平。

湘菜

湘菜，又称湖南菜，形成于湘江流域、洞庭湖沿岸和湘西山区，流行于湘、鄂和赣大部。湘菜制作精细，用料广泛，口味多变，油重色浓；品味上注重香辣、香鲜、软嫩。湖湘地区气候湿润，湘菜调味尤其重酸、重辣。湖南人喜食辣椒，用以提神去湿；用酸泡菜作佐料，烹制的菜肴开胃爽口，这些特点决定了湘菜用盐偏多。1992 年开展的中国居民营养与健康调查表明，江西省居民平均每天吃盐 19.4 克，高居全国第一；湖北省居民平均每天吃盐 16.4 克，居全国第四；湖南省居民平均每天吃盐 14.4 克，在全国也属较高水平。

浙菜

浙江菜简称浙菜。浙江山清水秀，物产丰富，尤其是水产冠居全国。《史记》中记载"楚越之地……饭稻羹鱼"。赵宋南渡之后，临安（杭州）成为全国经济文化中心，促进了江浙地区饮食文化的繁荣，浙菜的基本风格渐趋形成。丰富的烹饪资源、众多的名优特产，加之卓越的烹饪技艺，使浙菜形成了菜肴品种丰富、菜式小巧玲珑、菜品鲜美滑嫩、口味脆软清爽的特征。

八大菜系是在中国漫长餐饮文化发展史中逐渐形成的地区饮食特征。因此，八大菜系是一个松散的民间概念，各个菜系并无统一标准和精准流行区域。赵荣光先生经多年研究，绘制出 11 个饮食文化圈，能反映中国各地居民的饮食特征。研究饮食文化圈或菜系，可以探索不同地区居民各种营养素的摄入状况，分析吃盐量和吃盐来源，为建立健康的饮食模式提供依据。

快餐（fast food）是指能快速批量生产的食品，典型快餐一般指在餐馆或连锁店销售的预加工食品，这些食品往往能打包后由顾客带走。与传统家庭餐相比，快餐营养价值低；但快餐具有快捷、方便、易于标准化等优点，非常适合快节奏的现代都市生活。在西方国家，快餐已成为一种生活方式，甚至出现了"快餐文化"和"速食主义"。

1940 年，麦当劳兄弟俩（Richard and Maurice McDonald）在加利福尼亚州圣贝纳迪诺（San Bernardino）创立了麦当劳餐馆。麦当劳兄弟将流水线技术引入汉堡制作，这一改革大幅缩短了待餐时间，从而吸引了大批顾客前来就餐。1961 年，麦当劳兄弟以270 万美元将麦当劳餐馆转让给克罗克，从而开启了特许经营这种独特营业模式，并迅速发展为全球最大的快餐帝国。截至 2016年 12 月，麦当劳在全球 100 多个国家开设了 36 900 家门店，雇佣员工超过 150 万人，每天为 6 900 万顾客提供餐饮服务。麦当劳销售的食品包括汉堡包、炸薯条、炸鸡、汽水、沙拉等。

肯塔基炸鸡 (Kentucky Fried Chicken，KFC) 简称肯德基，是世界第二大连锁快餐企业。1952 年哈兰·山德士上校（Colonel Harland Sanders）在美国肯塔基州成立肯德基公司，主要出售炸鸡、汉堡、炸薯条、盖饭、蛋挞、汽水等高热量食品。截至 2015 年底，肯德基在全球 123 个国家开设了 2 万多家门店。

快餐的基本要求就是备餐快，采用预加工食材是缩短备餐时间的一个策略。制作汉堡的面包、火腿和芝士都是预加工食材。为了保持新鲜感，延长保质期，这些预加工食材往往含盐较多。采用高温油炸技术是缩短备餐时间的另一策略。盐能抑制食品加工中产生的异味，增强油炸食品的香味，改善油炸食品的口味，因此油炸食品往往含盐较多。

快餐食品在反复加工过程中，食材中的维生素、矿物质和不饱和脂肪酸会流失和降解。因此，快餐食品具有高热量、高脂肪和高盐的特征，常被称为垃圾食品 (junk food)。从限盐角度考虑，尽管快餐食品价廉味美、快捷方便，也不应经常食用。

汉堡包 (hamburger) 是西式快餐的代表食品。传统汉堡包由两片小圆面包夹一块牛肉饼组成，改良汉堡包还会夹入黄油、番茄片、洋葱条、生菜、酸黄瓜等食材，同时添加芥末、番茄酱、沙拉酱等调味料，所夹牛肉饼也可能改为鳕鱼或火腿等。汉堡包制作简单、食用方便，现已成为风靡全球的大众食品。

三明治是一种类似汉堡包的快餐食品。汉堡包是将肉饼和蔬菜夹在切开的小圆面包之间，三明治是将肉饼和蔬菜夹在两块切片面包之间。三明治是最常见的西方家庭食品，在餐馆也有售卖。汉堡包一般加热食用；三明治可热食，也可冷食。

汉堡包所含盐主要存在于面包、肉饼和芝士中，芥末、番茄酱、沙拉酱也含一定量的盐，新鲜蔬菜含盐极少。汉堡包含盐量与所夹食材有关，各连锁店生产的汉堡包含盐量不尽相同。在西方饮食中，面包是盐摄入的重要来源，原因是面包日常消费量很大。

炸鸡块（fried chicken）是西式快餐的另一代表食品。炸鸡块的制作方法是，将整鸡按部位切分成小块。将面粉加水后制成面糊，面糊中加入鸡蛋、牛奶、膨化剂、食盐、胡椒、辣椒、蒜末、沙拉酱等。肯德基声称，其面糊中还加入了 11 味本草（具体成分和含量属商业机密）。将鸡肉块放入面糊中上浆 2～4 分钟，然后加压油炸 7～10 分钟，油温一般控制在 185℃。之后炸鸡被放置在台架上自然冷却 5 分钟，食用前在微波炉中加热。肯德基规定，出锅后 90 分钟仍未销售的炸鸡就必须丢弃，以保证炸鸡的新鲜度。因此，炸鸡含盐主要存在于包裹面糊中，鸡肉本身含盐较少。

炸薯条（french fries）是深受儿童与青少年喜爱的快餐食品。炸薯条的油一般采用植物油加少量牛油。炸好的薯条临时放置在滤筛内或滤布上控油，同时加入适量盐。高温油炸能使薯条产生诱人的香味，加入食盐可增强香味，同时使薯条口味更鲜美。因此，炸薯条含盐明显高于土豆，而含钾明显低于土豆。吃炸薯条时还会搭配西红柿酱等蘸料，其中也含有较高水平的盐。

比萨（pizza），是源自意大利的一种快餐食品。传统比萨的做法是，在发酵圆面饼上覆盖番茄酱、芝士、蔬菜条、水果块、肉丁及其他食材，然后烘烤而成。由于面饼、番茄酱、芝士和调味料都含盐，因此比萨含盐也较高。

近年来，包装快餐在中国快速发展，很多上班族和学生的午餐都以包装快餐形式送达。在火车、轮船或飞机上，运营商也为乘客提供包装快餐。包装快餐是将加工好的米饭、面食、糕点、肉食、蔬菜、水果等定量打包成分，销售给消费者。包装快餐需预先制作，有的需存放较长时间，为了防腐和保持口味，会加入较多盐。

隐藏的盐

酱油中的盐

酱类食品是由大豆、小麦等原料经发酵酿制而成，常见酱类包括酱油、面酱和豆瓣酱等。酱类含有丰富的氨基酸、多糖、有机酸、矿物质，具有鲜味和香味，因此能改善饭菜口味，丰富菜肴色泽，是东方传统烹饪不可或缺的调味品。酱类含盐较多，加之消费量大，是中国居民吃盐的重要来源。

酱油

酱油起源于中国。《周礼》中记载："凡王之馈，食用六谷，膳用六牲，饮用六清，羞用百有二十品，珍用八物，酱用百有二十瓮。"这里开列的是周王室举办宴会的食品清单，其中包括120坛酱。成书于北魏时期的《齐民要术》详细记载了酱油制作工艺。唐天宝年间，酱油生产技术随鉴真大师东渡扶桑，并在其后传播到东南亚和世界各地。

酿造酱油时，需经历制曲和发酵两个过程。制曲的目的是让米曲霉菌等有益菌充分生长繁殖，发酵的目的是让米曲霉菌产生的酶将酱醪中的蛋白质、淀粉等降解为风味产物。酿造酱油的关键环节是控制发酵，这一过程既要使发酵菌产生风味产物，又要抑制杂菌生长，防止酱醪腐败变质。发酵菌能耐受高盐，而杂菌不能耐受高盐，所以，高盐环境既可控制杂菌生长，又能调节发酵产物。

生产工艺决定了酱油必然是高盐调味品，要降低成品酱油含盐，必须在生产流程中引入电渗析技术，对酱油进行脱盐处理。但引入脱盐工艺，势必增加生产成本，而且含盐量降低后酱油保质期会明显缩短，对储存和运输环境要求更加苛刻。由此可见，低盐酱油绝非某些媒体臆测的那么简单，"酱油少放一点盐就能高价卖"。

根据后期制作流程，酱油可分为酿造酱油和配制酱油。酿造酱油是以大豆、豆粕、豆饼、小麦或麸皮为原料，经发酵酿制而成的具有特殊色、香、味的液体调味品（GB18186－2000）。配制酱油是以酿造酱油为主体，加入盐酸水解植物蛋白调味液、食品添加剂等配制而成的液体调味品（SB10336－2000）。工业化生产的酱油，在调配阶段还会加入增鲜剂（谷氨酸钠、鸟苷酸二钠）和防腐剂（苯甲酸钠），这些含钠添加剂会进一步增加酱油含盐（钠）。

中国市场销售的酱油保质期长达18个月，而且要满足常温储存条件。含有多种氨基酸和糖类的酱油非常容易滋生微生物，高盐是抵御微生物的一道重要防线，食品安全要求也决定了酱油的高盐特征。

中国市售酱油含盐量在3.5％～28％之间，也就是说每100毫升酱油含盐量在 3.5 到 28 克（含钠 1 300 到 11 000 毫克）之间，平均为 14 克左右，可见不同品牌酱油含盐差异之巨大（表 11）。中国目前还没有建立低盐酱油标准。根据美国医学研究所（IOM）的建议，若经某种食品每日摄入盐超过 1 克，就可认为这种食品是高盐食品。中国城市居民平均每天消费酱油 11 克，因此，高盐酱油可认定为每 100 毫升含盐量超过 9 克；低盐酱油可认定为每 100 毫升含盐量低于 9 克（每 100 毫升钠含量低于 3 500 毫克），同时其他主要成分含量基本相同，防止企业为降低含盐量而稀释酱油。根据这一标准，中国市场其实很难找到本土生产的低盐酱油。

表 11 部分市售酱油含盐量

酱油种类	品牌和名称	每 100 克含钠量，毫克	每 100 克含盐量，克
生抽酱油	尧记零添加酱油	10 900	27.7
调味酱油	古龙食品儿童酱油	10 120	25.7
调味酱油	太太乐鲜贝露	10 000	25.4
生抽酱油	致美斋天顶头抽酱油	9 336	23.7
老抽酱油	味事达金标草菇老抽酱油*	8 933	22.7
老抽酱油	厨邦草菇老抽酱油*	8 653	22.0
老抽酱油	加加草菇老抽酱油*	8 373	21.3
调味酱油	雀巢美极鲜辣汁	8 327	21.2
老抽酱油	味事达精酿老抽酱油*	8 267	21.0
老抽酱油	李锦记草菇老抽酱油*	8 213	20.9
老抽酱油	淘大金标老抽*	8 180	20.8
生抽酱油	致美斋特级鲜味生抽酱油	8 131	20.7
老抽酱油	海天草菇老抽酱油*	8 100	20.6
生抽酱油	恒顺头道原汁酱油*	8 073	20.5
生抽酱油	中坝高鲜生抽酱油*	8 005	20.3

酱油种类	品牌和名称	每 100 克含钠量，毫克	每 100 克含盐量，克
老抽酱油	老恒和草菇老抽酱油	8 000	20.3
生抽酱油	厨邦美味鲜酱油*	7 900	20.1
生抽酱油	老才臣味极鲜特级酱油	7 863	20.0
生抽酱油	雀巢美极鲜味汁生抽酱油	7 863	20.0
生抽酱油	海堤超级酱油	7 450	18.9
生抽酱油	东古金标生抽王酱油*	7 427	18.9
生抽酱油	万字牌淡口酱油（日本）*	7 333	18.6
老抽酱油	千禾东坡红头道老抽酱油*	7 280	18.5
调味酱油	湖西岛有机酿造酱油*	6 790	17.2
老抽酱油	仁昌酱园酱窝油	6 710	17.0
生抽酱油	京露手工酿造酱油	6 680	17.0
调味酱油	广味源味极鲜酱油*	6 653	16.9
生抽酱油	厨邦淡盐酱油*	6 647	16.9
烹饪酱油	龙和宽黄豆酱油*	6 533	16.6
调味酱油	黄花园原生酱油	6 500	16.5
老抽酱油	欣和味达美冰糖老抽酱油*	6 487	16.5
烹饪酱油	扬名黄豆酱油	6 444	16.4
调味酱油	加加味极鲜酱油	6 320	16.1
烹饪酱油	欣和六月鲜红烧酱油*	6 300	16.0
生抽酱油	珠江桥牌金标生抽王酱油*	6 160	15.6
生抽酱油	科沁万佳有机酱油	6 094	15.5
烹饪酱油	千禾东坡红纯酿红烧酱油*	5 940	15.1
生抽酱油	鼎丰宴会酱油	5 850	14.9
生抽酱油	天鹏寿司酱油*	5 720	14.5
生抽酱油	欣和六月鲜特级酱油*	5 500	14.0
生抽酱油	海天小小盐限盐酱油*	5 427	13.8

酱油种类	品牌和名称	每 100 克含钠量，毫克	每 100 克含盐量，克
烹饪酱油	利民光荣酱油	5 410	13.7
生抽酱油	缘木记有机酱油*	5 300	13.5
调味酱油	李锦记薄盐醇味鲜酱油*	5 220	13.3
烹饪酱油	鲁花红烧酱油*	5 173	13.1
调味酱油	山元桌上酱油（日本）	5 157	13.1
调味酱油	鲁花自然鲜酱香酱油*	5 020	12.8
生抽酱油	李锦记薄盐生抽酱油*	4 813	12.2
烹饪酱油	居易老济南原汁酱油	4 641	11.8
生抽酱油	海天淡盐头道酱油*	4 600	11.7
调味酱油	大华减盐纯酿酱青（新加坡）	3 746	9.5
调味酱油	万家香薄盐大吟酿酱油	3 360	8.5
调味酱油	三井昆布儿童酱油（日本）	3 303	8.4
生抽酱油	李锦记醇酿头抽酱油*	2 127	5.4
烹饪酱油	大字牌减盐酱油（日本）*	1 833	4.7
调味酱油	李锦记煲仔饭酱油*	1 807	4.6
生抽酱油	膳府淡口酿造酱油（韩国）	1 460	3.7

　　① ＊营养标签上标示的是每份食品含钠量，本表中每 100 克食品含钠量是经计算所得。
　　② 同一品牌食品钠含量在不同生产批次可能会有所改变。
　　③ 钠含量来自预包装食品营养标签。
　　④ 信息采集日期：2017 年 10 月 8—18 日。

　　酱油酿造常采用高盐稀态发酵或低盐固态发酵两种技术，低盐固态发酵并非用盐少，而是在发酵初期加入的盐水浓度稍低。通过比较不难发现，采用这两种技术酿造的酱油含盐量并无本质区别。一些企业出于促销目的，在包装上强调低盐固态发酵，消费者应避免被这种标示所误导，而应学会利用食品营养标签计算含盐量，进而选择真正的低盐酱油。

为了吸引消费者，有些商家在酱油包装或网页上声称低盐、少盐、减盐、淡盐、薄盐、淡口，但根据钠含量计算，其含盐量并不比其他酱油低，更达不到国家制定的低盐食品标准。还有一些酱油标示为零添加或儿童酱油，对照营养成分表不难发现，这些酱油非但不是低盐酱油，有的甚至含盐极高。消费者应避免为这些不实声称所误导，应根据钠含量选购低盐酱油。有关机构应对这种不规范声称予以纠正。

常见酱油包装形式有瓶装、桶装、罐装和袋装等，很少有按每餐份包装的酱油。因此，在酱油包装上常规标示钠含量的形式是以 100 毫升（克）为单位计算。近年来，一些商家为了促销，在营养素含量表中采用每份含钠量的形式标示。每份酱油含钠量明显低于每 100 毫升（克）酱油含钠量。因为绝大多数食品以 100 克（毫升）计算含钠量，惯性思维会让消费者误以为这种酱油含盐较低。采用每份含钠量标示的另一问题是，很多生产商随意变更每份酱油的参考容量（重量）。目前各厂家定义的每份酱油有 5 毫升（克）、10 毫升（克）、15 毫升（克）、17 毫升（克）、20 毫升（克）、25 毫升、30 毫升等，甚至在同一酱油不同批次间都会采用不同标准，这种无序标示为消费者比较各种酱油含盐量人为设置了障碍。根据定义，每份食品是每人每餐食用量，以 30 毫升酱油为 1 份，意味着每人每餐可进食 30 毫升酱油，每天高达 90 毫升，明显超过日常用量。因此，尽管符合《预包装食品营养标签通则》（GB28050–2011），从方便消费者角度考虑，不应鼓励这种随意的标示方法。西方国家普遍采用的方法是，在标示每 100 克（毫升）食品钠含量的同时，标示每份食品钠含量。另外，没有按餐份独立包装的食品，一律应以 100 克或 100 毫升为单位标示钠含量，以免误导消费者。

根据中国调味品协会统计，2016 年中国酱油总产量达 1 059 万吨，人均接近 8 千克，每人每天平均食用酱油 22 毫升。若以每 100 毫升酱油含盐 14 克计算，每人每天因酱油摄入的盐就高达 3.1 克。2010 年在北京地区开展的膳食调查表明，经酱油摄入的盐占居民吃盐量的 13.5%。

掌握一些饮食和烹饪技巧，有利于减少酱油中的盐。

（1）选择低盐酱油。

根据《预包装食品营养标签通则》（GB-7718），所有包装酱油应强制标示钠含量，根据钠含量可计算盐含量。钠含量换算为盐含量的方法是：1 毫克钠相当于 2.54 毫克盐，或 1 毫克钠相当于 0.002 54 克盐。很多居民不了解盐和钠之间的关系，直接在酱油包装上寻找含盐量，甚至质疑酱油不标注含盐量是否合规。这些现象说明中国限盐宣传还远远不够，食品标签上的钠含量信息并没有被消费者所理解和利用。

（2）先加酱油后加盐。

酱油成分复杂，除含盐高，还含有多种氨基酸、多糖、有机酸、色素及香料等成分，因而能产生咸味、鲜味和香味。酱油能改善饭菜味道，丰富饭菜色泽，增强饭菜香味。在烹饪时，应充分利用酱油增味、上色和提鲜的作用，降低饭菜整体用盐。合理的做法是，首先加适量酱油，待饭菜味道出来后，再决定是否补充加盐。如果先放足盐，为追求香味或上色再加酱油，势必用盐过量。

（3）合理使用不同酱油。

市场销售的酱油种类繁多，简单分为生抽和老抽两大类。生抽用于提鲜，老抽用于上色，两者若搭配得当，可减少用量。在烹制肉菜时，想要上色可加少量老抽，想要提味可加少量生抽。若只使用生抽，因为上色效果不佳，势必过量使用酱油。佐餐酱油可用于拌凉菜，其味道相对清淡，含盐稍低。

（4）晚加酱油和盐。

烹饪时太早加入酱油和盐，盐会渗入食材内部，使菜肴味道变淡。晚加的酱油和盐更多附着在食材表面，进食时首先与舌尖上的味蕾接触，能产生更强的味觉效应。因此，在不影响饭菜整体口味时，宜晚加酱油和盐。

（5）不宜联用调味料。

蚝油是以牡蛎为原料，经煮熟取汁浓缩，加辅料精制而成的复合调味料。蚝油含有丰富的氨基酸、核酸、多种维生素和矿物质，也具有增味提鲜作用。虽然蚝油和酱油不是同一种调味品，但作用基本类似。蚝油含盐也较高，每100毫升蚝油含盐可高达10.5克。因此，同一道菜不宜联用蚝油和酱油，若要联用用量均应酌减。大部分酱油中已添加了谷氨酸钠（味精）和鸟苷酸二钠等增鲜剂，加入酱油的饭菜应不放或少放味精和鸡精。

（6）控制用量。

酱油属于高盐调味品，控制酱油用量是减少吃盐的必要环节。如条件许可，应尽量采用天然调味品，少用或不用酱油。

（7）少食卤汁。

加入较多酱油的饭菜，汤汁中溶解有较多盐，不宜连汤食用。不宜将菜汤加入米饭或面条中一起食用，也不宜用菜汤泡饼或馒头食用，更不宜直接饮用菜汤。

酱

酱是以粮食、大豆、蔬菜、肉、鱼、虾、蟹等为原料，利用微生物发酵而制成的调味品。酱的种类繁多，常见的包括豆酱、面酱、辣椒酱、甜酱、鱼露、虾酱、蟹酱等。其中，豆酱根据工艺不同，又可分为豆瓣酱、黄酱、大酱、盘酱、杂酱等。豆酱制作的关键环节是控制发酵，既要保证发酵菌产生风味产物，又要抑制杂菌生长，这一关键环节是由加盐量来控制的。

家庭制作豆酱时，大豆与盐的配料比高达 4：1。采用高盐稀态发酵工艺制作豆酱，每 100 千克豆片曲需加盐 28.5 千克；采用低盐固态发酵工艺制作豆酱，每 100 千克大豆曲需加盐 33 千克，发酵过程中还会加入苯甲酸钠作为防腐剂。所以，各类豆酱无一例外都是高盐食品。广受民众喜爱的郫县豆瓣酱每 100 克（2 两）含盐高达 24.2 克，每 100 克甜面酱含盐也有 5.3 克。酱类食品为半液态混合食品，其中的盐无法去除，食用时全部进入人体。因此，要控制源于酱类的盐，唯一可行的方法就是减少食用量。

味精中的盐

　　味精的化学成分是谷氨酸钠（monosodium glutamate，MSG）。人体合成蛋白质需要 20 种氨基酸，谷氨酸就是其中之一。食物中加入味精可产生鲜味。从进化论观点出发，味精产生鲜味的原因在于，谷氨酸作为蛋白质合成原料的代表，通过神经反射产生美味效应，诱使人体摄入多种氨基酸，用于体内蛋白质合成。

　　用味精或味精溶液直接刺激舌部，会产生淡淡的麻涩感，这种感觉持续时间较长，并且会向口腔后部和咽喉部扩散。可见单纯味精所带来的并非鲜味，但食物中加入少量味精就能产生美味效应，尤其是带香味的食物。另外，味精产生鲜味的浓度范围非常窄。

　　味精发挥鲜味效应与食物中盐的浓度有关，含盐少的食物加入少量味精也能获得与高盐食物一样的美味感受。研究表明，加入食物中的味精浓度在 0.2%～0.8% 时，增味效果最佳。最近开展的研究表明，加入鱼酱（其中含较高水平味精），可将鸡汤或番茄汤用盐量减少 25%，而不影响汤的整体味道。老年人因味觉和嗅觉灵敏度下降，导致食欲下降，有时会引发营养不良，这时可适量添加味精以增加食欲。

舌尖和口腔黏膜上的味蕾都能感知鲜味。生理学研究证实，味蕾上感知鲜味的受体是代谢性谷氨酸受体（mGluR4，mGluR1）和Ⅰ型味觉受体（T1R1，T1R3），大多数味蕾上都存在这些受体。代谢性谷氨酸受体只能与谷氨酸结合并产生鲜味，而Ⅰ型味觉受体还能与核苷酸结合，强化谷氨酸的鲜味效应。这一作用机制是鸡精具有更强增味效应的原因，鸡精其实就是谷氨酸钠和核苷酸的混合物。

1909年，日本学者池田菊苗发现谷氨酸的增味作用后，味之素风靡日本，并很快传入中国，中文翻译为"味精"。1923年，民族实业家吴蕴初在上海成立天厨公司，并开创了水解法生产味精这一新技术，降低了味精的生产成本，使这种新式调味品进入中国人的厨房。20世纪下半叶，中餐在全球流行，西方人也开始享受味精的鲜味。

1968年，《新英格兰医学杂志》（*New England Journal of Medicine*）刊发一封读者来信，一名顾客讲述自己去中餐馆吃饭后出现头痛、四肢发麻、心慌、乏力等症状，他推测这些症状是味精所致。这篇报道经媒体转载后迅速引起民众恐慌。西方学者将这些症状命名为"中国餐馆综合征"（Chinese Restaurant Syndrome），这一称号加重了民众恐慌，一时间中餐馆门可罗雀，纷纷倒闭，经营餐饮的华裔损失惨重。之后，为了明确味精的安全性，美国食品药品管理局（FDA）和美国国立卫生研究所（NIH）资助了大量研究，但并未发现味精有毒副作用。

在大鼠中开展的研究表明，味精的半数致死剂量（LD_{50}）是

15 克/千克体重；而食盐的半数致死剂量是 3 克/千克体重，可见味精比食盐安全性还要高。成人每次摄入 5 克味精，血液中谷氨酸浓度会有所升高，但很快就恢复正常。人体能快速代谢高剂量谷氨酸，是因为富含蛋白质的食物在肠道中分解本身就能产生大量谷氨酸。对人体而言，味精其实是一种天然食物。

经系统评估相关研究结果后，美国食品药品管理局最终认定，味精是一种基本安全的物质（GRAS），向食品中添加味精无须进行预先安全评估。1987 年，联合国粮食与农业组织（FAO）和世界卫生组织（WHO）食品添加剂专家联合会（JECFA）宣布，取消对成人味精食用量的限制。针对中国餐馆综合征，美国 ABC 新闻评论认为，西方社会对味精的恐惧反映出对中国人根深蒂固的种族歧视，因为这种食物来自中国，对西方人来说是外来食物，因而本能地被认为是危险的。

味精是单一成分的化合物，即谷氨酸钠，其中并不含盐，但含较高比例的钠（12%），而钠的健康危害与盐相当。味精具有明显增味效应，少量味精就能显著改善食物口味，因此善用味精反而能减少用盐。

有些大众健康专家提出，饭菜中最好不放味精，因为味精是藏"钠"大户。根据日本学者开展的研究，加入少量味精，可显著改善饭菜口味，从而减少烹调用盐。味精的主要成分是谷氨酸钠（$C_5H_8NNaO_4$，分子量 169.1），1 克味精与 0.3 克盐（NaCl，分子量 58.4）含钠量相当，如果一道菜投放 0.5 克味精，可将用盐量由 4 克降到 3 克，那么这道菜就因味精少用了 1 克盐，可见味精的减盐效果相当显著。

个别极度喜欢味精的人，每天最高可摄入 5 克味精，其中含有 600 毫克钠，相当于 1.5 克盐。因此，这些人应适当控制味精用量。大多数人日常味精摄入量在 2 克以内，相当于 0.6 克盐，对吃盐量不构成实质性影响，但应在加味精后减少用盐。为了减少因味精摄入的钠，有的企业开发出无钠味精，这就是谷氨酸钾。谷氨酸钾也能产生增味效应，只是所产生的鲜味要弱一些，而苦涩味要强一些。

为了增强鲜味，很多主妇在炒菜或做汤时喜欢放味精，从限盐角度考虑，这是一个值得推荐的方法，但使用味精应注意同时减盐。

（1）控制味精的用量。

味精的提味作用非常强烈，少量味精就能产生明显增味效应，味精可感知浓度为 0.03％，盐可感知浓度为 0.3％。因此，绝不能像加盐那样加味精。味精投放过多，不仅增加钠盐摄入，而且会使饭菜产生苦涩味，一般每道菜不应超过 0.5 克，其中的钠相当于 0.15 克盐。

（2）加味精后减少用盐。

饭菜加入少量味精后，鲜味会明显提升，这时应适当减少用盐量。研究表明，加入味精后将用盐量降低 25％，一般不会有咸味不足的感觉。

（3）把握加味精的时机。

应在菜快炒好或出锅后投放味精。在 120℃ 以上高温环境，味精会转化为焦谷氨酸钠，失去增味效应。味精发挥作用的最佳温度是 70～80℃。加味精的饭菜不宜过凉食用。凉拌菜和生食蔬菜不应投放味精。

（4）利用味精和盐的协同作用。

味精的增味效应在香味食物中最明显，而且需要盐的辅助。例如，给鸡汤中加盐和味精，味觉效果最好的浓度是含盐 0.83%，含味精 0.33%。

　　(5) 甜味食物不宜加味精。

　　在甜食中加味精，非但不能增鲜，反而会抑制甜味，产生苦涩感。所以，八宝粥、醪糟等含糖食物不宜加味精。

　　(6) 含谷氨酸丰富的食物不宜加味精。

　　很多天然食物本身含有丰富的谷氨酸，如海产品、肉汤等。用高汤烹制菜肴时，不必再加味精，否则会增加钠摄入量，也会破坏菜肴口味。在烹制海带等海产品时，也不宜再加味精。

　　(7) 碱性和酸性强的食物不宜加味精。

　　味精遇碱会生成谷氨酸二钠，产生氨水样臭味。菜肴接近中性时，味精增味效果最强，酸性或碱性明显的饭菜都没有必要加味精。

　　(8) 合理搭配食物。

　　味精增鲜作用在香味食物中更明显，在含盐食物中更明显，在富含核苷酸食物中更明显。利用这些特征对食物进行有机搭配，不仅能使饭菜味道鲜美，还能减少用盐。如日餐中的海带鱼汤、意大利餐中的西红柿蘑菇汤、中餐中的小鸡炖蘑菇等。

　　要充分发挥味精增味效应，需要有香味物质、核苷酸和盐的存在，鸡精正是为了满足这些条件而配制的复合调味品。鸡精并非从鸡肉中提取，它是在味精的基础上加入核苷酸而制成。由于核苷酸带有鸡肉一样的鲜味，所以称鸡精。除盐、味精和核苷酸外，鸡精还含有多种含钠增味剂、增鲜剂、防腐剂等。所以，要控制鸡精的用量，其使用可以参考味精的用法。

辣椒酱、豆腐乳和醋中的盐

　　酿造或发酵生产的调味品基本都含有较高浓度的盐。日常膳食中，辣椒酱、豆腐乳和醋的用量较大，这些调味品中的钠会明显增加吃盐量。

辣椒酱

　　辣味并非人的基本味觉，而是一种灼热样的痛觉感受。辣椒中的主要致辣成分是辣椒素（capsaicin）。辣椒素是香草酰胺类生物碱，主要包括辣椒碱和二氢辣椒碱。辣椒素能与痛觉细胞上的香草素受体Ⅰ（vanilloid receptor subtype1，VR1）结合。舌头和口腔黏膜上的 VR1 受到辣椒素刺激后，神经冲动沿三叉神经传递到大脑产生灼痛感。伴随这种灼痛感，中枢神经会释放内源性止痛物质——内啡肽。这种吗啡样的物质在发挥止痛的同时还能产生欣快感，正是这种欣快感使人越吃越想吃。喜欢吃辣的人常常会说"辣得过瘾"，就是内啡肽作用的结果。最近的研究发现，进食重辣食物时，辣椒素会破坏痛觉细胞，使进食者对辣味变得越来越迟钝，这样吃辣椒就会越来越多。

盐会使辣椒味道变得柔和而内敛，辣味不那么粗糙和狂野。在含油辣椒食品（如火锅或辣椒酱）中，盐还能增强香味。其原因在于，盐可降低辣椒中的自由水，增加香味物质挥发量，从而使辣椒香气四溢。另外，盐和辣椒会协同产生欣快感。因此，很多辣味食品畅销的秘诀，其实就是高盐重辣。在食品安全方面，盐还能延长湿性辣椒食品的保质期。

湖南、湖北、四川、重庆、江西、陕西等传统喜辣地区高血压患病率普遍偏高，尤其是湖南，高血压脑出血发病率高居全国前列。湘雅医院杨期东教授在长沙开展的调查发现，当地50岁以下居民脑出血占脑中风的比例超过50％，而其他地区的比例多在15％以下。有学者认为，高盐重辣饮食可能是这些地区高血压脑出血高发的重要原因。

需要明确的是，辣椒本身与高血压并无直接关联。而且，最近的研究还发现，辣椒素可促进肾脏排钠，改善线粒体功能，有利于防止高盐饮食引起的高血压和心肌肥厚。调查发现，市场销售的辣椒酱含盐都很高，平均高达21克/100克，远高于酱油含盐量（表12）。由于辣椒价格远高于食盐价格，不排除某些生产商出于盈利目的，向辣椒食品中加入过量食盐。个别辣椒食品含盐之高，早已超出人类味觉可感知的上限。这样看来，辣味食品引起高血压并非因辣椒本身，而是由于辣味食品中隐藏的盐。在日常生活中，掌握一些小窍门，有利于控制辣椒中的盐。

表 12　部分市场销售辣椒酱含盐量

辣酱种类	品牌和名称	每 100 克含钠量，毫克	每 100 克含盐量，克
蘸酱调料	胡玉美辣油椒酱	6 024	15.3
蘸酱调料	南国香辣型黄辣椒酱	5 800	14.7
蘸酱调料	吉香居香辣酱	5 600	14.2
蘸酱调料	海天桂林风味辣椒酱*	5 527	14.0
蘸酱调料	李锦记蒜蓉香辣酱*	5 270	13.4
蘸酱调料	坛坛乡精制剁辣椒	5 200	13.2
蘸酱调料	老恒和老坛辣椒酱	5 200	13.2
蘸酱调料	御厨香特辣王	5 000	12.7
蘸酱调料	厨邦蒜蓉辣椒酱*	4 920	12.5
蘸酱调料	老干妈风味糟辣剁椒	4 790	12.2
蘸酱调料	中邦特辣王	4 612	11.7
蘸酱调料	贺福记鱼头红剁椒	4 554	11.6
蘸酱调料	张氏记纯鲜剁辣椒	4 520	11.5
蘸酱调料	花桥桂林辣椒酱	4 503	11.4
蘸酱调料	利民蒜蓉辣酱	4 435	11.3
蘸酱调料	东古香格辣香辣酱*	4 200	10.7
蘸酱调料	佳丰沙县辣椒酱	4 148	10.5
蘸酱调料	伟贞辣椒酱	4 148	10.5
蘸酱调料	味事达味极鲜豆豉辣椒酱	4 134	10.5
蘸酱调料	欣和黄飞红蒜香辣酱	4 127	10.5
下饭佐料	茂德公南派香辣牛肉	4 100	10.4
蘸酱调料	东古蒜蓉辣椒酱	4 089	10.4
蘸酱调料	凤球唛蒜蓉辣椒酱	4 086	10.4
蘸酱调料	张氏记蒜蓉辣椒酱	4 030	10.2
蘸酱调料	欣和有所思鲜椒酱*	3 933	10.0
蘸酱调料	六必居蒜蓉辣酱	3 889	9.9

辣酱种类	品牌和名称	每100克含钠量，毫克	每100克含盐量，克
蘸酱调料	张氏记御厨辣油辣椒酱	3 870	9.8
蘸酱调料	清净园淳昌辣椒酱（韩国）	3 778	9.6
蘸酱调料	贺福记鱼头青剁椒	3 752	9.5
蘸酱调料	六婆香辣酱	3 680	9.3
下饭佐料	湘汝辣王之王蒜香辣椒酱	3 604	9.2
蘸酱调料	味好美麻辣川味酱*	3 620	9.2
蘸酱调料	春光野山椒酱	3 587	9.1
蘸酱调料	吴文善户户韩国蒜蓉辣酱	3 251	8.3
下饭佐料	饭遭殃糍粑海椒鲜青椒酱	3 168	8.0
下饭佐料	英潮虎皮辣椒鲜辣酱	3 017	7.7
蘸酱调料	胡玉美朝天辣椒香辣酱	2 986	7.6
蘸酱调料	谢瑞真双色剁椒	2 967	7.5
下饭佐料	苗姑娘辣子鸡油辣椒	2 691	6.8
蘸酱调料	好餐得辣椒酱（韩国）	2 509	6.4
蘸酱调料	布依姑娘香菇油辣椒	2 330	5.9
蘸酱调料	川崎百搭辣酱海鲜干贝味	2 330	5.9
蘸酱调料	润哥坊野山椒豆豉	2 168	5.5
蘸酱调料	琪力泡椒酱	2 069	5.3
蘸酱调料	周黑鸭地道辣椒酱	1 995	5.1
下饭佐料	尝香思香辣虾球酱	1 770	4.5
下饭佐料	锦程豆豉红烧辣椒	1 745	4.4
蘸酱调料	老干妈香菇油辣椒	1 666	4.2
下饭佐料	仲景香菇豆豉辣酱*	1 550	3.9
蘸酱调料	六必居京味香辣酱	1 513	3.8
蘸酱调料	亨氏番茄辣椒酱	1 281	3.3
下饭佐料	今日滋水果辣酱	1 200	3.0

辣酱种类	品牌和名称	每100克含钠量，毫克	每100克含盐量，克
蘸酱调料	味好美泰式甜辣酱	1 180	3.0
蘸酱调料	雀巢美极香蒜辣椒酱	1 000	2.5
下饭佐料	饭爷鲜椒香辣酱	659	1.7
蘸酱调料	苗姑娘肉末油辣椒	520	1.3
下饭佐料	桃园建民鲜葱耗辣椒	400	1.0

　　① ＊营养标签上标示的是每份食品含钠量，而非每100克食品的含钠量，本表中每100克食品含钠量是经计算后所得。

　　② 同一品牌食品钠含量在不同生产批次可能会有所改变。

　　③ 钠含量来自预包装食品营养标签。

　　④ 数据采集日期：2017年9月20—30日。

　　（1）选择未加工或简单加工的辣椒食品。

　　天然辣椒或辣椒面含盐极低，辣椒食品在加工过程中会加入大量食盐。因此，日常烹饪应尽量选用天然辣椒，或自制辣椒食品，以控制用盐量。

　　（2）规避高盐辣椒食品。

　　购买辣味食品时，应依据食品营养标签上的钠含量信息，选择含钠低的辣椒食品。

　　（3）选用盐的替代品。

　　盐可以协同辣椒产生灼痛样的欣快感，这种作用也可由花椒、胡椒、孜然、葱、姜、蒜等天然调味品产生，获得类似美味享受。

　　（4）限制高盐食品。

　　市场销售的辣椒酱、剁椒、牛肉辣酱、辣条、腌辣椒、酸辣椒、油泼辣椒等多为高盐食品。辣椒是深受居民喜爱的日常食品，可知这类食品对人群吃盐量影响很大。除了广泛宣传，使居民认识高盐饮食的危害，掌握必要的减盐方法；针对各类高盐食品，还应通过立法或国家标准，强制限定食品含盐量，杜绝出于增重盈利目的，向食品中加入过量食盐的不良行为。

豆腐乳

豆腐乳是中国传统食品。豆腐乳可分青方、红方、白方三大类。豆腐乳制作一般要经两次发酵。在前期发酵时，将豆腐压坯切块，接种根霉菌或毛霉菌，这些霉菌可分泌蛋白酶，使豆腐中的蛋白高度水解。在后期发酵时，加入红曲酶菌、酵母菌、米曲霉菌等进行密封发酵和贮藏。在两次发酵之间，有一个重要环节就是腌坯，即采用高浓度盐水腌制毛坯，使之变为盐坯。盐坯含盐量高达 16％。腌坯的目的在于：1）通过高盐渗透作用，使毛坯中的水分析出，使坯体变硬变韧而不易酥烂；2）高盐高渗可避免腐乳在后期发酵和贮存时因感染杂菌而腐败；3）高渗盐水对蛋白酶有抑制作用，使腐乳在后发酵期间不致因蛋白酶持续作用而糟烂；4）加入盐能显著改善腐乳口味，增强香味。

在豆腐乳制作过程中，腌坯是必不可少的一环，因此，高盐是传统豆腐乳的共同特点。每 100 克红方含盐约 9 克，一块红方（约 15 克）含盐约 1.4 克，一块糟腐乳（约 15 克）含盐约 3 克。中国膳食指南推荐成人每天吃盐不超过 6 克，食用 2 块糟腐乳吃盐就会超标。因此，豆腐乳虽然价廉味美，但不应过量食用，每次最好不超过 1/4 块，更不可天天享用。

随着低盐发酵工艺的出现，有的企业推出了低盐豆腐乳。2010 年，北京二商王致和食品公司研制出低盐豆腐乳，每 100 克豆腐乳含盐量由传统豆腐乳的 8.9 克（钠 3 500 毫克）降低到 5.8 克（钠 2 300 毫克），含盐量降低了 35％。减盐后的豆腐乳每块含盐约 0.87 克。

醋

醋是由粮食经微生物发酵而产生的醋酸（乙酸）溶液。采用传统工艺酿造的陈醋，除了含 5％～8％醋酸，还含有多种醇类，因此，陈醋不仅有酸味，还有独特的香味。将两种或多种调味剂同时加入食物，可发挥协同增味的效应。例如，食物中同时加入盐和醋，会使咸味和酸味都更加突出。烹饪时善于用醋，可明显改善饭菜口味，减少用盐量。最近有研究表明，醋可以促进糖代谢，在糖尿病患者中能发挥降糖作用。还有研究发现，醋具有降压作用。中医常用食醋治疗多种疾病，《本草纲目》记载"（醋）味酸苦，性温和，无毒"，可"消肿块、散水汽、杀邪毒"。

但是，很多人并不知道，食醋中也含有盐。每 100 毫升（2 两）陈醋含盐约 0.85 克（334 毫克钠，东湖牌山西老陈醋）。按照英国标准，陈醋含盐属于较高水平，应标示黄灯加以警示。由于中国传统烹饪中用醋较多，也应控制食醋中的盐。

（1）食物加醋后应适当减少用盐。

醋本身含有一定量的盐，而且醋可发挥提味作用，饭菜应根据加醋量适当减少用盐。加醋能使饭菜产生明显酸味时，可将用盐量减少 20％，加上醋中含盐，饭菜实际含盐可降低 10％。

（2）只吃菜，不喝汤。

加醋的饭菜往往有汤汁，很大一部分盐溶解在汤汁中。因此，饭菜最好不要连汤食用。

（3）先加醋后加盐。

饭菜应先加醋，根据口味再决定是否要额外加盐。若先加了足量食盐，再加入食醋，就会导致用盐过量。

（4）合理使用不同的食醋。

因所用原料和酿制方法不同，食醋含盐量差异很大。如果条件许可，厨房中可准备多种类型的醋，烹饪时根据需要选用不同食醋，以降低吃盐量。陈醋含盐最高（2.1克盐/100毫升），其次为甘醋（1.2克盐/100毫升），再次为黑醋（0.9克盐/100毫升），白醋（0.6克盐/100毫升）和香醋（0.5克盐/100毫升）含盐较低。陈醋含盐高，但氨基酸（包括含硫氨基酸和芳香族氨基酸）和醇类含量也高，适合烹制肉类食物，这样容易出味，另外，凉拌菜也可选用陈醋。烹制汁少的菜肴（如土豆丝），应选择含盐低的白醋或香醋。另外，家庭制作酸味酱菜（如糖醋蒜）时，应尽量选择含盐低的白醋。

（5）特殊人群慎用醋。

胃溃疡和十二指肠溃疡患者不宜过多吃醋。醋会损害胃肠黏膜，加重溃疡。食醋中的有机酸会刺激消化液分泌，会进一步加重溃疡。正在服用碳酸氢钠、氧化镁等碱性药物的患者，不宜吃醋过多，因为醋会和这些药物发生中和反应，降低药物的疗效。

（6）标示食醋含盐量。

目前中国市场销售的包装食醋大多没有标示营养素含量，也没有标示钠含量，这种状况会使居民误以为食醋中不含盐。中国传统烹饪用醋量较大，2015年中国食醋产销量高达410万吨，人均约 3 千克。可见，醋和酱油一样也是中国居民盐摄入的重要来源。从限盐角度考虑，有关部门应修订现行标准，要求包装食醋标示钠含量和其他强制性营养素含量。企业也应从消费者健康角度考虑，在食醋包装上提供营养素含量表。

天然食物中的盐

天然食物都含一定量的钠。在史前时期，天然食物曾是人类盐摄入的唯一来源，当时每人每天吃盐只有 0.5～2 克。在天然食物中，肉食含盐高于素食，海洋食物含盐高于陆生食物和淡水食物，植物茎叶含盐高于果实和种子。在现代饮食环境中，食物天然含钠约占吃盐量的 10%。

海产品

在天然食物中，海产品含盐量较高。每 100 克（2 两）鳕鱼含钠 130 毫克（相当于 0.33 克盐），每 100 克带鱼含钠 150 毫克（相当于 0.38 克盐），每 100 克海虾含钠 302 毫克（相当于 0.77 克盐），每 100 克干海带含钠 327 毫克（相当于 0.83 克盐），每 100 克紫菜含钠 711 毫克（相当于 1.81 克盐），每 100 克虾米含钠 4 892 毫克（相当于 12.43 克盐）。在烹制海产品时，应不加盐或少加盐。若想去掉海产品中的盐，可用清水浸泡或漂洗。虾米和虾皮常被用作调味料，因含盐量较高，使用时应控制用量。

淡水水产

淡水水产含盐稍低，每100克草鱼含钠46毫克（相当于0.12克盐），每100克鲤鱼含钠54毫克（相当于0.14克盐），每100克泥鳅含钠75毫克（相当于0.19克盐），每100克河虾含钠134毫克（相当于0.34克盐），每100克龙虾含钠190毫克（相当于0.48克盐），每100克螃蟹含钠194毫克（相当于0.49克盐）。因本身含有一定量的钠，在烹制淡水水产时，应不加盐或少加盐。

禽肉和畜肉

家禽和家畜是农业社会驯化的动物，经人工饲养可正常繁殖并为人类所用。禽肉和畜肉是蛋白质的重要来源，未经加工的禽肉和畜肉含有一定量的盐。每100克猪肉含钠59毫克（相当于0.15克盐），每100克牛肉含钠84毫克（相当于0.21克盐），每100克羊肉含钠81毫克（相当于0.20克盐），每100克鸡肉含钠63毫克（相当于0.16克盐），每100克鸭肉含钠69毫克（相当于0.18克盐）。动物内脏和血含有较高水平的钠，在烹饪时应不加盐或少加盐。猪皮和猪骨中含有较高水平的盐，用猪皮和猪骨熬制皮冻时，其中的盐会逐渐析出，应注意少加盐或不加盐。

禽蛋

在天然食物中，禽蛋含盐相对较高。每 100 克鸡蛋含钠 132 毫克（相当于 0.33 克盐），每 100 克鸭蛋含钠 106 毫克（相当于 0.27 克盐）。由于含钠水平较高，即使白水煮鸡蛋味道也很鲜美。炒鸡蛋即使不加盐，也不会觉得味道寡淡。

奶

鲜奶中含一定量的盐。每 100 毫升人奶含钠 23 毫克（相当于 0.06 克盐），每 100 毫升牛奶含钠 37 毫克（相当于 0.09 克盐），每 100 毫升羊奶含钠 21 毫克（相当于 0.05 克盐）。母乳喂养的宝宝都能健康成长，说明母乳中的钠完全能满足宝宝的身体需求。6 个月以内的宝宝每天大约吃奶 750 毫升，每天摄入钠 173 毫克（相当于 0.44 克盐）。喝牛奶或羊奶的宝宝，也能获得差不多的盐，因此，不用担心宝宝吃盐问题。

粮食

大多数粮食都是禾本科植物的种子（玉米、小麦、水稻、大麦、高粱等）。植物种子由种皮、胚和胚乳三部分组成。胚乳是粮食中提供热量的主要部分，成分以淀粉与脂肪为主，钠含量极低。尽管种皮中含有少量钠，但在加工过程中会被去掉。因此，粮食可食部分（面粉和大米）含钠量都极低。人类由狩猎社会进入农耕社会后，食物以肉食为主转变为以粮食为主，经天然食物摄入的钠大幅降低，这是农耕者比狩猎者更喜欢吃盐的重要原因。每100克面粉含钠3.1毫克，每100克粳米含钠2.4毫克，每100克籼米含钠2.7毫克，每100克玉米面含钠2.5毫克，每100克小米含钠4.3毫克。如果每天消费大米400克，其钠含量也不过10毫克，基本可忽略不计。

豆类

豆类泛指所有能产生豆荚的豆科植物。豆类品种繁多，常见的有黄豆（大豆）、蚕豆、绿豆、豌豆、赤豆、黑豆等。黄豆和豆制品是中国人膳食蛋白的重要来源，对于长期吃素的人，豆类食品尤其重要。天然豆类含钠极低，豆制品则因加工方法不同，含钠差异很大。每100克黄豆含钠2.2毫克，每100克黑豆含钠3.0毫克，每100克绿豆含钠3.2毫克，每100克赤豆含钠2.2毫克，每100克豌豆含钠9.7毫克。

蔬菜

蔬菜是指可食用的植物根、茎、叶、花或果实，一般将食用菌和海藻也归为蔬菜。蔬菜能为人体提供多种维生素、矿物质、微量元素、纤维素等营养成分，是膳食钾的主要来源。大部分蔬菜为陆生植物，以淡水为生长基础，这些蔬菜含钠较低。每100克西红柿含钠5.0毫克，每100克黄瓜含钠4.9毫克，每100克土豆含钠2.7毫克，每100克冬瓜含钠1.8毫克。但是，并非所有蔬菜中的盐都可忽略不计，每 100 克萝卜含钠 61.8 毫克，每 100 克菠菜含钠 85.2 毫克，每 100 克大白菜含钠 89.3 毫克，每 100 克芹菜含钠 159.0 毫克，每 100 克百合含钠 37.3 毫克。在各种蔬菜中，芹菜和百合含钠偏高，你有没有感觉到，在炒西芹百合时，即使不加盐味道也很鲜美？

蘑菇

　　蘑菇不是植物，而是一种真菌，即担子菌的子实体。可供食用的蘑菇统称食用菌。蘑菇营养丰富，富含人体必需的氨基酸、矿物质、维生素和多糖等营养成分。蘑菇含钠普遍较低。每 100 克平菇含钠 3.8 毫克，每 100 克香菇含钠 1.4 毫克，每 100 克金针菇含钠 4.3 毫克，每 100 克草菇含钠 73.0 毫克，每 100 克黑木耳含钠 48.5 毫克，每 100 克银耳含钠 82.1 毫克。蘑菇中含有少量维生素 B_{12}，但生物利用度极高，也就是说，蘑菇中的维生素 B_{12} 能很好地被人体吸收，这些维生素 B_{12} 对于完全素食者是非常重要的。

水果

　　水果一般指水分和糖分含量较高的植物果实。水果种类繁多，但绝大多数含钠都很低。每 100 克红富士苹果含钠 0.7 毫克，每 100 克库尔勒梨含钠 3.7 毫克，每 100 克桃含钠 2.1 毫克，每 100 克葡萄含钠 2.0 毫克，每 100 克橘子含钠 1.7 毫克，每 100 克菠萝含钠 0.8 毫克，每 100 克芒果含钠 2.8 毫克，每 100 克哈密瓜含钠 26.7 毫克，每 100 克西瓜含钠 3.2 毫克。是的，西瓜也含钠，这是对所有食物都含盐的最好注解，只是含量高低不同罢了。

坚果

坚果具有坚硬的外壳，内含植物种子。坚果是植物的精华部分，含丰富的蛋白质、脂肪酸、矿物质、维生素等营养成分。天然坚果含钠都较低。每 100 克核桃含钠 6.4 毫克，每 100 克松子含钠 3.0 毫克，每 100 克花生含钠 3.6 毫克，每 100 克葵花子含钠 5.5 毫克。由于坚果中含丰富脂肪酸和蛋白质，加盐炒制可以让坚果味道更诱人，香味更浓郁。每 100 克炒葵花子平均含钠 1 322.0 毫克（相当于 3.36 克盐）。可见，在炒制过程中葵花子含盐量增加了 240 倍。

天然调味品

辣椒、花椒、孜然、茴香、香叶等天然调味品含盐都很低。美国伊利诺伊大学开展的研究表明，鸡汤中加入天然调味品可降低用盐量。让 101 名受试者品尝不同配方的鸡汤，同时允许他们根据自己的口味自由加盐。结果发现，鸡汤中天然调味品用量越多，受试者所加盐量就越少，但过量调味品会破坏鸡汤口味。所以，天然调味品也要控制用量。为了克服这一问题，研究者提出，可以逐渐增加天然调味品的用量，减少盐的用量，让进食者逐渐适应低盐鸡汤。

水中的盐

　　成人每天需摄入水约 3 000 毫升（包括食物含水）。中国《生活饮用水卫生标准》（GB5749 - 2006）规定，饮用水钠含量不应超过 200 毫克/升。若以上限计算，成人每天经饮水最多可摄入钠 600 毫克，相当于 1. 5 克盐，而且很多地区饮用水中钠含量超标。可见，饮水中的盐并非微不足道，尤其在水钠含量高的北方地区。

　　目前，中国城镇居民饮水基本实现了自来水化。但在广大农村，仍有部分居民饮用未经处理的江河水、湖泊水、地下水、募集的雨水和冰雪融水等。天然水来自降水，在汇流过程中，会溶入周围环境中的矿物质。因此，天然水源中含有钠、钙、镁等离子。其中，钙镁为二价离子，通过煮沸或加入螯合剂可被去除；钠为一价离子，溶入水中很难被去除，家用净水器根本无法滤过钠离子。

　　水钠含量的一个参考指标就是矿化度。矿化度又称总溶解固体（total dissolved solid，TDS），是水中所含离子、分子与化合物的总量，但不包括悬浮物和溶解的气体。中国北方降水少，植被覆盖率低，地表荒漠化严重，河水和地下水矿化度高，水源中钠含量高于南方。因此水钠增加了北方居民吃盐量。

水硬度是指水中钙镁离子的总浓度。水硬度超过 300 毫克/升为硬水（hard water）。中国《生活饮用水卫生标准》规定，饮用水硬度（以 $CaCO_3$ 计）不应超过 550 毫克/升。含钙镁离子高的硬水，容易损毁城市供水管道，在锅炉中沉积还可能引发爆炸，这是城市自来水降钙的主要原因。最常用的水软化技术是离子交换法，而置换钙镁离子需要向水中加入钠离子。

水处理过程中加盐量与水硬度有关，水硬度越高，需加入的盐就越多。例如，要将 1 升水硬度由 1 500 毫克（以 $CaCO_3$ 计，15 毫摩尔）降低到 500 毫克（5 毫摩尔），需要加入 20 毫摩尔钠（460 毫克，相当于 1.17 克盐），每处理 1 吨这样的水，就需要加入 1.17 千克盐。因此，高硬度水经处理后，含盐量会明显增加，使饮水成为居民吃盐的一个隐性来源。由于降水量少，蒸发量大，地表水中无机盐浓缩，中国北方水系硬度普遍较高，在自来水处理过程中，需要加入更多盐，这成为中国北方居民吃盐多的一个潜在原因。

城市饮水受水源类型、来源地、季节、软化剂等诸多因素影响，有时会出现水钠超标。2010 年在北京开展的水样抽查表明，市政自来水在丰水期含钠 37.6 毫克/升，枯水期含钠 41.1 毫克/升，自来水含钠最高时达 649.3 毫克/升。美国饮用水检测发现，城市自来水含钠在 1～391 毫克/升之间，自来水平均含钠 50 毫克/升，而瓶装水含钠一般都低于 10 毫克/升。

20 世纪中后期，美国开展的研究发现，饮用水钠含量会影响居民血压水平。图希尔（Tuthill）等学者在两个城镇比较了自来水钠含量对儿童血压的影响。其中一个城镇自来水钠含量较高（107毫克/升），另一城镇自来水钠含量较低（8毫克/升），这种差异当时已维持了至少17年。对两个城镇在校学生血压进行测量后发现，自来水含钠高的城镇女生平均血压为113.5/67.8毫米汞柱，自来水含钠低的城镇女生平均血压为108.4/62.7毫米汞柱，两城镇女生收缩压和舒张压各相差5.1毫米汞柱。自来水含钠高的城镇男生平均血压为125.1/65.2毫米汞柱，自来水含钠低的城镇男生平均血压119.5/62.5毫米汞柱，两城镇男生收缩压和舒张压分别相差5.6和2.7毫米汞柱。

宁夏回族自治区南部的西吉、海原、固原、隆德、泾源、彭阳等6个国家级贫困县统称西海固。西海固位于黄土高原西南边缘，属温带大陆型干旱气候，年降雨量只有200～700毫米，而且大多集中在6～9月，年蒸发量则高达1 000～2 400毫米。这些地理气候特征导致西海固水源奇缺，当地居民饮水主要采自地下水、沟泉水和窖水（募集的雨雪水）。这些水源矿化度很高，大部分都是苦咸水。2012年，在固原地区开展的调查发现，多个采样点地下水和地表水钠含量超过200毫克/升，其中西吉县马建乡地下水钠含量高达2 368毫克/升，附近多个采样点地下水钠含量也超过1 000毫克/升。在彭阳县开展的调查表明，地表水（河水、湖水、沟水）钠含量最高达304毫克/升，地下水钠含量最高达792毫克/升，居民募集的雨雪水钠含量较低。

长期饮用苦咸水会升高血压，增加心脑血管病风险。西海固地区居民因长期饮用苦咸水导致高血压等疾病多发，这成为当地居民脱贫致富的一大阻碍。2010年，在固原农村开展的调查发现，当地居民高血压患病率高达 28.5%。苦咸水因钠、镁、钙、氟、铬等含量高，长期饮用还会导致胃肠功能紊乱、免疫力低下。当地人身体可能已适应了苦咸水，外地人首次饮用苦咸水更易出现腹泻和呕吐。1997 年，当时在福建省任职的习近平，曾带队去西海固开展对口扶贫，同去的福建省的同志在饮用当地苦咸水后，很多都出现了腹泻症状，习近平被"苦瘠甲天下"的西海固所深深震撼。2016 年 7 月，当他再次来到西海固，总书记仍清晰地回忆起当年的情景。

中国《生活饮用水卫生标准》规定，饮用水中可溶性总固体不应超过 1 克/升，农村小型集中式供水和分散式供水可溶性总固体不应超过 1.5 克/升。饮用水中可溶性总固体超过 1.5 克/升即为苦咸水。2004 年，全国农村饮用苦咸水的人口仍高达 3 855 万人，主要分布在西北、华北、华东地区，尤其以宁夏、甘肃、新疆、山东、河南等省、自治区为甚。饮用苦咸水的地区与国家级贫困区高度重叠。近年来，在国家扶贫计划支持下，各地政府投入大量资金和人力，在贫困地区实施改水，当地饮水状况已明显改善。

中国北方河水硬度明显高于南方，地下水矿化度和硬度也高于南方。因此，北方居民经饮水摄入的盐高于南方居民，这可能是北方高血压患病率高的一个潜在原因。近年来启动的南水北调工程有望改善居民饮水质量。南水北调水源属于低矿化度、低钠含量的汉江水系，因此该工程启用后将降低受水区居民钠（盐）摄入，对降低北方地区高血压发病率将发挥积极作用。

市场销售的瓶装水可分为纯净水和矿泉水两大类。纯净水经蒸发冷凝制备，一般不含钠或含钠极低。矿泉水来源于天然泉水、地下水、河水、湖水、冰川融水等，一般含有少量钠。出于口感考虑，矿泉水含钠量一般不会超过每毫升 20 毫克，对盐摄入的影响不大。

茶和咖啡含钠很低，咖啡中加入牛奶含钠会小有上升。碳酸饮料或果汁饮料要加入保鲜剂，因而含少量钠。可乐中钠含量为每 100 毫升 20 毫克，尽管含量低，若每日饮用超过 1 000 毫升，则钠摄入可达 200 毫克，相当于 0.45 克盐。包装果汁和蔬菜汁也含少量钠，每 100 毫升苹果汁含钠 25 毫克（汇源苹果汁），每日饮用 500 毫升将摄入 0.32 克盐。运动饮料含有较高浓度的钠，每 100 毫升橙味运动饮料含钠 45 毫克（佳得乐），饮用 500 毫升会摄入 0.57 克盐。总体来看，果汁、蔬菜汁、运动饮料若非长期大量饮用，对吃盐量影响不大。

很多药物都含钠，但在绝大多数情况下，药物中的钠并非刻意添加，而是作为溶剂、基质、赋形剂或化合物的阳离子而存在。在正常剂量范围，大部分药物中的钠都可忽略不计，只有少数药物含钠较高，会成为盐（钠）摄入的重要来源。

口服药

口服药常采用的剂型包括片剂、胶囊、口服液等，这些剂型往往会加入赋形剂、溶剂或其他基质，其作用是让药物保持一定形状和性状，便于口服，同时增加药物稳定性，改善药物口感，调节药物酸碱度，增加药物溶解度，加快药物崩解速度等。因此，口服药中的钠既可源于药物本身，又可源于基质。在常用药物中，制酸药和部分抗生素本身含钠较高；泡腾片、口崩片和速溶片等药物基质含钠较高。

碳酸氢钠片常用于治疗胃酸过多引起的胃痛、胃灼热感（烧心）和反酸。其药理机制是，碳酸氢钠为碱性物质，能与胃酸（稀盐酸）反应，生成偏中性的产物氯化钠、水和二氧化碳。碳酸氢钠每片剂量为 0.5 克，每日最大剂量为 3 克。若服用最大剂量，每天经碳酸氢钠摄入的钠为 822 毫克，相当于 2.1 克盐。

泡腾片（effervescent tablets）是一种新型口服制剂。泡腾片利用有机酸和碳酸氢钠反应，置入水中即刻发生泡腾反应，生成并释放大量二氧化碳气体，状如沸腾，因此称泡腾片。泡腾片的优点在于，药物在体外崩解并溶解在水中，口服后在胃肠道吸收面积大，吸收速度快，降低了药物对局部胃肠黏膜的刺激，从而减少药物副作用。泡腾片特别适合于儿童、老年人及吞服药片困难的人。有些对胃肠有刺激的药物、需要快速吸收的药物也可制成泡腾片。应当特别注意的是，泡腾片不能直接服用，必须首先溶解在水中，以溶液方式饮用。

泡腾片之所以能在数秒内在水中崩解，是因为含有泡腾崩解剂。泡腾崩解剂包括酸源和碱源，常用的酸源有柠檬酸、苹果酸、硼酸、酒石酸、富马酸等；常用的碱源有碳酸氢钠、碳酸钠或二者混合物。因此，泡腾片都含有一定量钠。例如，常用抗感冒药物对乙酰氨基酚泡腾片（扑热息痛泡腾片）每片含对乙酰氨基酚 500 毫克，含钠 428 毫克，若服用最大剂量每天 4 片，由该药每天可摄入钠 1 712 毫克，相当于 4.35 克盐。其他泡腾片也含有较高水平的钠（表 13）。

表 13　含钠量较高的常见口服药

药品名称	每片剂量毫克	每片含钠量毫克	最大日剂量含钠量，毫克	最大日剂量含盐量，克
对乙酰氨基酚泡腾片	500	428	1 712	4.35
阿司匹林泡腾片	330	276	1 656	4.21
布洛芬口腔崩解片	200	202	1 212	3.08
葡萄糖酸钙泡腾片	1 000	104	832	2.11
碳酸氢钠片	500	137	822	2.09
果糖二磷酸钠片	250	57	510	1.30
硫酸锌泡腾片	125	106	318	0.81
苯唑青霉素钠胶囊	500	26	313	0.79
维生素 C 泡腾片	1 000	193	193	0.49
碳酸钙泡腾片	4 013	138	138	0.35
维生素 C 口嚼片	250	29	116	0.30
萘普生钠片	250	23	91	0.23
碳酸钙泡腾片	1 250	21	42	0.11
双氯芬酸钠缓释片	100	72	7	0.02

　　口腔速崩片（orally disintegrating tablets, ODT, 口崩片）也是一种新型口服剂型。口崩片是采用微囊包裹药物，再添加甘露醇、山梨醇等易溶辅料制成。口崩片可在口腔内快速崩解，随吞咽动作进入消化道，具有服用方便、吸收快、生物利用度高、对消化道刺激小等优点。制作口崩片的辅料含有藻酸钠等多种含钠化合物，因此，也会增加钠摄入。

　　很多药物的活性成分都是弱酸性有机化合物，将其制成水溶性钠盐可促进药物吸收，提高生物利用度。例如，双氯芬酸钠、维生素 C 钠等都是有机酸钠盐。如果每天服用 1 克维生素 C 钠咀嚼片，可摄入钠 116 毫克，相当于 0.29 克盐。果糖二磷酸钠主要用于心脏病辅助治疗。每克果糖二磷酸钠含钠 170 毫克，若每日服用 3 克，可摄入钠 510 毫克，相当于 1.3 克盐。根据中国现有药品法规，药品说明书和外包装上并未标示钠含量，个别含钠高的药物可能成为钠（盐）摄入的隐性来源。

注射药物

生理盐水是指渗透压与人体血浆渗透压相当的氯化钠溶液。临床上所用生理盐水浓度一般为 0.9％，也就是说每 100 毫升含盐（氯化钠）0.9 克。这种氯化钠溶液之所以称为生理盐水，并不是因为其浓度与血浆氯化钠浓度相同，而是因为这种溶液渗透压与血浆渗透压相当，有利于维持血细胞的正常形态。血浆中维持渗透压的物质还包括钾离子、钙离子、镁离子和多种胶体分子等，因此，生理盐水钠浓度明显高于血钠浓度。正常人血钠浓度在 135～145 毫摩尔/升之间，相当于 0.31％～0.33％氯化钠溶液，浓度只有生理盐水的 1/3。因此，大量输注生理盐水会升高血钠水平，使血压升高，这种作用在心血管功能下降的老年人中更加明显。

每 100 毫升生理盐水含氯化钠（盐）0.9 克。若每日输入 500 毫升生理盐水，因输液进入体内的盐高达 4.5 克。可见，当输液量较大时，应考虑并控制进入体内的钠（盐）。对于有高血压、心脏功能不全的老年人，输液时尤其要控制输液量和输液速度，避免输液后发生血压升高和急性心衰。

碳酸钠注射液（5％）常用于治疗重度代谢性酸中毒或心肺复苏患者。每 10 毫升碳酸钠注射液含碳酸钠 0.5 克，含钠 137 毫克，相当于 0.35 克盐。这类药物一般不会长期输注。

一些抗生素也含有较高水平钠。每克青霉素钠含钠 65 毫克，若采用最大剂量每日 2 000 万单位（约 12 克），其中含钠 775 毫克，相当于 1.97 克盐。每克头孢呋辛含钠 52 毫克，若采用最高剂量每日 6 克，其中含钠 312 毫克，相当于 0.79 克盐。

伦敦大学研究人员曾对 120 万英国成人服药情况进行调查，并对这些人的健康状况进行了为期 7 年的跟踪研究。结果发现，经常服用含钠药物的人，心脑血管病风险升高 16%，患高血压的风险升高 7 倍。该研究还发现，常用含钠药物包括：扑热息痛泡腾片、阿司匹林泡腾片、布洛芬速溶片、维生素 C 泡腾片、钙剂泡腾片和锌剂泡腾片等。由于这些药物多为非处方药，在药店可随意购买，因此研究者建议在这些药物包装上标示钠含量，并在说明书中警示含钠药物可能引发健康问题。

中药中的盐

中药也可能含有钠（盐），尤其是矿物药或海洋药。芒硝常用于泻下通便，润燥软坚，清火消肿。芒硝主成分为十水硫酸钠（$Na_2SO_4 \cdot 10H_2O$），每克芒硝含钠约 143 毫克。《伤寒论》记载大承气汤方剂组成为：大黄（12 克）、厚朴（15 克）、枳实（12 克）、芒硝（9 克）。煎药时要求：先煎厚朴、枳实，大黄后下，芒硝溶服。按照这一方剂，每日（剂）经芒硝摄入的钠为 1 287 毫克，相当于 3.3 克盐。昆布常用于治疗瘿病（缺碘性甲状腺肿大），每克昆布含钠 3.3 毫克。根据《太平圣惠方》，每剂（日）昆布用量约1 两。因此，每日经昆布摄入的钠约 165 毫克，相当于 0.4 克盐。

有些从中药提取的注射液也含一定量钠。例如，临床上常用于冠心病、心绞痛、心肌梗死辅助治疗的丹参酮ⅡA磺酸钠，每克含钠58毫克。另外，一些中药方剂中会加入食盐。

短期服用的药物，对吃盐量影响不大。但若长期服用，则可能增加吃盐量。长期输注生理盐水，会明显增加进入人体的钠，对血压产生不利影响。对于高血压、心脑血管病、慢性肾病或心功能不全等患者，应严格控制生理盐水输液量，同时谨慎使用含钠高的药物。

考虑到药物中钠对健康的潜在危害，2004年，美国食品药品管理局（FDA）出台新法规，要求所有非处方药物（OTC）如果每顿最大剂量含钠量超过5毫克，就必须在说明书中标示钠含量并予以警示。在伦敦大学发现含钠药物增加心脑血管病风险后，欧盟对药物成分标示的相关法规也进行了修订，规定每剂含钠超过1毫摩尔（23毫克）的口服药或注射药，须在包装及说明书中标示钠含量。

保健品

保健品（保健食品）的本质仍然是食品，只不过某些营养素含量较高，保健品不应以治疗疾病为目的。日本和美国将保健品称为"功能食品（functional foods）"，欧洲各国称为"健康食品（health foods）"。保健品经常补充的营养素包括蛋白质、氨基酸、维生素、矿物质、微量元素、膳食纤维、特殊类型脂肪酸等。大多数保健品含钠很低，但部分口服液为了改善口味，或延长保质期，会加入一定量钠（盐）。曾经风靡全国的昂立一号口服液，每100毫升含钠

40 毫克，相当于 0.1 克盐。由于保健品只会宣传具有营养功效的成分，不会标示对健康有潜在危害的成分，消费者在判断保健品利弊时，往往摆脱不了盲目性和片面性。

　　某些药用或医用食品，如高渗盐水、肠内或肠外营养液可能含有较高浓度的钠（盐），但这些食品和药品仅在医生处方下用于特殊患者。对普通人而言，很少会接触这类特殊高盐食品或高钠药品。

减盐对策

食品企业减盐

从企业角度考虑，占领市场并获取最大利润是其终极目标。加工食品只有不断优化配方，迎合大众持续改变的口味，才能赢得消费者青睐，企业才能在激烈的市场竞争中求得生存。中国居民口味普遍偏咸，盐在改善食品口味和口感的同时，还能延长保质期，降低储存和销售成本。因此，多用盐是加工食品增强市场竞争力的常用策略。

美国的限盐经验表明，部分有"责任感"的企业曾通过改良食品配方以降低含盐量，但这种努力难以为继。其原因在于，消费者不久就会发现，低盐食品没有高盐食品口味鲜美，结果导致低盐食品在市场上乏人问津，这种局面沉重打击了企业减盐的积极性。2008年，在美国食品药品管理局（FDA）召集的减盐听证会上，食品业巨头联合利华的代表就曾抱怨："当我们单方面降低了食品含盐量后，大批消费者转而购买其他品牌的高盐食品，最终受伤害的是我们。因此，除非有一个涉及全行业的统一行动，并设定一个统一标准，让大家处在同一起跑线上，否则任何公司都无法独撑减盐带来的风险。"

对企业而言，降低食品含盐还会面临其他挑战。当食品含盐大幅降低后，不但口味和口感下降，而且保质期、安全性和物理特性也会改变。要维持低盐食品的安全性，往往要加入食盐替代品或其他添加剂。但是，绿色食品和儿童食品允许使用的添加剂受到严格限制，使得在这些食品中减盐格外困难。因此，在应对减盐所面临的挑战时，企业势必会大幅增加生产成本，并冒着消费者流失的风险。

盐的价格低廉，通过减盐所能节约的成本微乎其微。而另一方面，含盐量降低后，食品更容易腐败变质，需要为食品生产、存储和运输设立更为严苛的条件，这会进一步推高食品售价。在发酵食品（如酱油和豆瓣酱）生产过程中，盐具有控制发酵深度和抑制生物酶活性的作用，研发食盐替代品将是一个巨大技术难题。加入替代品和引入新技术的代价远高于盐，采用低盐配方和低盐技术无疑会增加生产成本，挤压利润空间。因此，以利益为驱动的企业不可能自发完成这些变革，除非有外部动力，如消费者认识的改变催生了巨大的低盐食品市场，或者国家法规强制要求降低食品含盐量。

从消费者角度出发，选购食品时，首先考虑的是口味，即食品好不好吃，其次才考虑价格和健康效应，所有食品生产商对这一点心知肚明。因此，改善食品口味和口感是占领市场的最佳营销策略。减少吃盐所能带来的健康效应是非常遥远的事情，而含盐减少导致食品口味不佳却是立马能感受到的效果。因此，大多数人，尤其是年轻人不太可能因远期的健康考虑而放弃眼前的美味享受，这种观念极大阻碍了低盐食品的普及。

中国食品企业数量多、规模小，地域差异大，缺乏能引领全行业的超大企业，也很少有企业拥有低盐技术储备。在这种环境中，即使个别企业想发起减盐活动，恐怕也难以成功，因为大部分企业，尤其是中小企业根本就缺乏减盐的动力和实力。在中国当前食品环境中，要想让减盐活动取得成效，有必要参考英国的经验，由国家制定全局目标和长期计划，由国家食品药品管理局负责，督导企业和餐饮业开展减盐。

由国家推动在加工食品中实施减盐具有一定优势，其一，可实现加工食品逐步而温和地降盐，避免居民因吃盐骤减而引发副作用，同时又不明显影响食品口味；其二，能使整个食品行业步调一致，避免某些食品减盐后其他高盐食品乘虚而入的被动局面；其三，在开展减盐活动期间，由国家组织科研机构开展技术攻关，集中解决盐含量降低所带来的食品安全问题和口味改善问题；其四，制定逐步减盐计划，能够给企业和餐饮业改进食品配方、引入新工艺和新技术留取时间，也为居民逐渐适应低盐食品口味赢得时间。

根据西方国家的经验，对加工食品实施减盐有两种策略，其一是明降法，其二是暗降法。明降法是通过大众宣传，让消费者充分了解高盐饮食的危害。同时，在食品外包装上标注含盐量，设立高盐食品警示系统，曝光高盐食品名单，充分调动消费者的积极性，鼓励他们选择低盐食品，让高盐食品在市场无处存身，迫使企业降低食品含盐。芬兰在全民限盐早期曾采用明降法，使居民吃盐量得以显著下降。

当前中国市场销售的加工食品含盐普遍较高，但大部分消费者对此并不知情。造成这种被动局面的原因在于，很多消费者并不关注食品含盐，或者不具备辨识高盐食品的知识和能力。根据西方国家的经验，在食品外包装上使用高盐标识和警示系统，能显著提高消费者辨别高盐食品的能力。警示标识不仅使低盐和高盐食品一目了然，还能提高居民对高盐食品危害的警惕性；更重要的是，迫使企业自觉降低食品含盐量，最终达到全民减盐的目的。芬兰的食品高盐警示系统由民间组织——芬兰心脏协会（FHA）负责制定和管理。英国的高盐警示系统由政府机构——食品标准局（FSA）负责制定和管理。

高盐警示系统也可和其他营养素如总脂肪酸、反式脂肪酸、添加糖、热量等一起使用，帮助消费者建立健康的饮食模式。一些西方国家制定了食品营养综合评价系统，对包括钠（盐）在内的多种营养素含量进行评价，最后针对每种食品得出一个营养评分，将营养评分与价格标签摆放在一起，以方便消费者选购健康食品。这些措施会给企业以无形压力，使企业在改良配方时，不仅仅考虑食品的口味和口感，还注重食品的营养性和健康性。这些食品营养综合评分系统最初由百事可乐（PEPSI）等大型食品企业发起（Smartspot, 2004），之后迅速普及欧美各国。目前在美国应用较为广泛的食品营养评分体系包括 NuVal 和 Guiding Stars 等（附录）。

与明降法相反，暗降法在降低含盐量的同时，并不在食品包装上警示含盐量。暗降法的原理在于，当食品中含盐降幅在 15％以内，人的味觉往往觉察不到这种变化；经过一段时间，当味觉系统逐渐适应了这种含盐量稍低的食品后，再次小幅降低含盐量。这样就能在不知不觉中减少吃盐。对于消费者而言，暗降法的好处在于，可在不影响美味享受的情况下减少吃盐。对企业而言，暗降法的好处在于，可避免明降法导致的市场份额丢失，为食品技术改良赢得时间。暗降法的前提是，必须取得全行业一致行动，否则难以成功。

目前，绝大多数中国食品企业尚未摆脱低价竞争的桎梏，降低成本和改良口味是他们赢得市场的基本对策。大部分企业根本没有实力和动力考虑食品的营养性与健康性。盐不仅能改善食品口味，还能掩盖金属味和化学异味；食盐价格低廉，能增加肉类食品重量，提高利润率。因此，很多食品畅销的秘诀其实就是提高含盐量。

考虑到食品企业小而散的特点，中国目前根本不具备开展暗降法的条件。需要在相当长时间里，由政府主导发起限盐宣传，加强含盐量标示，引入高盐食品警示系统，通过明降法将加工食品含盐逐步降下来。当食品企业规模有所扩大，技术革新能力有所提高，消费者对高盐的危害有所认识后，再考虑实施暗降法。

可以预见，随着全球性健康意识的增强，未来低盐食品将大行其道。西方一些高瞻远瞩的食品业巨头已开始提前布局，积极开发低盐食品工艺，研制低盐食品配方，研发食盐替代品和咸味增强剂，探索在低盐含量下延长食品保质期和保鲜期。一旦低盐食品市场成熟，这些产品和技术就可迅速切入，让企业占领市场，从而获得高额利润。在寻找食盐替代品和增敏剂方面，西方国家也处于领先地位，部分无钠添加剂已开始用于发酵食品、烘焙食品和乳化食品。

中国应鼓励企业与科研院所研发食盐替代品和咸味增强剂，研制低盐食品配方，探索低盐食品的保鲜和防腐技术，进而形成针对未来低盐食品市场的技术储备。只有那些为未来做好准备的企业，才能在食品市场发生巨变时，赢得发展良机，也才能打破跨国企业巨头垄断高端食品市场的局面。

附录1：NuVal食品营养价值评分系统

近年来，西方一些学术机构和商业公司研发出多种食品营养评分或评级系统，用于辅助消费者选购健康食品。NuVal（http://www.nuval.com）是由耶鲁大学格里芬疾病预防中心（Yale-Griffin Prevention Research Center）研发的食品营养评分系统。研发者声称NuVal评分的依据是美国《营养标示和教育法》（NLEA），同时声称所纳入的19项食品营养特征与健康密切相关。NuVal营养评分有两步，第一步是入选评估，第二步是分值计算。某种食品要入选NuVal系统，必须满足4个基本条件。满足基本条件的食品，根据19项营养特征评定出一个1～100之间的营养分。评分越高，该食品的营养价值就越高（表14）。不符合基本条件的食品属不健康食品。NuVal评分系统的优势在于，纳入的营养素种类较多，给出的参考评分范围较大，可用于比较不同企业生产的同类食品营养价值。截至2014年，美国已有27家大型连锁超市使用了NuVal评分系统。开发者只给出NuVal评分的19项营养素条目，但对于如何计算评分却严格保密，评分系统的不透明也招致了学术界和民间对该系统的批评。

表14　NuVal评分系统（每100克食品）

入选指标
总脂肪含量≤13克
饱和脂肪含量≤4克

入选指标
胆固醇含量≤60 毫克
钠含量≤480 毫克

评分指标
低脂肪：饱和脂肪≤1 克，且提供≤15％总热量；总脂肪≤3 克，且胆固醇＜2 毫克
低盐：钠含量≤140 毫克
膳食纤维含量丰富：膳食纤维含量≥10％每日需求量
蛋白质含量丰富：蛋白质含量≥10％每日需求量
维生素 A 含量丰富：维生素 A 含量≥10％每日需求量
维生素 C 含量丰富：维生素 C 含量≥10％每日需求量
维生素 D 含量丰富：维生素 D 含量≥10％每日需求量
钙含量丰富：钙含量≥10％每日需求量
钾含量丰富：钾含量≥10％每日需求量
膳食纤维含量极丰富：膳食纤维含量≥20％每日需求量
蛋白质含量极丰富：蛋白质含量≥20％每日需求量
维生素 A 含量极丰富：维生素 A 含量≥20％每日需求量
维生素 C 含量极丰富：维生素 C 含量≥20％每日需求量
维生素 D 含量极丰富：维生素 D 含量≥20％每日需求量
钙含量极丰富：钙含量≥20％每日需求量
钾含量极丰富：钾含量≥20％每日需求量
符合绿色食品标准
符合无麸质食品标准
热量≤100 千卡

资料来源：NuVal，LLC. NuVal® Attribute Criteria. http：//www. nuval. com/docs/Attribute _ Criteria. pdf

附录 2：Guiding Stars 食品营养价值评分系统

　　Guiding Stars 是由汉纳福德兄弟连锁超市（Hannaford Brothers Supermarket Chain）研发的食品营养评估系统。Guiding Stars 依据各种营养素含量，分别给食品以 0 星、1 星、2 星和 3 星标识。1 星表示该食品营养价值高，2 星表示该食品营养价值更高，3 星表示该食品营养价值最高，0 星表示该食品营养价值没有达标。在北美地区，Guiding Stars 不仅被广泛用于超市、食品店，而且还被引入学校、医院和机构食堂，对非包装食品营养价值进行评价。Guiding Stars 设置了网上查询系统（http：//food. guidingstars. com），消费者输入食品名称就能查询到该食品的星级评定。最近，澳大利亚也引入了 Guiding Stars 系统。这类营养素评分或评级系统并不标示在食品外包装上，而是摆在超市价格标签旁边，因此称为货架营养评估系统。在食品外包装上也可能有营养素含量的警示或分级标示，称为营养标签评估系统。货架评估系统和营养标签评估系统所采用的标准和方法各不相同，有时会导致消费者困惑。学术界对于哪种评估系统更合理也存在争论，这些评估系统能从多大程度上帮助消费者选购健康食品也存在疑问。因此，有必要由行政机构对各种评分系统进行规范，制定相关标准，然后再向市场推广。

超市里减盐

超市是城市居民采购食品的主要场所。随着农业生产集约化水平不断提高，越来越多的农村居民也从超市或农贸市场采购食品。影响食品选购的因素包括口味、价格、习惯、营养、加工难易度等。遗憾的是，目前还很少有居民将含盐量作为考量因素。

在超市里只要稍加留意就会发现，不同企业生产的同类食品含盐量可相差 10 倍甚至 100 倍之多。因此，在超市选购食品时，把握一些基本原则就可大幅降低个人和家庭吃盐量。美国专家建议，将某种食品一餐量含盐（钠）作为判断高盐食品的标准。这一策略不仅考虑到食品的含盐量，还考虑到食品的食用量。有些食品尽管含盐很高，但每餐食用量很小，对吃盐量的影响其实并不大。例如，每 100 克紫菜含钠 711 毫克（相当于 1.8 克盐），每 100 克面包含钠 311 毫克（相当于 0.79 克盐，以良品铺子手撕面包为例）。虽然紫菜含盐量远高于面包，但紫菜每餐食用只有 5 克左右，而面包每餐食用量约为 150 克。一餐因紫菜摄入盐 0.04

克，基本可忽略不计；一餐经面包摄入盐可高达 2.37 克。由此可见，单用含盐量判断是否为高盐食品会出现明显偏差。

一般认为，某种食品一餐量含盐超过 1 克（或含钠量超过 400 毫克）就可认定为高盐食品。根据这一标准，上述面包为高盐食品，而紫菜远非高盐食品。紫菜除了含盐，还含有丰富的氨基酸，而且其中的谷氨酸还能发挥增味效应，若烹饪时使用得当，还能发挥减盐作用。包装食品的含盐量可从食品标签上的钠含量计算而知。

1906 年，美国国会通过《食药法》(Food and Drugs Act)，禁止销售假冒伪劣食品和药品。1937 年，美国爆发磺胺酏剂(Elixir)事件，促使国会通过了《食品、药品和化妆品法》(Food, Drug, and Cosmetic Act)。该法授权食品药品管理局(FDA) 负责食品和药品上市前的安全评估及上市后的监管。1958 年，美国国会通过《食品添加剂修正案》(Food Additives Amendment)，规定加工食品必须标示所有添加剂，对于新引进添加剂必须提供安全证据。

在 1969 年召开的白宫营养大会上，FDA 提出了食品营养标签的最初概念，鼓励生产商在食品包装上标示营养素含量，使消费者能根据营养素含量规划饮食，这一提议标志着食品营养标签的开端。1972 年，FDA 出台法规，对食品营养标签的内容和格式进行了规范。1990 年，老布什总统签署《营养标示和教育法》(Nutrition Labeling and Education Act)。该法律强调，政府部门不仅应确保营养标签的规范性和普及性，还负有教育消费者的责任，使他们学会利用营养标签选购健康食品。2015 年，在时任第一夫人米歇尔·奥巴马推动下，美国 FDA 更新了食品营养标签内容和格式，便于消费者利用营养标签选购健康食品。

中国目前尚未颁布《食品标签法》。2007年，国家质量监督检验检疫总局发布《食品标识管理规定》，要求食品标签内容应包括：食品名称、配料表、净含量、规格、生产者、联系地址和方式、生产日期、保质期、贮存条件、食品生产许可证编号、产品标准代码等。2008年国家卫生部发布《食品营养标签管理规范》，并先后制定了《预包装食品标签通则》（GB-7718）、《预包装食品营养标签通则》（GB-28050）等国家标准。《预包装食品营养标签通则》推荐在食品上标示37种营养素含量，其中热量、蛋白质、碳水化合物、脂肪和钠等5种营养素属强制标示内容。酒精含量≥0.5%的食品（如料酒）、现做现售食品、生鲜食品属于豁免范围。

中国《预包装食品营养标签通则》规定，热量、蛋白质、碳水化合物、脂肪和钠等5种营养素属强制标示内容，一般称为1+4，即热量加4种营养素。《预包装食品营养标签通则》参考了国际食品法典委员会（CAC, Codex Alimentarius Commission）标准，世界上多数国家都沿用这一标准，因此，学会读懂食品营养标签，即使在国外或境外采购食品也同样有用，只不过西方国家强制标示的内容更多。目前，中国大陆强制标示的营养内容为1+4项，中国台湾地区为1+6项，中国香港地区为1+7项，新加坡为1+8项，加拿大为1+13项，美国为1+14项。

食品包装上标有食品营养素含量信息的规范性表格称为营养成分表。如表15所示，典型营养成分表由3列5行组成，从左到右分别为营养素名称、营养素含量和营养素参考值百分比；从上到下依次为能量、蛋白质、脂肪、碳水化合物和钠，其间也可能列出其他非强制标示的营养素。在计算各营养素含量时，固体食

品以每 100 克（g）计，液体食品以每 100 毫升（ml）计，也允许
以每餐量为单位标示营养素含量。食品热量值以千焦（kJ）或千
卡（kcal）计，蛋白质、脂肪、碳水化合物含量以克（g）计，钠
含量以毫克（mg）计。

表 15　营养成分表（一种全麦面包）

项目 Items	每 100 克 Per 100 g	营养素参考值% NRV%
能量 Energy	1 068 千焦	13%
蛋白质 Protein	9.9 克	17%
脂肪 Fat	4.4 克	7%
碳水化合物 Carbohydrates	42.1 克	14%
钠 Sodium	495 毫克	25%

以某种全麦面包的营养标签为例（表 15），这种全麦面包每
100 克含热量 1 068 千焦，相当于每日参考摄入量（8 400 千焦）
的 13%；含蛋白质 9.9 克，相当于每日参考摄入量（60 克）的
17%；含脂肪 4.4 克，相当于每日参考摄入量（60 克）的 7%；
含碳水化合物 42.1 克，相当于每日参考摄入量（300 克）的
14%；含钠 495 毫克，相当于每日参考摄入量（2 000 毫克）
的 25%。

在《预包装食品营养标签通则》中，为 32 种常规营养素设定
了每日摄入量参考值。营养素参考值百分比（NRV%, nutrient
reference values）是指，每 100 克或每 100 毫升食品某种营养素含
量占每日参考摄入量的百分比。

中国《预包装食品营养标签通则》规定，包装食品上应强制标示钠含量。这里的钠含量是指食品中所有形式的钠，既包括以食盐形式存在的钠，也包括以碳酸钠、谷氨酸钠、亚硝酸钠、磷酸二氢钠等其他化合物形式存在的钠。因此，食品含钠量高于加工过程中所加盐的含钠量。

在标示各营养素含量时，固体食品以每100克（g）计，液体食品以每100毫升（ml）计。由于每餐或每份食品往往不是100克或100毫升，要了解自己一次吃了多少盐，还要依据每份或每餐食品的量，计算含盐（钠）量。计算方法是：食物含钠量（毫克/100克）×每份食物质量（克或毫升）÷100，所得结果为每份食物含钠量（毫克），该数值再乘以0.00254就是每份食物含盐量（克）。为了避免这一计算问题，英国和美国均鼓励企业在标示每100克食品营养素含量的同时，标示每份或每餐食品的营养素含量。

营养声称是指食品营养标签上对食物营养特性的描述和说明，包括营养素含量声称、营养素比较声称和营养素功能声称。在包装食品上标注营养声称的好处在于，一方面可方便消费者选择适合自己的健康食品，另一方面可激励生产商推出更多健康食品。各国对营养声称都制定了严格标准，以避免虚假标示或无序标示。中国《预包装食品营养标签通则》规定，有关钠的功能声称有以下3条：

> 钠能调节机体水分，维持酸碱平衡。
>
> 成人每日食盐的摄入量不宜超过6克。
>
> 钠摄入过高有害健康。

后两条声称提醒消费者，多吃盐有害健康，应降低吃盐量，这两条声称适用于低盐（钠）食品。第一条声称提示消费者，钠摄入不足会导致人体水和酸碱平衡失调。在现代饮食环境中，很少有人因吃盐不足而导致血容量不足和酸碱失衡，更少有人用加工食品去补钠。因此，第一条声称几乎没有适用性。恐怕也很少有生产商愿意在食品上标注这种声称，因为这一声称提示该食品为高盐食品，鼓励消费者增加盐摄入。

除了钠含量，还可利用食品外包装上的各种营养声称选购低盐食品（表16）。中国《预包装食品营养标签通则》（GB28050－2011）规定，每100克（毫升）食品含钠量≤5毫克时，可标示"无钠""不含钠""无盐""不含盐"声称；每100克（毫升）食品钠含量≤40毫克时，可以标示"极低钠""极低盐"声称；每100克（毫升）食品钠含量≤120毫克时，可以标示"低钠""低盐"声称；食品含钠量比参考食品低25％以上时，可标示"降钠""减钠""降盐""减盐"声称。

有些食品达不到低盐或减盐标准，生产商为了用低盐含量诱惑消费者，在食品包装上标示"薄盐""稀盐""少盐""淡盐""寡盐"等声称。经过计算含盐量后发现，标示这些不规范声称的食品大多并非低盐食品。消费者应根据食品营养标签上的钠含量予以辨识，同时抵制这些虚假声称。有关部门在制定或修订相关标准时，应考虑到这些情况，避免不良商业行为误导消费者。对于发酵食品，有些商家在包装上标示"低盐发酵""低盐固态发酵"，消费者也应注意，"低盐发酵"并不等同低盐含量。

表 16　包装食品钠含量声称标准

声称	中国标准每 100 克（毫升）钠含量	美国标准[#] 每 100 克（毫升）钠含量
无钠	≤5 毫克	<5 毫克
不含钠	≤5 毫克	<5 毫克
无盐	≤5 毫克	<5 毫克
不含盐	≤5 毫克	<5 毫克
极低钠	≤40 毫克	≤35 毫克
极低盐	≤40 毫克	≤35 毫克
低钠	≤120 毫克	≤140 毫克
低盐	≤120 毫克	≤140 毫克
降钠	比参考食品含钠低 25％以上 *	比参考食品含钠低 25％以上
减钠	比参考食品含钠低 25％以上	比参考食品含钠低 25％以上
降盐	比参考食品含钠低 25％以上	比参考食品含钠低 25％以上
减盐	比参考食品含钠低 25％以上	比参考食品含钠低 25％以上

① ＊参考食品含钠量是指市场上该类食品含钠量的平均值。

② ＃美国 FDA 制定的无盐、极低盐、低盐、降盐声称还设置了其他条件。

③ 食品包装上标示"薄盐""稀盐""少盐""淡盐""寡盐"等声称并无国家标准，消费者应根据营养标签上钠含量进行识别，避免被这种不规范声称所误导。

④ 数据来源：中国《预包装食品营养标签通则》（GB28050－2011）；US FOOD AND DRUG ADMINISTRATION. CFR-Code of Federal Regulations Title 21. PART 101 FOOD LABELING. Subpart D—Specific Requirements for Nutrient Content Claims. Available at：https：//www. accessdata. fda. gov/scripts/cdrh/cfdocs/cfcfr/CFRSearch. cfm? CFRPart＝101&.showFR＝1&.subpartNode＝21：2. 0. 1. 1. 2. 4.

厨房里减盐

在中国传统家庭，一般由主妇司厨负责全家伙食。在这种模式下，家庭主妇的口味喜好决定着全家人的膳食结构，也主导着家庭成员的吃盐量。在社区高血压调查时发现，一个家庭多人患高血压的情况相当普遍。有些人将这种现象归因于遗传，殊不知高盐饮食是多数家庭高血压集中发病的根源，这种现象可称为一锅饭效应。因此，在厨房里限盐尤其重要，一般可采取如下措施。

1. 清洗

蔬菜在烹饪前需清洗。短时间浸泡和洗涤不改变蔬菜的营养成分，但将蔬菜切碎后清洗，可溶性营养素（钾、多种维生素、微量元素等）会大量流失，因此蔬菜和水果应在未切时清洗。为了清除残余农药或杀灭细菌、寄生虫，有的居民喜欢用盐水或苏打水浸泡蔬菜水果，这时更应保持蔬菜水果的完整性，避免盐（钠）渗入其中。相反，对于各种腌菜、腌肉和咸鱼，清洗能降低含盐。对于大块咸菜，切丝或切块后再行漂洗，脱盐效果更明显。对于含盐极高的火腿，采用由高到低的梯级浓度盐水漂洗，可明显降低含盐量。

2. 切菜

蔬菜和水果都是由植物细胞构成。细胞就像一个个密封的小房子，细胞膜如同房子的墙壁，能防止细胞内外物质自由进出，使蔬菜和水果中的营养素不致流失。切菜会破坏这些细胞结构，蔬菜切得越细碎，细胞结构破坏就越彻底，营养素流失就越多，烹饪时盐也更容易渗入蔬菜内部。因此，蔬菜不宜切得过于细小。如有可能，在烹饪后切块可减少营养素流失，也能减少盐渗入。

3. 加热

在加热烹饪过程中，蔬菜内的细胞结构会逐渐破坏。细胞内高浓度钾会流失到汤汁中，同时汤汁中的盐（钠）会渗入到蔬菜内部。因此，烹饪时间越长，加热温度越高，渗入蔬菜内的盐就越多。相反，凉拌菜或生吃水果最能保持结构完整，钾和可溶性营养素流失少，所加盐主要分布在蔬菜表面和汤汁中，能够减少吃盐。

4. 烹饪方式

中国传统厨艺有几十种烹饪方式，家庭厨房中常用的烹饪法包括蒸、煮、煎、炒、炸、炖、烤、腌等。采用不同方法烹制同一食材，用盐量差异很大。根据曹可珂等学者在广州、上海和北京三地餐馆开展的调查，采用卤、腌、烩、烙等方法烹制食物含盐较多；采用蒸、煮、烤、炸等方法烹制食物含盐较少。蒸煮鸡蛋、红薯、土豆、玉米棒、荸荠、山药、胡萝卜等天然食物一般很少加盐。肉食和蔬菜常采用炒、炖、烩等方法烹制，需加入一定量盐，炖菜或烩菜由于加热时间长，盐进入食物内部较多，用盐也较多。包子和饺子中的盐主要在内馅中，进食时首先与味蕾接触的是含盐少的面皮，因此内馅加盐很多才能吃出咸味。另外，由于面皮中含盐少，吃包子和饺子时还需蘸料，这会进一步增加吃盐量。

5. 加盐时机

烹饪时盐会渗入食物内部，这个过程需要一段时间。如果晚加盐，盐就来不及渗入食物内部，而较多分布在食物表面；进餐时食物表面的盐先与舌尖上的味蕾接触，即使用盐少也能突出咸味，这样就能减少用盐。这一原则不仅适用于蔬菜和肉食，也适用于各种面食。

6. 加盐量

烹饪时加盐多少是影响家庭成员吃盐量的关键。大部分居民采用经验法加盐，也有一些居民采用品尝法加盐，极少有居民采用定量法加盐。经验法是根据以往烹饪经验，或凭感觉决定加盐量。经验法带有很大随意性，不易把握加盐量，容易导致加盐过量。品尝法是先放一定量的盐，品尝后再根据饭菜味道决定是否补充加盐，最终只有两种结果，要么盐量适中，要么盐量过多。定量法是根据菜谱或目标吃盐量决定加盐量。定量法的优点在于，能把握用盐多少，控制总体吃盐量，是最为科学的加盐方法。

（1）养成定量加盐的习惯。

参观过德国家庭厨房的人，无不惊叹于西方人的精准。在德国家庭厨房中有三样必不可少的用具：计时器、温度计和天平秤。计时器用于掌握烹饪时间，温度计用于控制加热温度，天平秤用于称取食材和调味品。一些中国人嘲笑德国人的迂腐，殊不知这种精准不仅是为了追求美味，更是出于对家庭成员健康的负责。所以，很多西方人离开菜谱就不会做饭，并非他们不善于创造，实在是因为他们对自己所吃东西太过小心。这也是西方人学不会中国菜的主要原因，他们太重视标准和规矩，学不来凭感觉做事。

（2）选择合适的加盐用具。

中国家庭使用的加盐用具五花八门，有勺子、筷子、铲子、竹板、盐罐、开放盐瓶、筛孔盐瓶、竹筒、盐袋等，还有居民不用工具，直接用手抓取食盐。有些方法若控制不好，会导致用盐极度超量。例如，用盐袋、盐罐、开放盐瓶或竹筒倾倒加盐，若控制不好，会失手将大量食盐倾倒入锅，由于盐遇水后很快溶化，这时再想去除多加的盐已非易事。手抓法凭手指感觉判断用盐多少，也容易导致加盐过量。比较准确的加盐方法是采用定量小勺。中国卫生和计生委在健康宣传中，曾推荐居民使用限盐勺和限盐罐。早期限盐勺有两种，容量分别为 6 克和 2 克。在实际应用中发现，这两种限盐勺作用有限，因为不可能将一日用盐（6 克）或一餐用盐（2 克）加入一道菜里。后来，有企业推出了更小容量的限盐勺，如 0.2 克、0.5 克和 1 克等。针对酱油等高盐调味品，也有企业开发出类似定量小勺。在应用限盐勺时应注意，不同盐堆积密度不同，一小勺盐的重量可能差异较大，应根据盐的种类酌情增减。在山东省开展的研究发现，限盐勺和限盐罐能降低吃盐量。另一种定量加盐用具是带孔盐瓶。这种盐瓶只有一个或数个小孔，每次摇晃所撒落的盐很少，不会因失手而加盐过量。有研究者用标准盐瓶进行测试发现，每摇晃一次撒落的盐约为 45 毫克（0.045 克），可见非常精准。尽管加盐可能会花一点时间，但烹饪者能根据盐瓶摇晃次数，准确估算加了多少盐。

（3）制定减盐目标。

饭菜加盐量可参考菜谱，也可根据目标吃盐量进行分解。遗憾的是，国内出版的各色菜谱大部分并未注明具体用盐量，而只是标注盐少量、盐少许、盐适量。有些菜谱虽然注明了用盐量，但是用量可能明显偏高，甚至一些标榜为高血压饮食指导的健康书籍，所列菜谱用盐量也明显偏高，若依此限盐会适得其反。因此，最好的方法是对目标吃盐量进行分解，然后决定用盐量。具体做法是，先制定每人每天吃盐量的目标值，再根据在家就餐的人数，计算每日饭菜可添加的盐量，并分配到不同饭菜中。例如，每人每天目标吃盐量 10 克（大多数中国人难以将烹饪用盐一下由 12 克降到 6 克，不妨先设定为 10 克，过一段时间再调降目标），其三餐分布为早餐 2.5 克、午餐 4 克、晚餐 3.5 克。若家庭中有 3 人进餐，则早餐可用盐 7.5 克，午餐可用盐 12 克，晚餐可用盐 10.5 克。对一般家庭而言，晚餐可能包括 1 个荤菜、2 个素菜和 1 个汤。将用盐量分配为：荤菜 2.5 克，素菜 2.0 克，汤 1.5 克，共加盐 8.0 克；所加其他调味品如酱油、味精、鸡精、醋等含盐约 2.5 克。全家晚餐共计加盐 10.5 克，人均 3.5 克。需要强调的是，这种方法并没有计入食材和加工食品本身含盐，也没有计入零食和间餐的含盐。

（4）把握家庭用盐的长期趋势。

中国居民饮食庞杂，用盐量随季节和食物构成波动较大。因此，仅计算一天用盐难以反映家庭长期吃盐状况。可采用计盐法评估一段时间（如数月到 1 年）用盐量，了解不同时期吃盐量是否有升降。应当注意的是，计盐法所评估仅限烹调用盐，在城市居民中只相当于吃盐总量的 70% 左右。

7. 加水

炒菜时，如果有可能，可以加少量水。加水后，添加的盐会溶解在汤汁中。因为大多数情况下不会食用汤汁，这样就减少了吃盐量，但加水的缺点是，会使饭菜味道变淡，因此不宜加水太多。在做面食时，也可采用这种方法，但前提是吃完面条后不喝汤汁，其中溶解了较多盐。

8. 勾芡

烹制菜肴时加入芡粉称为勾芡。勾芡的目的是增加汤汁黏稠度，使调味料容易黏附在食材表面。芡粉加热后会发生糊化反应，成为透明的半液状胶体，使菜肴色泽光亮诱人。胶样芡糊紧包食材，可防止食材中水分和营养素外渗，使菜肴爽滑鲜嫩，形体饱满而不易散碎；胶样芡糊还能让盐和其他调料黏附在食材表面，使味道更突出。因此，芡粉使用得当有可能减少用盐。但是，加入芡粉过多，就会在食材表面形成半固体状胶冻。胶冻中的盐不易溶解，不能被舌尖上的味蕾感知，菜肴味道就会明显变淡，反而增加用盐量。从限盐角度考虑，烹制菜肴时不宜勾芡太多。

9. 天然调味品

葱、姜、蒜、辣椒、花椒、胡椒、咖喱、孜然、茴香、芥末等天然调味品能产生独特味道。菜肴中加入这些调味品，不仅可提升口味，还能降低用盐量。洋葱、韭菜、西红柿、芹菜、香菜、青椒、苦瓜等蔬菜也具有特殊味道，烹制这些蔬菜时可减少用盐。在西餐中，常使用柠檬汁、番茄汁、苹果汁等作为调味品，以增强菜肴味道，果汁应用得当同样能减少用盐。

10. 加糖

家庭厨房用的蔗糖、冰糖和蜂蜜一般不含盐，或者含盐（钠）

极低。食物中加入糖会掩盖咸味，明显增加用盐量。在江浙部分地区，居民喜欢给饭菜中加糖或蜂蜜，使味道更香甜。但是，从限盐角度考虑，糖和盐最好不要同时加入饭菜。若要同时加，也应严格控制用盐量。

11. 料酒

料酒含有 15％左右的酒精，还含有盐、多种氨基酸、酯类、醛类等成分。烹制菜肴时，加入料酒可去腥、增香。市场销售的料酒含盐极低，一般不超过 0.5％（每 100 毫升含盐 0.5 克），每道菜肴用料酒大约为 10 毫升，其中含盐不会超过 0.05 克。这样看来，来自料酒的盐基本可忽略不计。

12. 嫩肉粉

嫩肉粉能使肉变得软嫩可口，其主要成分是从番木瓜中提取的木瓜蛋白酶。木瓜蛋白酶能将结缔组织、肌肉组织中的胶原蛋白及弹性蛋白降解，使部分氨基酸之间的连接键断裂，从而使肉食变得软嫩多汁。加入嫩肉粉后，由于细胞和组织结构破坏，盐更容易渗入肉食内部。天然嫩肉粉含钠很低，但为了增强嫩肉效果，延长嫩肉粉的保质期，市场销售的嫩肉粉会加入亚硝酸钠。因此，烹饪时应控制嫩肉粉的用量。

餐桌上减盐

饭菜上了餐桌，并不意味着限盐任务的完成，餐桌上的习惯也会影响吃盐量。掌握一些营养知识，学会一些限盐技巧，养成良好的就餐习惯，纠正不良的饮食偏好，不仅有利于降低吃盐量，也有利于维持膳食营养均衡。

餐桌上加盐

在介绍减盐对策时，曾有专家建议将家庭餐桌上的盐瓶或盐罐拿走，因为没有机会加盐，就餐时就会减少吃盐。然而这种建议并不被相关研究所支持。美国宾夕法尼亚大学开展的研究表明，在做饭时不加盐或少加盐，然后在餐桌上让进餐者自行加盐，可将吃盐量大幅降低 30％。在英国食品研究所〔Institute of Food Research，2017 年更名为夸德拉姆研究所（Quadram Institute）〕开展的研究中，将受试者分为两组，一组接受常规饮食，另一组接受无盐饮食。无盐饮食一餐中天然含盐约 0.46 克。进餐前告诉所有受试者可依据口味自行加盐。结果发现，接受无盐饮食的受试者仅添加了相当于常规饭菜 22％的盐，吃盐量大幅降低。在分析上述结果时，研究者认为，餐桌盐之所以能降低吃盐量，主要是因为餐桌上所加的盐更多停留在食物表面，所产生的咸味更强烈；而烹饪时所加盐更多地渗入到食物内部，所产生的咸味较微弱。

西方国家在开展限盐活动初期，也曾建议将餐桌上的盐瓶拿走，使进餐者在餐桌上无法加盐。上述研究结果发表后，现在已不再强调在餐桌上少加盐。日本学者建议，如果有可能，最好在饭菜做好甚至上桌后再加盐。很多饭菜都适合在餐桌上加盐，或者烹饪时少加盐，在餐桌上再根据各人口味补充少量盐。在餐桌上加盐的另一好处是，在家庭就餐环境中，餐桌上加盐避免了一人喜咸、全家多吃盐的状况，尤其当烹饪者口味较重时。

INTERMAP 研究发现，中国居民餐桌用盐占总吃盐量不超过 3％。因此，即使将餐桌盐减少一半，总吃盐量也只能降低 1.5％（约 0.18 克），其作用微乎其微。相反，如果鼓励在烹饪时不加盐或少加盐，等饭菜上桌后再依据个人口味适当加盐，则可能大幅降低吃盐量。当然，由于盐在烹饪中的作用不仅仅限于产生咸味，并非所有饭菜都适合在餐桌上加盐。

面食汤汁或卤汁中往往含高浓度盐。在家庭调配汤汁或卤汁时，也可不加盐或少加盐，让用餐者在餐桌上依据口味加盐。这样不仅能实现吃盐量个体化，还能减少盐向面条内部渗入，增强咸味，减少吃盐。当然，卤汁也最好在临吃前添加。汤类、涮锅、凉拌菜、烩菜和烧烤类食物，都可采用这种方法减少用盐。

盐瓶上的孔

　　欧美国家餐桌上一般会放置两个小瓶，一个孔多，一个孔少（一般是单孔）。多孔瓶用于放置胡椒，单孔瓶用于放置食盐。两小瓶外形完全一样，孔多孔少用于区分调味品。在欧洲个别地区，单孔瓶用于放置胡椒，多孔瓶用于放置食盐。当然，也有在小瓶上直接标注名称或字母（S代表盐，P代表胡椒）。使用时将小瓶倒置过来上下摇晃，盐或胡椒就会倾撒在食物上，因此西方人称之为摇晃式盐瓶（salt shaker）。这种带孔盐瓶由美国锡匠梅森（John Landis Mason）于1858年发明。20世纪20年代，食盐抗板结剂开始应用后，摇晃式盐瓶迅速在欧美普及。30年代，随着陶瓷工业发展，摇晃式盐瓶逐渐走向全球。在澳大利亚开展的研究表明，盐瓶上孔的大小、位置和多少会影响加盐量。

筷子的选择

　　在传统中国家庭餐中，食物选择有两次机会。第一次选择在做饭之前，往往由家庭主妇决定吃什么饭菜。第二次选择在餐桌上，由进餐者选择吃什么饭菜，以及各种饭菜所吃的量。第二次选择也会影响各人吃盐量，尤其当饭菜种类较多，含盐差异较大时。第二次选择在南方以米饭为主食地区更为重要。如果多吃低盐食物，少吃高盐食物，就能减少吃盐量。强调二次选择对家中患有高血压或心脑血管病的成员非常重要，也提醒家庭主妇应多准备低盐饭菜，以实现家庭成员吃盐个体化。面食往往和蔬菜、肉类杂烩或包裹在一起，难以在餐桌上进行二次选择。

控制食量

除了饭菜含盐量，食用量也会影响吃盐多少，减少高盐饭菜的食用量可明显降低吃盐量。臊子面是深受西北居民喜爱的家庭食品，一大碗臊子面含盐约 5.0 克，一小碗臊子面含盐 3.3 克。将臊子面食用量由一大碗减为一小碗，吃盐量就会降低 1.7 克（30％）。在减少高盐饭菜食用量的同时，可补充豆制品、薯类、蔬菜和水果等低盐食物。但是，有的人不适合减少食量，如重体力劳动者；有的人不能耐受食量减少，所以要根据个人情况有计划地控制食量。

大多数人控制食量依据饱胀感，也就是说吃饱为止。饱胀感受很多因素影响，如食物种类、食物口味、进餐时间、各类食物进餐顺序、就餐环境、进餐时心情等。因此，依饱胀感控制食量会波动很大。合理的方法是养成定时定量吃饭的习惯。对于主食和辅食均应进行定量，对于体重 65 千克的人，若日常活动量不大，可将每天主食定为 5 两，其中早餐 1 两、中餐 2 两、晚餐 2两。控制食量不仅有利于保持形体，预防和控制糖尿病，还能减少吃盐。有专家建议，将水果、汤类放在正餐前可减少食量。

体重指数（body mass index，BMI）的算法是用体重除以身高平方，其中体重以千克计，身高以米计。BMI 达到或超过 25 为超重，BMI 达到或超过 30 为肥胖。对于超重或肥胖的人，限制食量既能控制热量摄入，发挥减肥作用，又能降低吃盐量。需要强调的是，吃盐多和肥胖都是高血压的危险因素，两者都会增加心脏负担，因此，胖子吃盐多危害尤其重。通过制定长期计划，超重者将食量减少15％，肥胖者将食量减少30％（如上述大碗换小碗），就能达到减肥和降盐双重目的。对于标准体重者（BMI在18.5到25之间），可依据身体情况控制食量；对于体重偏瘦（BMI＜18.5）和营养不良者，不宜通过减少食量而降盐。

不喝饭菜汤

减少面食吃盐的一个有效方法就是只吃面不喝汤。一碗牛肉烩面含盐约6.5克，汤汁中含盐约占40％，不喝汤就可减少吃盐2.6克。包馅面食（包子、饺子）可减少馅料中的盐，适当增加蘸料或汤汁中的盐，也能减少总体吃盐量。

少吃剩饭菜

刚做好的饭菜，盐停留在食材表面，吃起来味道鲜美。放置一段时间，盐就会渗入食材内部，味道就会变淡。很多人都有这样的体会，中午做的饭菜没有吃完，到晚上就会变得索然无味，需要再加点盐。因此，饭菜做好后不宜长时间放置，而应及时食用。另外，食物长时间放置容易滋生微生物，也容易产生亚硝酸盐。

饭菜反复加热也会促使盐进入食材内部，使口味变淡。在过去，城市上班族往往自带午餐，早晨甚至前一天晚上做好饭菜，带到单位加热后作为午餐，这种做法经济方便，但可能会增加吃盐量，饭菜营养价值也会下降。

减少辣椒中的盐

油泼辣椒是中国家庭餐桌上的必备调味品。盐和辣椒可协同产生美味效应，增强香味，因此有些家庭制作油泼辣椒时会加入盐。但从限盐角度考虑，油泼辣椒中应尽量少加盐或不加盐，使进餐者能分开添加盐和辣椒，有利于精确控制加量盐，也能避免为了吃辣而增加吃盐的现象。

餐桌上的减盐计划

盐能带来美味享受，但减盐并不意味着放弃美味。根据研究，将含盐量降低 15％，大多数食物口味并没有明显改变。人的味觉系统能逐渐适应低盐食物，一定时间后还会喜欢上低盐食物。根据这种机制，可逐步减少家庭吃盐量，同时不影响美味享受。将家庭成员目标吃盐量每年降低 15％，在 3 年内可将吃盐量由 14 克降低到 8.6 克。中国居民目前吃盐的主要来源仍然是烹调用盐和酱油，两者占吃盐量的 70％。通过精心规划，在家庭内实现减盐完全是可能的。

餐馆里减盐

近年来，中国餐饮业飞速发展，居民外出就餐人数和频次大幅增加，外送快餐呈指数式增长。另一方面，随着生活节奏加快，女性就业比例增加，城乡居民花在家庭烹饪上的时间越来越少，家庭外餐已成为居民盐摄入的重要来源。因此，制定限盐计划时不应忽视餐馆中的盐。

规划外出就餐

家庭食物中的盐是自己添加的，餐馆食物中的盐是别人添加的。在外就餐的一个缺点就是自己无法掌控吃盐。为了招揽顾客，餐馆食物须迎合大众口味，降低成本，加快备餐速度，减少食材浪费，这些目的往往能通过多加盐而实现。盐能显著改善口味，掩盖食物中的异味和苦味；加盐后，很多食材（如面团）会变得更易操作，食物保质期和保鲜期会明显延长，残剩食物也不易腐败。这些特点导致餐馆食物含盐明显高于家庭食物。根据调查，餐馆食物含盐量是同类家庭食物 1.5 倍以上。因此，从限盐角度考虑，应对个人和家庭外出就餐频次进行规划。如有可能，每周外出就餐次数应控制在 4 次（包括早餐）以内，这样就能将家庭外吃盐量控制在 20% 以内。

选择就餐地点

中国饮食文化源远流长，形成了多种餐饮经营模式，从路边摊到主题餐厅，从简易的露天大排档到环境优雅的西餐厅，从百年老字号到新兴自助餐，从地方小吃到各大菜系为主的大饭店。另外，还有早茶、夜市、烧烤、农家乐、酒吧、外卖等模式。中国居民选择外出就餐地点常考虑的因素包括：口味、价格、食品安全和卫生、就餐环境、便捷性（远近）、服务、习惯等，但目前还很少有居民将控制吃盐作为一个考虑因素。

（1）饭店和酒店。

大型饭店往往以某种或几种菜系为主。在八大菜系中，鲁菜以崇尚咸鲜为特色，川菜以麻辣为特色，湘菜以香辣为特色。相对而言，浙菜、粤菜、闽菜较为清淡，含盐量稍低。居民也可根据就餐经历或比较，选择口味清淡的就餐地点。饭店和酒店就餐的缺点是费用偏高，优点是食品安全和卫生相对有保障，还有机会向厨师提出减盐要求。

（2）餐馆。

餐馆提供的食物种类庞杂，饭菜烹制没有固定流程和标准，加盐量随意性较大。大多数餐馆经营多种菜肴或主食。一般而言，荤菜（肉菜）含盐量高于素菜，无糖食物含盐量高于有糖食物，腌制食物含盐量高于新鲜食物，煎炒类食物含盐量高于蒸煮类食物，油炸类食物含盐量高于水煮类食物。辛辣类食物为了提味，会加入较多盐；肉类、海鲜和河鲜需靠盐或酱油掩盖腥膻味。烧烤类食物会加入多种天然香料，肉类在高温作用下会产生香味物质，用盐量往往不多。有些餐馆为了加快上菜速度和节约人力，会采用半加工或预加工食材。为了保质和保鲜，这些加工或半加工食材会多加盐。外出就餐时，可根据这些特点选择就餐地点，也可结合就餐经历进行选择。

（3）面食店。

面食在加工过程中会加入一定量盐，进餐时还要加入卤汁；包馅面食要配着含盐蘸料吃，因此，面食往往比米食吃盐多。在北方很多城市，各色面食店遍布大街小巷。一般而言，预加工面食的含盐量高于手工面食，包馅面食含盐高于面条，面食连汤食用时盐摄入会明显增加。

（4）自助餐。

相对于饭店和餐馆，自助餐对食物选择具有更大自主性，从这一点看，自助餐有利于控制吃盐。但自助餐的缺点是，由于缺乏控制措施，往往会增加食量，间接增加吃盐量。最近的研究发现，经常吃自助餐的人更容易出现超重和肥胖。享用自助餐时，通过品尝和比较可发现并选择低盐饭菜，因此一次取食不宜太多。自助餐减盐的关键是要控制食量。

（5）火锅店。

火锅的食材包括牛肉、羊肉、海鲜、河鲜、各种蔬菜、豆制品等，其含盐量都较低。火锅底料中含有一定量的盐，而蘸料含盐更高。如果自己配制蘸料，应控制高盐调味品的用量。

(6) 街边餐摊。

路边和街边临时经营的餐摊，卫生和食品安全难以保证。在一些城市路边餐摊仍有经营，尤其在早餐和夜宵期间。这些路边餐摊的优点是方便快捷、价格低廉。但街边餐的含盐量无法评估，若非不得已，应尽量避免在这些地方就餐。

点餐

在外就餐时，点餐为选择低盐食物提供了一次机会。集体就餐时，点餐者的饮食偏好会决定所有进餐者的吃盐量。点餐时经常考虑的因素包括：就餐者的喜好、饮食禁忌（是否吃辣，是否吃肉）、价格、搭配、备餐时间等。点餐者应将含盐量作为点餐的一个考虑，尤其当有儿童、孕妇、老年人、高血压患者等共餐时。在选择低盐食物为主的同时，还应选择少量中盐或高盐食物，这样能使就餐者根据口味选择食物，也有利于口味清淡者控制吃盐量。

给厨师的建议

在酒店、饭店和大部分餐馆就餐时，都有机会给厨师或配菜员提出建议，减少盐和酱油用量。在多人共餐时，可让厨师给饭菜中尽量少加盐和酱油，然后将盐和酱油摆放在餐桌上，由各人根据口味自行添加，很多分餐饭菜，如面食、汤类、烩菜等都可采取这种措施达到减盐目的。在饭店和餐馆提出这些要求，不仅有利于降低就餐者吃盐量，还会提醒和督促餐饮从业者推出低盐饭菜。

进餐

在多人聚餐时，饭菜种类往往较多，而不同饭菜含盐量差异很大，这就为希望减盐的人提供了二次选择的机会。凉菜一般提前烹制，点餐后很快就能上桌。由于要长时间保存，多数凉菜含盐偏高，尤其是肉类和腌制蔬菜。热菜因种类、烹制方法不同，含盐量差异较大。需要强调的是，通过品尝有时并不能准确判断饭菜含盐高低。在各类主食中，包馅类面食含盐量偏高，面条和油炸类面食次之，馒头含盐量较低，白米饭含盐量基本可忽略不计，但炒米饭中会加入一定量的盐。汤类食用量较大，即使口味不咸，也可能摄盐较多。大部分酒水不含盐或含盐极少。配方饮料、可乐、蔬菜果汁等均含低浓度盐，若非大量饮用，对吃盐量影响有限。茶水含盐极低，尤其是绿茶。

餐饮业的责任

餐馆食物的含盐量很大程度上由厨师决定。美国等西方国家规定，在厨师职业培训和资格认证时，除了食品安全方面的知识，还要讲授和考核食品营养方面的知识，包括如何控制烹饪用盐。尽管这些培训能否发挥作用值得怀疑，但起码能让厨师意识到，你所加的盐关乎他人健康。中国厨师培训和餐饮业资格认证还没有纳入限盐内容。在山东省开展的调查表明，很多厨师根本不知道每日推荐吃盐量，对高盐饮食危害毫无认识，对全民控盐持消极态度。绝大多数厨师凭经验或靠感觉加盐，缺乏定量用盐的意识和技能。厨师和餐饮管理人员应该是全民限盐教育针对的重点对象。

对于大型连锁快餐企业来说，菜单条目的定制相对规范和统一。麦当劳、肯德基和必胜客在制作食品过程中，食材的选择、用量和加工都有标准操作流程（SOP），因此，其食品含盐量相对恒定。出于法规要求和民众较强的限盐意识，麦当劳和肯德基在芬兰、英国和美国的门店均主动降低了含盐量。世界卫生组织（WHO）也曾发布公告，敦促跨国食品公司在世界各国采用统一低盐标准。但由于宣传不到位，民众限盐意识不强，这些食品业巨头在中国参与限盐活动的意愿并不高。根据一项国际调查，不同国家销售的方便面含盐量差异很大，在调查的 10 个国家中，中国销售的方便面含盐量最高，说明中国居民对高盐危害的认识严重不足。

餐饮业实施减盐，必须变更配料，改进加工和储存方法，这就意味着增加成本；含盐量降低必然会改变食品口味和口感，这就意味着顾客流失，这是每家餐馆都无法容忍的结果。因此，餐馆经营者不可能自发降低食品含盐，除非变革能带给他们利润，这一点在美国已充分证实。因此，唯一可行的方法是，通过健康宣传，使消费者首先认识到高盐饮食的危害，使低盐食品深入人心，在全社会形成低盐饮食潮流，从而产生市场驱动力，使经营低盐食品的企业和餐馆有利可图。

餐馆食品含盐标示

目前，已有西方国家要求餐馆为消费者提供食品营养含量信息，就像包装食品那样。这种尝试首先在快餐店、外卖店等标准化程度较高的领域推行。具体做法是，在宣传册、外卖单、菜单、网站、托盘、发票上提供食物营养素含量信息，包括钠含量。这一措施能让消费者了解自己一餐吃了多少盐，也能提醒和敦促餐馆自发降盐。在前市长布隆伯格（Michael Bloomberg，也是彭博新闻社创始人）的推动下，纽约市的限盐活动处于全美领先地位。2015 年 12 月 1 日，纽约市出台地方法规，要求在美国拥有 15 家以上门店的连锁快餐企业，必须在菜单上对高盐食物进行标示和警示。

替代盐和低钠盐

盐可改善食物口味和口感，将索然无味的食材变成令人垂涎的美味。除了产生咸味，盐还能增加汤类食物的浓稠感，增强食物的香味，增强含糖食物的甜度，掩盖食物中的苦味和金属味，使食物各种味道趋于均衡。盐的多重美味效应成为寻找替代盐的一大挑战。

味蕾上存在两种咸味感受器，一种是上皮细胞型钠离子通道（ENaC），另一种是 V1 亚型阳离子通道（TRPV1）。咸味主要由 ENaC 感知，TRPV1 起辅助作用。ENaC 具有高度选择性，只允许钠离子和锂离子通过。从理论上来看，能产生纯粹咸味的物质只有钠离子和锂离子。但锂离子具有明显毒性，不可能作为食盐替代品。

因此，寻找替代盐的唯一希望就是能使 TRPV1 兴奋的物质。除了钠离子，钾离子也能使 TRPV1 兴奋并产生咸味。因此，现有低钠盐都以氯化钠为主要成分，添加一定量氯化钾。遗憾的是，氯化钾除了产生咸味，还会产生苦涩味，尤其在浓度较高时。研究表明，低钠盐中氯化钾比例若高于50％就会有明显苦涩感。所以，理想的替代盐仅存在于理论中（表17）。

表17　食盐替代品和增敏剂

食盐替代品 食盐增敏剂	用途	效果评价
氯化钾（KCl）	与氯化钠混合，比例一般不超过50％，用于多种食品	氯化钾除产生咸味，还会产生苦涩味；会增加钾摄入量，有利于控制高血压和预防心脑血管病；不适用于肾功能严重损害患者，也不适用于正在服用ACEI或ARB类药物的患者
氯化钙（CaCl$_2$）	个别食品	氯化钙可产生一点咸味，但对口腔黏膜有刺激作用
氯化镁（MgCl$_2$）	个别食品	氯化镁可产生一点咸味，但同时会产生苦涩味，尤其在浓度较高时
硫酸镁（MgSO$_4$）	个别食品	硫酸镁可产生一点咸味，但同时会产生苦涩味，尤其在浓度较高时
改变盐粒结构	部分食品	雪花盐和多孔盐有可能减少吃盐量，尤其当盐粒散布在食物表面时
模拟盐	正在研发	在细小的淀粉颗粒上包裹一薄层盐，能增加盐与味蕾接触的面积，从而增强咸度，减少吃盐
乳化盐	正在研发	采用乳化技术在小水滴外包裹一层脂肪层，脂肪层外再包裹一薄层盐水，能增加盐与味蕾接触的面积，从而增强咸度，减少吃盐
谷氨酸钠（味精）	用于多种食品	味精能显著增强咸味，从而减少用盐。谷氨酸钠本身含钠，若用谷氨酸钾可进一步减少钠摄入，但谷氨酸钾具有明显苦涩味
植物蛋白水解物	部分食品	植物蛋白水解物的增味效应源于其中的谷氨酸钠

食盐替代品 食盐增敏剂	用途	效果评价
核苷酸	部分食品	核苷酸可与谷氨酸钠起协同增味作用，增强食物鲜味；核苷酸还能减轻味精的苦涩感。味精与核苷酸的混合物能产生鸡肉一样的鲜味，因此得名鸡精
精氨酸和类似物	正在研发	精氨酸可增强食物咸度
乳制品浓缩物	多种食品	乳制品浓缩物能降低多种食品的用盐量
乳酸盐	个别食品	乳酸盐可增强氯化钠的咸度，但具有明显酸味，影响了其应用
草本香料	多种食品	草本香料能产生特殊味道，弥补减盐后食物的寡淡口味，有利于减盐

资料来源：Henney JE, Taylor CL, Boon CS, Committee on Strategies to Reduce Sodium Intake；Institute of Medicine. Strategies to Reduce Sodium Intake in the United States. Washington DC：National Academy of Sciences, 2010. Available at：http://www. nap. edu/catalog. php? record _ id = 12818.

芬兰和英国是世界上最早推行低钠盐的国家。落盐（loSalt）是英国克林格食品公司（Klinge Foods）于 1984 年推出的一种低钠盐。落盐含 66％氯化钾、33％氯化钠、1％其他成分和抗板结剂（亚铁氰化钾）。如今，落盐占英国低钠盐市场的 60％，行销全球 30 多个国家。美国有 4 500 家超市和食品店销售落盐。

泛盐（pansalt）是芬兰全民限盐活动期间推出的低钠盐，由赫尔辛基大学卡尔帕宁（Heikki Karppanen）教授研发。泛盐含 57％氯化钠、28％氯化钾、12％硫酸镁、2％赖氨酸、1％抗板结剂和其他成分（图 16），目前泛盐已行销欧洲各国。索罗海盐（solo sea salt）是 1999 年在欧美市场推出的一种新型低钠盐，含 41％氯化钠、41％氯化钾、17％镁盐、1％抗板结剂和其他成分。

图 16 泛盐广告

　　泛盐（pansalt）由芬兰高血压学会前任主席、赫尔辛基大学教授卡尔帕宁（Heikki Karppanen）博士发明。泛盐含 57％氯化钠、28％氯化钾、12％硫酸镁、2％赖氨酸、1％抗板结剂和其他成分。

日本市场销售的低钠盐氯化钾含量在 20％～70％之间。

　　将各种天然调味品、蔬菜及水果提取物加入盐中也能降低钠摄入量，其原因在于，调味品具有相互增敏效应。欧美市场销售的天然调味盐（naturasalt）和草本盐（herbsalt）、日本市场销售的果盐等都是为了减少钠摄入。

　　1994 年，中国颁布《低钠盐》行业标准（QB2019 - 1994）。2004 年，国家发展和改革委员会修订《低钠盐》标准（QB2019 - 2004），将低钠盐分为 3 类：Ⅰ类低钠盐由氯化钠、氯化钾和七水硫酸镁组成；Ⅱ类低钠盐由氯化钠、氯化钾和六水氯化镁组成；

Ⅲ类低钠盐由氯化钠和氯化钾组成。该标准规定，Ⅰ类和Ⅱ类低钠盐氯化钾含量应在14%～34%之间；Ⅲ类低钠盐氯化钾含量应在20%～40%之间。中国市场销售的低钠盐氯化钾含量平均在30%左右。由中盐上海盐业公司生产的海星牌无碘精制低钠盐（lite salt）含78%氯化钠和22%氯化钾。由浙江颂康制盐科技有限公司生产的中盐牌竹香低钠盐含70%氯化钠和30%氯化钾。

氯化钾也能产生咸味，尽管其咸味效应比氯化钠弱，这是低钠盐能减少钠摄入的原因。由于大部分低钠盐中氯化钠占70%以上，因此，使用低钠盐仍需严格控制用量，这样才能达到减盐目的。若低钠盐中氯化钾含量以30%计，每人每天低钠盐用量不超过8.6克，才能使吃盐量达到6克标准。若以为低钠盐含钠很低，可随意添加，那就完全违背了设计低钠盐的初衷。

中国居民烹饪用盐占钠摄入比例较高，非常适合用低钠盐降低钠摄入量。使用低钠盐代替常规盐，同时保持用盐量不变，将使钠摄入量降低30%。仅此一项就有望将城乡居民烹调用盐由12克降至8.4克。若能在全国普及低钠盐，无疑会产生巨大减盐效应。

除了减少钠摄入，低钠盐还能增加钾摄入。在现代饮食环境中，绝大部分人钾摄入不足。大量研究证实，增加钾摄入可降低血压，降低心脑血管病的风险。因此，低钠盐除了预防和控制高血压，还能产生其他健康效应。

氯化钠和氯化钾具有相似的物理与化学特征。因此，在家庭、餐馆和食品加工中，大多数情况都可使用低钠盐。但低钠盐会改变部分食品的口味和安全特性，目前仍需探索低钠盐对食品安全的潜在影响。中国学者研究发现，使用低钠盐对干腌（火腿腌制）

影响不大；但在湿腌（蔬菜腌制）中，低钠盐会改变亚硝峰出现的时间，增加腌菜中亚硝酸盐的含量。因此，居家腌制蔬菜最好仍使用常规食盐。

低钠盐的安全性是一个全球性热点问题。在老年高血压患者中的研究表明，食用低钠盐（含 55％钾、镁盐）可显著降低血压，也未发现明显毒副作用。我国台湾地区开展的研究发现，老年人长期食用低钠盐可降低心脑血管病风险，也未发现明显毒副作用。中国和澳大利亚两国专家在华北农村开展的研究表明，食用低钠盐（含 65％氯化钠、25％氯化钾和 10％硫酸镁）1 年，可将高血压患者收缩压降低 4.2 毫米汞柱，舒张压降低 0.6 毫米汞柱。尽管低钠盐有一定苦涩味，但大部分居民都能接受，只有不到 2％的居民因口味不佳而停用低钠盐。另外，长期食用低钠盐对肾功能和其他脏器也未见明显影响。

芬兰从 1978 年开始推行低钠盐，美国从 1982 年开始推行低钠盐，英国从 1984 年开始推行低钠盐，人群普遍食用低钠盐已有约 40 年历史。这些国家的经验表明，低钠盐可降低心脑血管病风险，健康人食用低钠盐是安全的。

健康人食用低钠盐是安全的，但低钠盐并非对所有人都适用。低钠盐中含有钾盐，钾在体内发挥着多重生理作用，体内钾平衡有赖于肾脏排钾功能。肾功能严重受损的人，排钾能力下降。这些人若摄入大量钾盐就可能引起高钾血症，导致心律失常，甚至心脏骤停和猝死。血管紧张素转化酶抑制剂（ACEI）和血管紧张素受体拮抗剂（ARB）两类降压药能减少人体钾排出，服用这些药物的人若再食用低钠盐，可能引起血钾升高。另外，高钾血症患者也不宜食用低钠盐。2016 年 9 月 22 日开始实施的《食品安全国家标准：食用盐》（GB2721－2015）明确规定，低钠盐标签上应标示钾含量，同时应警示："高温作业者、重体力劳动作业者、肾功能障碍者及服用降压药物的高血压患者等不适宜高钾摄入的人群应慎用。"《美国膳食指南》推荐健康人增加钾摄入，同时也提醒肾功能受损患者每天钾摄入量最好不要超过 4 700 毫克。

地中海饮食

　　地中海饮食（Mediterranean diet）是流行于希腊、西班牙、摩纳哥、法国和意大利等地中海沿岸国家的饮食模式。传统地中海饮食以粗制小麦面粉为主食，辅以丰富的蔬菜、水果、海鱼、杂粮、豆类，烹调采用初榨橄榄油。地中海饮食具有低盐、低脂、高钾、高纤维素，富含维生素和矿物质等特点（表18）。现在也常用地中海饮食泛指天然、清淡及富含营养的饮食模式。

表18　地中海饮食的主要内容

地中海饮食
烹调采用初榨橄榄油
增加蔬菜摄入，尤其是绿叶蔬菜
增加水果摄入，包括水果沙拉和水果零食
增加谷类摄入，以粗制小麦面粉为主
增加坚果和豆类摄入
增加海产品摄入，以海鱼为主

适量饮酒，以红酒为主
限制禽肉和全脂奶，奶制品以奶酪和酸奶为主
控制禽蛋、红肉、加工肉制品摄入
控制甜点等含糖食物摄入
每天适量运动
保持乐观的生活态度，维持悠闲的生活方式

研究表明，地中海饮食有利于防治高血压、糖尿病、高血脂、冠心病、心衰、脑中风、慢性肾病、癌症、阿尔茨海默病、骨质疏松、关节炎、脂肪肝、肥胖等。地中海饮食还能减少过早死，提高生活质量，延长预期寿命。地中海饮食因此被誉为健康饮食和长寿饮食。

地中海沿岸国家日照充分，农业及渔业资源丰富，历史上是多种文明的交汇点，这些地理历史特征使地中海沿岸居民形成了多元化饮食特色。20 世纪 40 年代，希腊、西班牙和意大利南部形成了当代地中海饮食模式；50 年代发现地中海饮食的健康效应；90 年代，随着大量研究结果公布，地中海饮食开始风靡全球。

1952 年，美国学者凯斯（Ancel Keys）受邀对西班牙居民的饮食进行调查。凯斯发现，西班牙巴列卡斯（Vallecas）和罗卡米诺斯（Cuatro Caminos）地区的居民几乎不吃肉、奶油和奶制品，其血胆固醇水平很低，冠心病发病率相当低。相反，萨拉曼卡（Salamanca）和意大利那不勒斯（Naples）地区的居民吃肉多，冠心病发病率较高。受这一观察结果启发，凯斯发起了 7 国研究，在芬兰、希腊、意大利、日本、荷兰、美国和南斯拉夫入组了 12 000 名成年男性，对其饮食结构进行全面调查。结果发现，美国和芬兰居民吃肉最多，血胆固醇水平最高，心脑血管病死亡率也最高。相反，地中海沿岸国家居民吃蔬菜、水果和杂粮多，吃肉少，心脑血管病死亡率最低。

　　根据研究结果，凯斯于 20 世纪 60 年代早期提出了地中海饮食这一概念。1975 年，安塞尔·凯斯（Ancel Keys）和玛格丽特·凯斯（Margaret Keys，安塞尔的夫人兼助手，她本人是一位化学家）发表专著《吃得好活得好的地中海模式》（*How to Eat Well and Stay Well the Mediterranean Way*），详细阐述了地中海饮食的构成特点和健康效应。凯斯也因此被誉为地中海饮食之父，并被选为美国《时代周刊》封面人物（图 17）。

图 17　地中海饮食发现者安塞尔·凯斯（Ancel Keys）

Ancel Keys on the cover of *TIME*, January 13, 1961.

当地居民认为，地中海饮食不仅是一种饮食模式，而且是一种生活态度。2010年，西班牙、意大利、希腊和摩纳哥等地中海沿岸国家提出，将该地居民的特色饮食、喜好运动、悠闲的生活态度、不甚富裕的经济状况归纳为地中海文化，打包向联合国教科文组织（UNESCO）申请世界非物质文化遗产（intangible cultural heritage, ICH）。有趣的是，最终只有地中海饮食被列入非遗名录。地中海饮食入选的原因是："地中海饮食涉及一系列技术、理论、礼仪、标识，在农耕、渔猎、饲养、食物保存、加工、烹制、分配和消费方面形成了独特传统。"

地中海饮食不只在当地居民中能发挥健康促进作用，在其他地区同样有效。研究发现，在地中海国家出生的人移居澳大利亚后，心脑血管病死亡率比澳大利亚本土人低，其原因是这些人即使移居海外，其饮食习惯仍未改变。经10年跟踪发现，相对于西方饮食，地中海饮食能将心血管病死亡风险降低30%。

地中海饮食并非完美无缺，也并非适于所有人。2015年，在发现地中海饮食50年后，美国循证医学协作中心（Evidence-based Synthesis Program Coordinating Center, ESPCC）委托布隆菲尔德（Hanna E. Bloomfield）等学者对地中海饮食的有效性和安全性进行了全面评估。ESPCC发布的报告认为，地中海饮食能够预防多种慢病；但地中海饮食中的麸质（面筋、谷蛋白）可能会诱发过敏反应。小麦富含麸质蛋白，大多数人能消化麸质蛋白；但少数人对麸质蛋白过敏，进食含麸食物后会出现乳糜泻、疱疹样皮炎、谷蛋白共济失调等症状，这些统称谷蛋白相关疾病（gluten-related disorders）。有研究认为，近年来谷蛋白相关疾病发病率上升，与地中海饮食在全球流行不无关系。

　　地中海饮食的一个突出特点就是低钠高钾，其食物成分构成更接近史前人类的天然饮食。研究也发现，地中海饮食能降低心脑血管病风险，一个重要原因就是地中海饮食含盐少。

学校餐减盐

　　儿童时期是盐喜好的形成阶段，儿童吃盐多，成年后吃盐也多。吃盐多会升高血压，使儿童过早罹患高血压。儿童吃盐多还会增加成年后高血压、心脏病、脑中风的风险。因此，学校餐对健康会产生长远影响，值得家长、学校和全社会高度重视。

　　目前中国在校学生供餐模式包括食堂供餐、企业供餐和家庭托餐等，其中以食堂供餐为主要模式。大部分幼儿园、小学和中学为走读生提供午餐，个别中小学为住校生提供一日三餐。校餐的常见经营方式为，学生缴纳伙食费，食堂提供点餐、套餐或自助餐。在食堂供餐模式下，学生吃盐量基本由厨师和管理者主导。

　　2011年，国务院发布《农村义务教育学生营养改善计划》，旨在提高农村学生尤其是贫困地区学生营养健康水平，增加学龄儿童入学率。2012年，教育部出台《农村义务教育学生营养改善计划实施细则》，提出加快农村地区学校食堂建设与改造，在一定过渡期内，逐步以学校食堂替代商业供餐模式，但由于条件所限，目前仍有相当部分学校采用商业供餐模式。商业供餐以盈利为目的，雇用的餐饮从业人员不太可能从儿童营养学角度设计学生餐，而会像餐馆那样，给学生餐中加入过多食盐。另一值得注意的问题是，制作学生餐的厨师基本没有经过专业培训，往往以成人餐的经验和标准烹制学生餐，儿童对盐的生理需求明显低于成人，若仍以成人口味决定饭菜用盐，势必会增加学生吃盐量。

20世纪90年代，在陕西汉中开展的调查发现，12～16岁中学生平均每天吃盐高达13.4克，这是当时全球报道儿童吃盐最高的纪录。其后在北京地区开展的调查表明，小学生平均每天吃盐高达8.4克，中学生平均每天吃盐高达10.4克。2012年，黑龙江省膳食与营养咨询指导委员会对学生饮食状况进行了调查，23 667名在校就餐的高中生每天从食盐和酱油摄入的盐就高达10.4克，其中大庆市在校学生每人每天吃盐高达16.6克，是成人推荐摄入量的277％。

中国家庭餐含盐本已偏高，而学校餐含盐更高，这种状况导致儿童长期暴露在高盐饮食环境中，久之便形成了与父母一样甚至更强烈的盐喜好。因此，要阻断世代相传的高盐饮食轮回，一个可行方法就是，利用儿童上学期间部分脱离家庭饮食环境的时机，以及儿童期盐喜好尚未形成的特点，对学校餐进行系统规划和指导，使孩子们从小养成低盐饮食习惯，全面提高国民营养健康水平。

1996年，卫生部出台的《学生集体用餐卫生监督办法》规定，6～15岁在校学生每人每天吃盐量不宜超过10克，其中午餐不宜超过3克，这一限量明显高于世界卫生组织推荐的每天5克盐标准，也高于中国营养学会推荐的每天6克盐标准。2011年，国家卫生部废止了《学生集体用餐卫生监督办法》，目前尚没有制定针对学生餐含盐量的规定。

儿童营养事关国民身体素质和智力水平，影响国家发展潜力和民族竞争力，甚至关乎国家战略安全。因此，很多西方国家将优化儿童营养列为优先解决的问题，对学校餐进行统一规划和集中管理。发达国家在改善儿童营养方面采取的措施包括：颁布儿童营养法，制定学校餐营养标准，对儿童营养状况进行定期监测，为在校学生提供免费或减费营养餐，为学校配备专职营养师，为学生开设膳食营养课程（食育）。

20 世纪 80 年代之前，西方国家在制定营养餐标准时，着重解决正性营养素摄入不足的问题。常见正性营养素包括蛋白质、维生素、钾、铁、碘等，这些营养素摄入不足会导致贫血、营养不良及发育迟滞等疾病。20 世纪 80 年代之后，西方国家开始重视负性营养素摄入过多的问题。常见负性营养素包括脂肪、反式脂肪酸、盐（钠）、糖等。负性营养素摄入过多会导致肥胖、糖尿病、高血压，进而增加心脑血管病、慢性肾病、肿瘤等疾病的风险。其中，减盐是设计学校营养餐的一个重要考虑。

最早为学生提供免费或减费午餐的是英国。19 世纪后期，完成工业革命的英国自恃国势强盛，发起了大规模殖民扩张战争，建立了"日不落帝国"。然而，在第二次布尔战争（Second Boer War, 1899—1902）期间，英国青年营养问题却影响到战争进程。根据英军服役标准，仅有 1/10 的应征者能满足征兵体质要求。这一状况令英国朝野震惊，促使英国议会于 1906 年通过了《教育供膳法》。该法旨在促进教育当局为受到营养不良威胁的儿童提供免费或减费午餐。第二次世界大战期间，英伦三岛遭到纳粹德国狂轰滥炸。一方面为了提高兵源素质，一方面为了激励战时儿童教育，丘吉尔（Winston Leonard Spencer Churchill, 1874—1965）内阁在财政极其窘迫的情况下，为所有在校学生免费提供午餐，并由政府设立专项预算。

第二次世界大战结束后，为了减少财政支出，英国历任政府多次修订学校免费午餐政策。1980 年，撒切尔夫人（Margaret Hilda Thatcher）修正了《教育膳食法》，不再强制要求校方为学生提供午餐，尤其是取消了实施多年的免费牛奶计划。"铁娘子"因此被冠以"牛奶剥夺者（milk snatcher）"这一恶名。1997 年，布莱尔（Tony Blair）内阁推行新政，允许赢利性餐饮承包商进入学校。为了减少开支，学校餐也由食堂供餐模式转为商业供餐模式，学校开始设立付费餐厅，并引入自动售货机。商业化的学校食堂大量采购半成品食材，以简化午餐制作流程，为学生提供快餐，有的学校甚至允许学生到校外快餐店购买食品，饮食模式的改变增加了盐、脂肪和糖的摄入量。2005 年，致力于儿童健康宣传的营养师奥利弗（Jamie Oliver）在其主持的电视节目中指出，随着深加工食品大肆"入侵"校园，英国儿童肥胖率急速攀升，并呈现低龄化趋势。2006 年，英国政府迫于民间压力，再次修订了学校餐营养标准，禁止在校园内出售锅巴、加工肉制品、油炸食品等高盐高脂食品。

20 世纪 40 年代后期，美国政府在检讨"二战"的经验教训时发现，很多年轻人因营养不良或身体素质差，在入伍体检时被淘汰。杜鲁门总统认为，这种状况已严重威胁到美国的战略安全。同时发现，"二战"后期开始推行的工农业激励计划导致农产品严重过剩，农民损失惨重，而大批在校学生又存在营养不良。这两方面的因素促使国会于 1946 年通过了《学校午餐法案》。根据该法案，美国农业部发起了全国学校午餐计划（National School Lunch Program, NSLP），通过采购农产品为在校学生提供免费或减费午餐。1966 年，又发起了全国学校早餐计划（National School Breakfast Program, NSBP)。这些计划一直延续到今天，其间经过多次修订，使受惠学生数量不断增加。学校午餐计划让美国儿童摆脱了饥饿，提升了国民身体素质和教育水平。

目前，美国学校午餐计划为 99％的公立学校和 83％的私立学校学生提供营养午餐。校餐计划还为 85％的公立学校学生提供营养早餐。2012 年，有 3160 万学生受惠于学校午餐计划，有 1290 万学生受惠于学校早餐计划。校餐计划每年提供约 57 亿份午餐和 20 亿份早餐。为了实施校餐计划，美国农业部建立了校餐配送体系，在全国采购各种农产品。校餐计划不仅改善了儿童营养状况，还解决了农业丰收时农产品过剩问题，增加了农民收入。

20 世纪 80 年代，中国农业生产脱离计划经济并引入现代农业科技后，丰收和产销失衡导致农产品过剩时有发生，每年都有农民大量倾倒和销毁各种蔬菜、水果或其他农副产品；另一方面，偏远地区学生蔬菜和水果摄入又明显不足，这两方面的矛盾有可能通过建立全国校餐系统而得到化解。

在美国学校午餐实施早期，主要解决贫困家庭儿童温饱问题；1980 年之后，开始强调营养均衡、抵制垃圾食品、降低负性营养素摄入等问题。以前的学校餐只要求符合《美国膳食营养指南》的推荐标准，奥巴马入主白宫后，第一夫人米歇尔成为改善儿童营养活动的代言人，她花费大量时间和精力，致力于提高校餐营养水平；她敦促美国农业部组织专家制定了《学校早餐和午餐营养标准》，该标准于 2012 年 3 月 26 日由奥巴马总统签署并生效。该标准在充分征求专家、学校、食品供应商和民众意见的前提下，对学校餐的设计、制作及成分进行了全面指导，对学校餐存在的问题进行了分析，并提出了解决方案，同时要求进一步增加学校餐的政府财政预算。值得一提的是，该标准对不同年龄儿童营养餐中的含盐量进行了回顾分析，认为美国学校餐含盐过高，幼儿园学童和小学生每份午餐含钠高达 1 377 毫克（相当于 3.5 克盐），初中学生每份午餐含钠高达 1 520 毫克（相当于 3.9 克盐），高中学生每份午餐含钠高达 1 588 毫克（相当于 4.0 克盐）。该标准提出，到 2022 年，分 3 个阶段将学校早餐含盐量降低 25％，将学校午餐含盐量降低 50％，最终使在校学生每天盐摄入达到指南推荐水平（每天 4.8～6.0 克盐）。

美国《学校早餐和午餐营养标准》还提出，各州应对学校餐含盐量进行定期监测，以确保在规定时间内使含盐量达标。为了减少学校餐中的盐，美国农业部要求，为学生提供的罐装蔬菜每杯含钠不得超过 280 毫克（相当于 0.72 克盐），罐装西红柿、玉米粒、冷冻蔬菜和豆类在配送前不得加盐，供应学校的鲜肉在注水时应控制含钠添加剂用量（为延长保质期和保鲜期，美国市场销售的鲜肉大多为注水肉，所注水一般为磷酸二氢钠溶液），鼓励用低盐食品替代高盐食品，大幅增加水果、蔬菜、全谷等低盐食品采购量。对学校厨师和营养师展开专项培训，使他们认识到高盐饮食对儿童健康的危害，同时给他们传授低盐烹饪技术。

明治维新期间，日本开始实施学校供餐计划。1889 年（清光绪十五年），山形县一所僧人开设的学校（寺子屋）为部分学生提供饭团、烤鱼和泡菜等食物，以解决来自贫困家庭学生的饥饿问题，这是日本营养午餐的最初雏形。不久，这一做法迅速普及几乎所有学校。这一策略不仅明显降低了儿童营养不良的发生率，而且大幅提升了儿童入学率，提高了国民整体智力水平和身体素质，成为之后日本在对外扩张战争中具备良好兵源素质的重要原因。

第二次世界大战期间，日本军国主义穷兵黩武，为了缩减开支，学校午餐制一度中断。"二战"结束后，日本政府在美国和联合国儿童基金会（UNICEF）资助下，重新启动学校午餐计划。1954年颁行的《学校午餐法》规定，学校午餐是教育的基本组成部分。实施学校午餐的宗旨在于，培养良好的饮食习惯，传授营养学知识，增进学生协作精神，丰富学校生活。1956年，学校供餐在所有义务制学校全面推行。

20世纪60年代，随着经济起飞，饥饿已远离日本。但另一方面，学生负性营养素过量和不良饮食习惯却成为突出问题。因此，日本文部省对营养午餐政策进行调整，强调以饮食为中心，对学生进行营养教育，指导学生建立良好的饮食习惯。2005年，日本出台的《食育基本法》指出，膳食教育对所有国民都非常重要，特别是青少年，膳食教育有助于促进身心健康，有助于形成多元化人格。

在日臻完善的学校供餐制影响下，日本政府和学校均高度重视学生餐的营养及质量，积极开展食育。政府为学校午餐制定了多种法规、制度和标准。《学校供食营养需要量标准》规定，一份学校午餐应提供每日所需热量（卡路里）的33%，提供每日推荐钙摄入量的50%，提供每日蛋白质、维生素和矿物质推荐摄入量的40%，每顿午餐含盐量不得超过3克。

根据 2016 年开展的调查，在日本传统吃盐量较高的东北地区，小学生吃盐量已控制到每天 7.1 克，中学生控制到 7.6 克，而家长吃盐量也控制到 8.0 克。这与 20 世纪 60 年代该地区人均每天吃盐超过 20 克的水平相比，已经大幅下降。

2011 年，中国推出学生营养改善计划，中央财政每年拨款 160 亿元用于解决 2 600 万贫困地区在校学生的就餐问题，为每名在校学生提供每天 3 元午餐补助。这一计划标志着中国学校营养餐的开始。尽管中国学校餐实施晚、范围小、起点低，但应该看到，这将是一项影响深远的计划，其实施和改进值得全社会高度关注与大力支持。

电子时代与减盐

    2015 年，中国拥有电视的家庭达 4.23 亿户，其中，接入有线电视的家庭达 2.41 亿户。根据 2002 年中国居民营养与健康状况调查，6 岁以上居民经常看电视的比例高达 92.1%，平均每人每天看电视 2.1 小时。在提供娱乐、资讯、教育等便利的同时，电视也从多方面改变着中国人的生活方式，包括居民的饮食结构。

    在电视广告助推下，方便食品、冷冻食品、加工食品和快餐食品大行其道。看电视时间越长，家庭烹饪时间就越短。近年来快餐业蓬勃兴起，居民在外就餐人数和频次明显增加，家庭烹饪也更多使用加工或半加工食材。这些改变成为中国居民吃盐量居高不下的重要原因。2011 年，在上海开展的调查表明，每天荧屏时间超过 2 小时的人，饮食结构更接近现代西方饮食；每天荧屏时间少于 2 小时的人，饮食结构更接近传统中国饮食。

    西班牙学者曾对食品广告进行分析。2012 年 1 到 4 月，西班牙主要电视频道共投放广告 17 722 条，其中食品广告 4 212 条，占 23.7%。在广告所涉 4 025 种食品中，有 2 576 种（64%）为高盐、高糖或高脂食品，也就是俗称的垃圾食品（junk foods）。大量垃圾食品广告在儿童节目中播出，而儿童更易被广告所诱导，由此形成的不良饮食习惯往往维持终生，为成年后发生高血压、糖尿病和肥胖埋下祸根。

2012 年在中国江苏开展的调查表明，在儿童电视节目中投放的食品广告绝大部分为高盐、高糖或高脂食品。按照播放频次区分，焙烤类占 27.5%，快餐类占 22.4%，糖果类占 17.6%，肉制品占 8.3%，方便面占 3.5%。美国的调查发现，在儿童节目中播出的广告，所涉食品十有八九为垃圾食品，无一涉及蔬菜水果等天然食品。雀巢、可口可乐、百事可乐、麦当劳、肯德基、必胜客等食品巨头也是电视广告大户，他们雇用儿童心理学家设计广告，聘请明星偶像代言广告，将儿童喜爱的明星人物和卡通形象植入广告，并依据儿童口味喜好，而不是依据儿童营养需求改良食品，使儿童对广告深信不疑，对垃圾食品难以割舍。深受儿童喜爱的迪士尼卡通节目更是食品商竞争的广告时段。2012 年 6 月，在强大公众压力下，也出于维护自身形象的考虑，迪士尼公司宣布，在其经营的所有电视频道中禁止垃圾食品广告，包括迪士尼拥有的美国广播公司（ABC）。这一举措受到时任第一夫人米歇尔·奥巴马的赞扬。

按照美国国立营养研究所（NIN）的定义，垃圾食品是指含蛋白质、维生素和矿物质低，含盐、糖、脂肪和热值高的食品。在不同国家和地区，垃圾食品有不同名称和标准。世界卫生组织（WHO）称之为高脂、高盐、高糖食品（HFSS foods, foods high in fat, salt and sugar），美国称之为低营养食品（FMNV, foods of minimal nutritional value），英国和芬兰称之为高热能食品（energy dense foods），韩国称之为高热能低营养素密度食品（EDLNF, energy-dense low-nutrient density foods）。为了应对日益突出的儿童肥胖和高血压问题，韩国于 2009 年出台《儿童饮食生活健康管理特殊法》，禁止学校餐厅和面向学生的食品企业出售垃圾食品，禁止电视台播放垃圾食品广告，同时制定了垃圾食品国家标准（表 19）。

表 19　韩国制定的垃圾食品标准

食品种类	标　　准
零食*	每餐份食品含热量超过 250 千卡，同时含蛋白质低于 2 克
	每餐份食品含饱和脂肪酸超过 4 克，同时含蛋白质低于 2 克
	每餐份食品含糖超过 17 克，同时含蛋白质低于 2 克
	每餐份食品含热量超过 500 千卡
	每餐份食品含饱和脂肪酸超过 8 克
	每餐份食品含糖超过 34 克
主食	每餐份食品含热量超过 500 千卡，同时含蛋白质低于 9 克
	每餐份食品含饱和脂肪酸超过 4 克，同时含蛋白质低于 9 克
	每餐份食品含饱和脂肪酸超过 4 克，同时含钠超过 600 毫克（相当于 1.52 克盐）对于方便面和方便米线，每餐份含钠量超过 1 000 毫克（相当于 2.54 克盐）
	每餐份食品含热量超过 500 千卡，同时含钠量超过 600 毫克（相当于 1.52 克盐）。对于方便面和方便米线，每餐份含钠量超过 1 000 毫克（相当于 2.54 克盐）
	每餐份食品含热量超过 1 000 千卡
	每餐份食品含饱和脂肪酸超过 8 克

*零食每餐份重量限 30 克以下，若每餐份超过 30 克，其营养素含量应换算为每餐份 30 克。
食品如果符合标准中的一条，即为 EDLNF 食品（垃圾食品）。

为了预防儿童肥胖和高血压，2005 年欧盟也曾发出公告，号召企业停止投放针对儿童的垃圾食品广告。为了响应这一号召，各成员国加大了整治垃圾食品的力度。其中，英国表现尤为积极，因为英国政府已经意识到，越来越庞大的肥胖、糖尿病和高血压大军正在拖垮国民卫生服务体系（National Health Service，NHS），危及国民的长期健康和身体素质，成为国家可持续发展的绊脚石。据英国卫生与社会保障信息中心（Health and Social Care Information Centre）统计，1993 到 2012 年间，英国成年男性肥胖率由 13.2％上升到 24.4％，成年女性肥胖率由 16.4％上升到 25.1％。2014 年，英国儿童超重率高达 33.5％。如果不遏制这一趋势，2050 年英国肥胖率将超过 50％。根据麦肯锡全球研究所（McKinsey Global Institute）2014 年度报告，肥胖在英国导致的医疗开支每年高达 447 亿英镑。严峻的形势迫使英国政府开始征收"肥胖税"（向含糖饮料征税，并非直接向肥胖者征收），并大力整治垃圾食品广告。2006 年 11 月，英国电信局出台规定，禁止在儿童节目中投放垃圾食品广告，禁止明星偶像为儿童食品广告代言，禁止以促进智力和发育为借口推销儿童食品。英国食品标准局（FSA）为加工食品设定了营养素含量标准，高盐、高糖、高脂食品一律禁止上广告。

电视广告不仅增加高盐、高糖和高热能食品消费，还会导致儿童暴饮暴食。看电视时间长的儿童更容易选择广告中的食品，减少水果、蔬菜摄入。长时间看电视不仅影响儿童对食物的选择，还会增加食量，尤其是边看电视边吃饭的儿童。有研究者认为，看电视时大脑饱食中枢受到抑制，即使过量进食依然没有饱胀感，从而超量进食，导致肥胖和高血压发生。

2008 年，中国疾病预防控制中心和中国营养学会联合制定了

《中国儿童青少年零食消费指南》。其中，将儿童零食分为"可经常食用""适当食用""限制食用"3个推荐级别。限制食用的主要是高盐、高糖和高脂食物，包括奶糖、糖豆、软糖、水果糖、话梅、炸鸡、膨化食品、巧克力派、奶油夹心饼干、方便面、奶油蛋糕、罐头、果脯、炼乳、炸薯片、可乐、雪糕、冰激凌等。不难看出，限制食用的正是广告极力推销的垃圾食品。《指南》同时提出，"6～12岁的儿童不应盲目跟随广告选择零食，应少食油炸、过咸、过甜的零食"。需要指出的是，6～12岁儿童恐怕不具备如此鉴别力和自控力，而大部分家长也不具备控制儿童零食的时间和条件。因此，要减少垃圾食品对儿童健康的危害，只能由相关政府部门出面，从儿童食品标准入手，从广告管理法规入手，而不应将抵制垃圾食品的责任简单推卸给家长甚至儿童本人。

沉湎于电视的人，势必运动减少，这将助推肥胖和高血压等慢病蔓延。"沙发上的土豆"（couch potato）这一概念由美国先锋派漫画家阿姆斯特朗（Robert Armstrong）于1973年提出。在他的系列漫画里，阿姆斯特朗塑造了一群沙发土豆形象，用以指代那些久坐不动的人。通过漫画书和媒体宣传，目前"沙发上的土豆"已成为西方民众熟知的一个术语，用于讽刺那些整天拿着遥控器、蜷缩在沙发里、生活围绕电视屏幕转的人。研究表明，"沙发上的土豆"容易出现肌肉萎缩和四肢骨折，容易罹患糖尿病、高血压和心脑血管病。最新的研究还发现，"沙发上的土豆"容易患阿尔茨海默病。

在智能手机高度普及的今天，很多人又患上了"手机病"。各年龄段都有大批人沉湎于微信和手机游戏，由于长时间低头专注小屏幕，导致颈椎病、头痛、腰背痛、关节疾病、高血压、视力障碍等健康问题。居民将大量时间耗费在手机上，势必减少烹饪时间和运动时间，导致家庭餐比例降低，吃盐量进一步增加，间接助推了慢病的流行。

电子商务（电商，electronic business）利用互联网平台开展商品交易。在传统商业模式中，消费者须亲临超市或门店，通过观察和尝试选定商品，经与商家面对面交流后达成交易。在电子商务模式下，消费者依据图片和文字描述选定商品，通过互联网支付或线下支付完成交易。由于不用出门就能完成购物，电子商务极大地提升了社会效率，是一种值得称道的商业变革。

食品是一种关乎健康的特殊商品，2009 年颁布的《中华人民共和国食品安全法》规定，预包装食品必须标注食品名称、生产商、生产地址、生产日期、保质期、成分或者配料表等信息。2011 年颁布的《预包装食品营养标签通则》（GB28050－2011）规定，预包装食品应向消费者提供食品营养信息和特性说明，包括营养成分表、营养声称和营养成分功能声称。制定这些规定的初衷在于，让消费者能在购买前了解食品的营养素含量和安全指标等信息，从而选择适合自己的健康食品。但在电子商务环境中，消费者在选购前无法接触商品实物，如果销售网站不提供此类信息，消费者就无从依据营养素含量和组分选购适合自己的健康食品。

美国《食品标签法》规定，在食品购买环节，商家有责任为消费者提供营养素含量等信息。因此，零售企业在互联网上销售食品时，无不小心翼翼，有的还专门雇请律师，力求将食品外包装上的信息完整如实地展示给消费者；否则可能会收到巨额罚单。美国食品药品管理局制定了非常详细的食品营养标签规则，对食品上标示"健康食品""低盐食品""低钠食品"等声称均设有严格标准。由于处罚严厉，很少有商家在网上销售食品时涉险违规。

针对在互联网上销售食品，英国也制定了严格规定。在各大零售商网站上（Tesco，Asda，Sainsbury）销售食品，除了提供食用方法、营养素含量、保质期等信息，还采用红绿灯系统，对食品总脂肪、饱和脂肪酸、糖和钠等负性营养素含量进行警示。红绿灯警示能使消费者对高盐食品一目了然。

近年来，中国电子商务发展迅猛。2015 年，中国网上食品销售额超过 500 亿元，这一数值还在不断飙升。据统计，18 到 38 岁青年人占食品网购者 73.3％，这些人正处于高血压和糖尿病发病潜伏年龄，而年轻人往往没有时间或没有意识关注饮食健康，不良饮食习惯无疑会增加高血压、糖尿病、心脑血管病等慢病风险。因此，营造健康的网购环境是政府、电商和商家的共同责任。

根据中国电子商务经营现状，大多数营销商并未在网站上提供食品营养标签信息。尽管消费者在拿到商品后也能阅读到营养标签上的内容，但与超市购物的根本区别在于，网上购买食品时，消费者是在购买后才获得营养信息；而在超市购买食品时，消费者能在购买前就阅读到营养信息。多数网购食品出于保质期考虑，不支持退换。这就是说，食品外包装上的营养信息并不能指导消费者在网上选购健康食品，这显然背离了营养标签设置的初衷。尽管中国消费者大多还没有学会甚至没有意识到利用这些信息选购食品，在消费者购买前，提供食品营养信息是生产者和销售者应尽的法律义务，电子商务不应成为法外之地。

在电子时代，每个人都有机会通过微博、微信和互联网等渠道表达自己的观点，同时每天又会收到大量保健信息。这类信息的发布者包括医务工作者、科研人员、餐饮从业者、工商人士、民间学者、普通民众和网络水军等。推出保健信息的动机包括：促进大众健康，博取关注和人气，攫取商业利益，甚至刻意制造混乱。大量信息和复杂动机相互交杂，往往使民众无所适从，有时甚至导致群体性恐慌，阻碍公共卫生政策的实施和推广。2016年4月，有人通过微信发布信息，声称低钠盐会导致高血钾，是夺命盐。这条简单信息发布后通过 BBS、微信和微博大量转载，很快引起群体性恐慌。虽经专业人士反复论证和解释，最终平息了恐慌，但这一事件无疑会影响部分民众对低钠盐的认识。

2011 年日本福岛大地震后，有人通过网络宣称碘盐可预防辐射，这一错误信息导致部分地区发生抢购碘盐事件。最近，有人在微信平台散布谣言，声称食盐中添加的亚铁氰化钾（黄血盐）堪比砒霜，甚至会导致人种灭绝。这些危言耸听的传闻在专业人士看来相当拙劣，甚至不值批驳，但在网络上却形成了巨大穿透力和感染力，产生了强烈共鸣，最终酿成网络事件。导致这种情况的原因包括：1）随着中国居民生活水平提高，民众健康意识明显增强；2）公共卫生方面的科普教育严重滞后，大批民众缺乏辨识谣言的能力；3）公众缺乏获得食品健康信息的正规渠道，致使网络谣言得以滋生和蔓延；4）政府缺乏鉴别和打压恶意（出于获取商业利益之目的）健康信息的对策。在新媒体时代，不良或恶意健康信息可能会产生巨大社会冲击效应，因此有必要强化公共卫生方面的科普教育，建设面向公众的营养与健康数据库，积极宣传和解读各项食品卫生政策，使公众充分了解其背景和意义，从根本上消除谣言滋生和传播的土壤。

人类已经进入互联网时代，网络将延伸到社会各个角落，渗透到人类生活所有领域，这种浪潮无法抵挡。互联网引发的技术变革将推动生产力的发展和生活质量的提高，在看到巨大创新和创造潜力的同时，也不应忽视互联网对公共卫生和大众健康所产生的潜在冲击。只有未雨绸缪，才能规避不测，使之惠泽广大人民。

后记

2013 年，我开始参加规模空前的全球疾病负担（GBD）研究。GBD 由世界卫生组织（WHO）于 1992 年发起，由美国华盛顿大学（Washington University）穆雷（Christopher Murry）教授担纲，后因经费短缺难以为继。2007 年，比尔及梅琳达·盖茨基金会（Bill & Melinda Gates Foundation）捐资 2 亿，后又追加到 4. 8 亿美元，使这项规模空前的公共卫生项目得以延续。GBD 站在全球高度，对 300 多种人类常见疾病的负担进行评估，对疾病主要危险因素进行分析，对世界各国疾病构成和防治效果进行比较，对未来疾病发展趋势和社会影响进行预测，目的是为各国制定卫生政策提供参考和依据。根据 GBD 研究，卒中（脑血管病，中风）是当前中国居民第一位死亡原因和致残原因。在很多发达国家，卒中也曾高居死因榜首，但在普遍施行高血压防控政策后，卒中在死亡原因中的排位已明显下移。

心脑血管病与高血压有关，而吃盐多是高血压发生的重要原因。为了预防心脑血管病，20世纪60年代以来，西方各国相继推出全民限盐计划。其中，芬兰和日本开展的限盐活动卓有成效，居民平均血压下降显著，心脑血管病患病人数明显减少，人均预期寿命大幅延长。考虑到中国尚未广泛开展限盐活动，很多居民不知道如何减盐，本书的最初设想是，简要介绍个人和家庭减盐方法，让居民能够通过限盐降压预防心脑血管病。

2014年5月，我乘飞机从上海前往法国尼斯，参加第23届欧洲卒中大会。邻座是一对母子，小家伙大约五岁，我们三人很快就熟识起来。正在我们交流育儿经时，广播里开始播放飞行安全事项，其中讲到紧急情况下氧气面罩的使用："带小孩的乘客，请您先给自己戴好氧气面罩，再帮助您的孩子戴好氧气面罩。"听到这里，这位妈妈当即表示反对，说应该先给儿子戴上氧气面罩。我问她为什么，她回答说因为儿子更重要！其实，制定这样的规定，并非因为大人比孩子更重要，而是因为在高空缺氧时，人的意识会在几十秒内改变甚至丧失，很快就会失去判断力和操控力。如果先给孩子戴上氧气面罩，大人失去意识，孩子无人照看，可能两人都无法生还；如果大人先给自己戴上氧气面罩，孩子即使短时间失去意识，吸氧后很快就能恢复，不会对身体造成伤害。听了我的解释，这位妈妈大为感慨，说坐了十几年飞机，从来没有人给她讲这个道理。

这个小插曲让我意识到，只告诉人们如何减盐可能根本就达不到目的，在不了解背后原因时，很多人都会像这位妈妈那样，依据喜好或感觉行事。因此，本书从生理学角度阐释了盐产生美味的机制，从进化角度分析了人类嗜盐的根源，从工业角度论述了盐的食品安全作用，从历史角度探讨了人类盐喜好的可变性，从临床研究角度列举了高盐饮食的危害，最后介绍了吃盐量评估方法和减盐常用策略。

本书写作参考循证原则，即尽量少表达自己的观点，尽量多引用研究数据。这种策略无疑降低了可读性和趣味性，但我想这样会使内容更客观。遗憾的是，出版时因篇幅所限，删去了所有参考文献。本书从构思到成稿历时 5 年，付梓时仍感觉不满意，主要是因为研究实在太多，而个人精力实在有限，每周都有新研究结果发表，这让内容更新几乎无法停止。加之平常要完成临床、教学和科研工作，业余时间有限，这是本书撰写延宕 5 年之久的主要原因。

由于水平有限，书中错误和偏颇之处在所难免，在此恳请读者海涵并提出宝贵意见。为了指导低盐食品选购，本书采集了一些食品营养数据作为范例，选择这些食品完全出于随机，而非有意针对某些企业或产品，希望相关方给予充分理解。对数据中可能出现的个别错误，在此也深表歉意。

成稿之后，我的妻子和儿子开始阅读，他们是这本书的第一波批评者。根据他们的建议，我对语言进行了修改，使行文更加通俗。我非常感谢金陵医院的领导和同事们，他们为我创造了一个舒心的环境，让我能够专心地阅读，静心地思考，潜心地写作。

哈佛大学（Harvard University）薛欢权博士和福州大学黄梦露两位年轻人主动帮我整理了一些数据，我希望建立一个网络兼手机 APP 平台，让大家能根据日常饮食测算各种营养素摄入，评估自己吃了多少盐，从而规划健康的饮食模式。遗憾的是，因缺乏开发经验和技术支持，这项工作进展地并不顺利。

西澳大学（University of Western Australia）的汉克（Graeme

Hankey）教授曾敏锐地意识到，中国南方和北方卒中发病率的差异，可能与各地居民吃盐量不同有关，我们经过分析后提出了中国卒中带的概念，这也是本书写作的灵感来源之一。南京大学的马楠、施伟、戴敏慧、汪玲、单婉莹、彭敏六位研究生采集了大量膳食营养数据，为本书提供了直接证据，在此对她们的支持表示衷心的感谢。

徐格林

2019 年 5 月 23 日

本书所涉及的药品使用和治疗方法不能代替医嘱。

为了指导读者选购低盐食品，本书采集了部分食品营养数据作为范例，选择这些食品完全出于随机，而非有意针对某些企业或产品，希望相关方给予理解。